"十三五"高等职业教育能源类专业规划教材

校 企 共 建 能 源 类 系 列 规 划 教 材

新能源系统概论

黄建华　廖东进　主　编

向　钠　张要锋　段文杰　副主编

李毅斌　主　审

中国铁道出版社有限公司

CHINA RAILWAY PUBLISHING HOUSE CO., LTD.

内 容 简 介

本书紧扣新能源发展情况，系统介绍了常见新能源特点及其开发利用技术。重点介绍了在新能源体系中占比较大的太阳能、风能和生物质能，详细阐述了太阳能、风能和生物质能的开发技术及利用方式；同时列举了氢能、核能、潮汐能、地热能等其他新能源，方便读者对新能源体系形成整体认识；结合新能源行业的最近发展情况，增加了智能微电网应用技术、合同能源管理和碳交易的相关内容。

本书可作为高等职业教育新能源相关专业的教材，还可供能源工程、环境保护、可再生能源利用等相关企业、事业部门的工程技术人员参考，也可供新能源爱好者阅读与参考。

图书在版编目（CIP）数据

新能源系统概论 / 黄建华，廖东进主编. — 北京：
中国铁道出版社，2016.8（2023.9重印）
"十三五"高等职业教育能源类专业规划教材
ISBN 978-7-113-21886-7

Ⅰ. ①新… Ⅱ. ①黄… ②廖… Ⅲ. ①新能源－高等
职业教育－教材 Ⅳ. ①TK01

中国版本图书馆CIP数据核字(2016)第173959号

书　　名：新能源系统概论			
作　　者：黄建华　廖东进			

策　　划：李露露		编辑部电话：(010)63560043
责任编辑：秦绪好		
编辑助理：李露露		
封面设计：付　巍		
封面制作：白　雪		
责任校对：王　杰		
责任印制：樊启鹏		

出版发行：中国铁道出版社有限公司（100054，北京市西城区右安门西街8号）
网　　址：http://www.tdpress.com/51eds/
印　　刷：三河市兴博印务有限公司
版　　次：2016年8月第1版　2023年9月第4次印刷
开　　本：787 mm×1 092 mm 1/16　印张：13　字数：294 千
印　　数：4 001～5 000 册
书　　号：ISBN 978-7-113-21886-7
定　　价：39.80 元

能源作为社会发展的动力，其技术的革新推动着人类社会的进步。近年来，全球工业化水平日益提高、世界人口数量急剧增长，人类对能源的需求也愈来愈大，煤、石油、天然气等化石能源的大量消耗已使其面临日趋枯竭的危机，由使用化石能源带来的环境污染问题也日益严重。为了应对能源危机和环境污染问题，各个国家都在积极采取有效措施，节能减排。我国早在2009年就已确立2020年低碳工作目标：单位GDP碳强度（比2005年）下降40%~45%；非化石能源在一次能源中占比达15%左右。目前国家已明确2030年低碳发展目标，期望到2030年碳强度比2005年下降60%~65%，并争取在2030年前后使中国碳排放总量达到峰值。

为了实现这一宏伟目标，需要从多方面着手，而加快发展太阳能、风能、生物质能、地热能等新能源，提高非化石能源占比，推进能源革命，加快能源技术创新，建设清洁低碳、安全高效的新能源体系显得尤为重要。当前我国能源发展已经进入新常态，能源结构逐步优化，煤炭消耗逐渐下降，非化石能源在一次能源中的占比逐渐上升。加快发展新能源既是调整能源结构的必要措施，也是实现低碳发展目标的重要保证。

本书紧扣新能源发展，分类介绍了常见新能源特点及其开发利用技术。全书共分8章，第1章为绪论，主要介绍了能源分类、能源应用现状及未来发展方向；第2章、第3章、第4章分别介绍了在新能源体系中占比较大的太阳能、风能和生物质能，系统地阐述了太阳能、风能和生物质能的开发技术及利用方式；第5章则列举了氢能、核能、潮汐能、地热能等其他新能源，方便读者对新能源体系有一个全面的认识；结合新能源行业的最近发展情况，编者在第6章、第7章及第8章中特意增加了智能微电网应用技术、合同能源管理和碳交易的相关内容。

本书由黄建华、廖东进任主编，向钠、张要锋、段文杰任副主编，各章编写分工如下：湖南理工职业技术学院黄建华负责拟定提纲、编写第2章、并负责全书的统稿；第1章、第5章由湖南理工职业技术学院段文杰编写；第3章、第6章由衢州职业技术学院廖东进编写；第4章由湖南理工职业技术学院向钠编写；第7章、第8章及附录由湖南理工职业技术学院张要锋编写。全书由浙江瑞亚能源科技有限公司李毅斌总经理主审。

本书在编写的过程中得到了北京新大陆时代教育科技有限公司陆胜洁、王水钟、桑宁如，浙江瑞亚能源科技有限公司易潮等人的大力支持和帮助，在此表示衷心的感谢！本书在编写中参考了大量的文献资料，特向其作者表示衷心的感谢！

由于编者水平有限，书中难免存在疏漏和不足之处，恳请广大读者和同行批评指正。

编 者

2016年5月

目
录

第 **1** 章

→ 绪　论

**学习目标**

（1）掌握能源的概念；

（2）熟悉能源的常用分类方法；

（3）认识能源与人类发展的密切关系；

（4）掌握能源现状及能源问题；

（5）熟悉我国未来能源发展的方向。

本章简介

能源是人类社会发展的基础。本章主要阐述能源的定义及其分类，系统讲解能源与人类发展的密切关系，帮助人们认识能源的重要性；同时介绍能源现状及能源开采和使用过程中所带来的问题，并提出我国未来能源发展的方向。

1.1　能源及其分类

1.1.1　能源的定义

能源是人类赖以生存和发展的基础，是一个国家或地区国民经济持续发展和社会进步的重要保障。人类社会的一切活动都离不开能源。关于能源的定义，目前约有 20 种。《科学技术百科全书》说："能源是可从其获得热、光和动力之类能量的资源"；《大英百科全书》说："能源是一个包括所有燃料、流水、阳光和风的术语，人类用适当的转换手段便可让它为自己提供所需的能量"；《日本大百科全书》说："在各种生产活动中，我们利用热能、机械能、光能、电能等来做功，可作为这些能量源泉的自然界中的各种载体，称为能源"；我国的《能源百科全书》说："能源是可以直接或经转换提供人类所需的光、热、动力等任一形式能量的载能体资源"。由此可见，能源是一种呈多种形式的，且可以相互转换的能量的源泉。

确切而简单地说，能源是自然界中能够直接或经过转换可为人类提供某种形式能量的物质资源。从广义上讲，在自然界中有一些自然资源本身就拥有某种形式的能量，它们在一定条件下能够转换成人们所需要的能量形式，这种自然资源显然就是能源。如薪柴、煤、石油、天然气、水能、太阳能、风能、地热能、波浪能、潮汐能、海流能、核能等。但在生产和生活中，由于需要或为了便于运输和使用，常将上述能源经过一定的加工、转换，使之成为更符合使用要求的能量来源，如煤气、电力、焦炭、蒸汽、沼气、氢能等，它们也称为能源，它们同样能为人们提供所需的能量。

1.1.2 能源的分类

由于能源形式多样，因此通常有多种不同的分类方法。它们或按能源的来源、形成、使用分类，或从技术、环保角度进行分类。不同的分类方法，都是从不同的侧重面来描述并反映各种能源的特征。主要的能源分类方法有以下几种：

1. 按来源分

（1）第一类能源是来自地球外部天体的能源。人类所需能量的绝大部分都来自太阳。除了直接利用太阳的辐射能（宇宙射线及太阳能）之外，还大量间接地使用太阳能源，如化石燃料（煤、石油、天然气等），它们就是千百万年前绿色植物经光合作用形成有机质而长成的根茎及动物遗骸，在漫长的地质变迁中所形成的。此外，如生物质能、流水能、风能、海洋能、雷电等，也都是由太阳能经过某些方式转换而形成的。

（2）第二类能源是地球自身蕴藏的能量。这里主要指地热能资源以及原子能燃料，还包括地震、火山喷发和温泉等自然呈现出的能量。

（3）第三类能源是地球和其他天体引力相互作用而形成的。这里主要指地球和太阳、月球等天体间规律运动而形成的潮汐能。

2. 按获得的方法分

（1）一次能源。即在自然界中天然存在的，可供直接利用的能源，如煤、石油、天然气、风能、水能、地热能等。

（2）二次能源。即由一次能源直接或间接加工、转换而来的能源，如电力、蒸汽、焦炭、煤气、氢气以及各种石油制品等。大部分一次能源都需转换成容易输送、分配和使用的二次能源，以适应消费者的需要。二次能源经过输送和分配，在各种设备中使用，即终端能源。

3. 按是否可再生分

（1）可再生能源。即在自然界中可以不断再生并有规律地得到补充的能源，如太阳能和由太阳能转换而成的水能、风能、生物质能等。它们可以循环再生不会随其本身的转化或人类的利用而日益减少。

（2）不可再生能源。即经过亿万年形成的、短期内无法恢复的能源，如煤、石油、天然气、核燃料等。它们随着大规模地开采利用，其储量越来越少，总有枯竭之时。

4. 按对环境的污染程度分

（1）清洁能源。即对环境友好、无污染或污染很小的能源，如太阳能、水能、风能、海洋能等。

（2）非清洁能源。即对环境污染较大的能源，如煤炭、石油等。

5. 按使用情况、技术水平及经济效果分

（1）常规能源。在相当长的历史时期和一定的科学技术水平下，已经被人类长期广泛利用的能源，不仅为人们所熟知，而且也是当前应用范围很广的主要能源，如煤炭、石油、天然气、水力、电力等。其开发利用时间长、技术成熟、能大量生产并广泛使用，如煤炭、石油、天然气、薪柴燃料、水能等，常规能源有时也被称为传统能源。

（2）新能源。新能源是相对常规能源而言的，主要指最近一些年才被开发利用，目前在能源系统中所占比例虽小，但发展前景巨大的一类能源。一些虽属古老的能源，但只有采用先进方法才能加以利用，或采用新近开发的科学技术才能被开发利用的能源也属于新能源；有些能源近一二十年来才被人们所重视，新近才被开发利用，而且在目前使用的能源中所占的比例很小，但很有发展前途的能源，如太阳能、地热能、潮汐能、生物质能等。核能通常也被看作新能源，尽管核燃料提供的核能在世界一次能源的消费中已占15%，但从被利用的程度看还远不能和已有的常规能源相比；另外，核能利用的技术非常复杂，可控核聚变反应至今未能实现，这也是仍将核能视为新能源的主要原因之一。不过也有学者认为应将核裂变视为常规能源，核聚变视为新能源。新能源有时又称为非常规能源或替代能源。常规能源与新能源是相对而言的，现在的常规能源过去也曾是新能源，今天的新能源将来又会成为常规能源。

1.2　能源与社会发展

1.2.1　能源利用与人类文明

人类进化发展的历史就是一部不断向自然界索取能源的历史，人类文明的每一步都和能源的使用息息相关。纵观人类社会的历史，可以看出人类文明进步和能源间有着密切的关系。目前，人类文明已经历了三个能源时期，即薪柴时代、煤炭时代和油气时代，而在不久的将来将步入新能源及可再生能源时代。

1. 薪柴时代

薪柴是人类使用的第一代主体能源。自从人类学会使用"火"开始，就以薪柴、秸秆和动物的排泄物等生物质为燃料来烧饭和取暖，同时靠人力、畜力、简单的风力和水力机械作动力，从事生产活动和交通运输。这个以薪柴等生物质燃料为主要能源的时代，延续了很长时间，生产和生活水平极低，社会发展迟缓。从远古时代直至中世纪，在马车的低吟声中，人类渡过了悠长的农业文明时代。

2. 煤炭时代

人类认识和利用煤炭的历史非常悠久，中国是世界上最早发现并开始使用煤炭、石油和天然气的国家之一。我国有文字记载的开采和利用煤炭的历史，可以追溯到两千多年前的战国时代。人类真正进入煤炭时代则是在18世纪欧洲兴起的产业革命，以煤炭取代薪柴作为主

要能源，以蒸汽机作为生产的主要动力，工业得到迅速发展，生产力有了极大提高。煤炭时代的到来是人类对能源需求旺盛的结果，煤炭推动了工业革命的进程。特别是19世纪末，电磁感应现象的发现，使得由电动机作动力的发电机开始出现，电力开始进入社会的各个领域，电动机代替了蒸汽机，电灯代替了油灯和蜡烛，电力成为工矿企业的主要动力，成为生产和生活照明的主要来源，同时也出现了各种使用电力作为能量输出形式的电器。在此过程中，不但社会生产力有了大幅的增长，而且人类的生活水平和文化水平也得到了极大地提高。工业文明逐步扩大了煤炭的利用，大量的煤炭被转换成更加便于输送和利用的电力，煤炭也成为人类文明的第二代主体能源。

3. 油气时代

和煤炭一样，人类对石油的认识并不是在现代才有的。两千多年前，我国西北地区人民用石油点灯；北魏时期用石油润滑车轴；唐宋以来用石油制作蜡烛及油墨；北宋时开封出现了炼油作坊。我国古代的石油钻井工艺也不断改进。北宋中期开始以简单的机械冲击钻井（即顿钻）代替手工掘井，宋末元初，出现了以畜力绞车的钻井工艺。13世纪，在我国陕北的延长开凿出世界第一口石油井。而现代石油业的起点一般认为是美国人于1859年在宾夕法尼亚州打出了西方第一口石油井。随后，俄国也开始了石油开采，并在1897—1906年铺设了第一条输油管道。1886年德国的戴姆勒（Gottlieb Wilhelm Daimler，1834—1900）制成了第一台使用液体石油的内燃机；19世纪末，德国的奥托和狄塞尔发明了以汽油和柴油为燃料的奥托内燃机和狄塞尔内燃机；20世纪初，美国福特公司成功研制出第一辆汽车。特别是20世纪50年代，美国、中东、北非相继发现了巨大的油田和气田，从此石油开采和内燃机互为需求，形成了世界能源革命的新时期，将人类飞速推进到现代文明时代。在此过程中，西方发达国家很快地从以煤为主要能源结构转变为以石油和天然气为主要能源结构。到1960年，全球石油的消费量超过煤炭，成为第三代主体能源。汽车、飞机、内燃机车和远洋客货轮的迅猛发展，不但极大地缩短了地区和国家间的距离，也大大地促进了世界经济的繁荣。近三十多年来，世界上许多国家依靠石油和天然气，创造了人类历史上空前的物质文明。

4. 新能源与可再生能源时代

随着世界人口的增加，经济的飞速发展，能源消费量持续增长，能源给环境带来的污染也日益严重。与此同时，煤、石油和天然气等化石能源储量有限，而形成周期较长，难以满足人类的可持续发展需求。1974年和1980年发生的两次能源危机，也使欧美等发达国家认识到过度依靠石油并非长远之计，因此在提高能源利用效率的同时，如何充分开发与利用新能源与可再生能源、保持能源与环境协调、促进社会可持续发展是摆在全人类面前的共同任务。在未来的能源结构中，新能源及可再生能源必将占据越来越重要的地位。

1.2.2 能源与经济发展

能源是国民经济的重要基础和命脉，是现代化生产的主要动力来源。现代工业和现代农业都离不开能源动力。人类社会对能源的需求首先表现为对经济发展的需求，反过来，能源促进人类社会进步首先表现为促进经济的发展，而经济增长是经济发展的首要物质基础和中心内容。

1. 能源在经济增长中的作用

能源是经济增长的推动力量，并限制经济增长的规模和速度。

（1）能源推动生产的发展和经济规模的扩大。投入是经济增长的前提条件，在投入的其他要素具备时，必须有能源为其提供动力才能运转，而且运转的规模和程度也受能源供应的制约。物质资料的生产必须要依赖能源为其提供动力，只是能源的存在形式发生了改变。从历史上看，煤炭取代木材，石油取代煤炭以及电力的利用，都促进生产发展走向一个更高的阶段，并使经济规模急剧扩大。

（2）能源推动技术进步。迄今为止，特别是在工业、交通领域，几乎每一次重大的技术进步都是在"能源革命"的推动下实现的。蒸汽机的普遍利用是在煤炭大量供给的条件下实现的；电动机更是直接依赖电力的利用；交通运输的进步与煤炭、石油、电力的利用直接相关。农业现代化或现代农业的进步，包括机械化、水利化、化学化、电气化等同样依赖于能源利用的推动。此外，能源的开发利用所产生的技术进步需求，也对整个社会技术进步起着促进作用。

（3）能源是提高人民生活水平的主要物质基础之一。生产离不开能源，生活同样离不开能源，而且生活水平越高，对能源的依赖性就越大。火的利用首先也是从生活利用开始的，从此，生活水平的提高就与能源联系在一起。这不仅在于能源促进生产发展为生活的提高创造了日益增多的物质产品，而且依赖于民用能源的数量增加和质量提高。民用能源既包括炊事、取暖、卫生等家庭用能，也包括交通、商业、饮食服务业等公共事业用能。所以，民用能源的数量和质量是制约生活水平的主要基本要素之一。

2. 经济增长对能源的需求

经济增长对能源的需求首先或最终体现为对能源总需求的增长，主要有以下三种情况：

（1）经济增长的速度低于其对能源总量需求的增长。即每增长单位 GDP（国内生产总值）所增加的能源需求大于原来单位 GDP 的平均能耗量。

（2）经济增长与其对能源总量需求同步增长。即每增加单位 GDP 所增加的能源需求等于原来单位 GDP 的平均能耗量。

（3）经济增长的速度高于其对能源总量需求的增长。即每增长单位 GDP 所增加的能源需求小于原来单位 GDP 的平均能耗量。

这三种情况在人类社会发展的历史上都曾出现过，而且在当今世界的不同国家也同时并存。在一般情况下，能源消耗总是随着经济增长而增长，并且在大多数情况下存在一定的比例关系。到目前为止，经济增长的同时保证能源总量需求下降仅属个别的特殊情况。

1.2.3 能源增长与人民生活

人们的日常生活处处离不开能源，不仅是衣、食、住、行，而且文化娱乐、医疗卫生都与能源密切相关。随着生活水平的提高，所需的能源也愈多。因此从一个国家人民的能耗量就可以看出一个国家人民的生活水平。例如生活最富裕的北美地区比贫穷的南亚地区每年每人的平均能耗要高出55倍。表1.1为美国家庭每户每年的能源消费概况，从表中可以看出能源与人民生活的关系多么密切。

根据世界银行1997年出版的世界发展报告统计，1994年高收入国家人均能耗5.006 t标准油，中等收入国家为1.475 t标准油，低收入国家0.369 t标准油，世界平均数量为1.433 t标准油；而我国为0.664 t标准油，为高收入国家的13.3%，中等收入国家的46%，不足世界平均值的一半。据1998年的统计数据，世界人均能源消费量为1.47 t标准油，其中美国人均消费8.07 t标准油，英国人均消费3.94 t标准油；在亚洲，新加坡的人均消费水平最高，为7.68 t标准油，日本为4.04 t标准油。

表1.1　美国家庭每户每年的能源消费概况

能源项目	南　方			北　方		
	年消费量	折标准煤/t	费用/美元	年消费量	折标准煤/t	费用/美元
电/ (kW·h)	10 000	4.0	700	3 000	1.2	200
天然气 /m³	1 000	1.3	300	3 000	3.8	500
汽油 /L	2 000	2.4	600	2 000	2.4	600
上下水 /m³	250	—	250	200	—	200
合计	—	7.7	1 850	—	7.4	1 500

现代社会生产和生活，究竟需要多少能源？按目前世界情况，大致有以下三种水平：

（1）维持生存所必需的能源消费量（以人体需要和生存可能性为依据），每人每年约400 kg标准煤。

（2）现代化生产和生活的能源消费量，即为保证人们能丰衣足食、满足起码的现代化生活所需的能源消费量，为每人每年1 200~1 600 kg标准煤（见表1.2）。

表1.2　现代化生产和生活的能源消耗量

项目	国外提出的现代化最低标准/标准煤每年每人	中国式现代化最低标准/标准煤每年每人
衣	108	70~80
食	323	300~320
住	323	320~340
行	216	100~120
其他	646	400~460
合计	1 616	1 190~1 320

（3）更高级的现代化生活所需的能源消费量，以发达国家的已有水平作参考，使人们能够享受更高的物质与精神文明，每人每年至少需要2 000~3 000 kg标准煤。

1973—2005年的32年间，全世界增长了86%，而我国增长了300%。我国已成为仅次于美国的第二大能源消费国（2005年能源消费量为美国的74%）。如果维持此增长势头，则10年内，我国一次能源消费量将超过美国。根据国际能源总署预测，2030年我国一次能源需求量将达到全球发达国家需求量总和的50%。

1.3 能源现状与能源问题

能源是人类文明的基础，又与各国经济发展以及人们的衣食住行等日常生活密切相关。自 18 世纪中期以来，世界能源结构发生了两次重要的转变，经历了从薪柴到煤炭再到石油的转变过程。目前世界经济现代化的发展，在很大程度上是建立在煤炭、石油和天然气等化石燃料能源基础之上。在过去的一个世纪里，现代社会对能源的需求不断增加，能源结构也在不断变化。图 1.1 和图 1.2 分别给出了过去 100 多年世界能源结构和消费的变化。

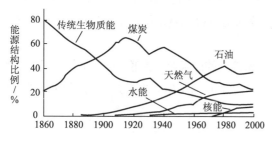

图1.1 过去100多年世界能源结构变化　　图1.2 过去100多年世界能源消费变化

自 20 世纪 70 年代以来，全世界面临着人口爆炸、资源短缺、能源危机、粮食不足、环境污染、气候变化等全球重大问题的挑战。近年来，全球能源消费不断增长，石油价格持续攀升，人们越来越担心世界能源供应的可持续性。当前的地区冲突与矛盾往往也与能源有关，能源问题已日益突出。世界性能源问题主要反映在能源短缺及供需矛盾所造成的能源危机。未来能源供求关系和市场价格，主要受能源开采利用技术、能源结构调整、环境与气候变化、国际政治经济秩序等多种因素影响。

1. 能源结构

世界资源分布是不均匀的，每个国家的能源结构差异也非常大。在发达国家的人们充分享受着汽车、飞机、暖气、热水这些便利的时候，贫困国家的人们甚至还靠着原始的打猎、伐木来做饭生活。

据国际能源署的能源统计资料，非经济合作发展组织的地区，如亚洲、拉丁美洲和非洲，是可燃性可再生能源的主要使用地区。这三个地区使用的总和达到了总数的 62.4%，其中很大一部分用于居民区的炊事和供暖。目前世界各国能源结构的特点，一般取决于该国资源、经济和科技发展等因素。从全球来看，呈现以下特点：

（1）煤炭资源丰富的发展中国家，在能源消费中往往以煤为主，煤炭消费比重较大，其中 2002 年，中国占 66.5%，印度占 55.6%。

（2）发达国家石油在消费结构中所占比重均在 35% 以上，其中 2002 年，美国占 39.0%，日本占 47.6%，德国占 38.6%，法国占 35.9%，英国占 35.0%，韩国占 51.0%。

（3）天然气资源丰富的国家，天然气在消费结构中所占比例均在 35% 以上，其中 2002 年，俄罗斯占 54.6%，英国占 38.6%。

（4）化石能源缺乏的国家根据自身特点发展核电及水电，其中 2002 年，日本核能在能源

第 1 章 绪 论

消费结构中所占比例为 14.0%，法国核能占 38.3%，韩国核能占 13.1%，加拿大水力占 27.2%。

（5）世界前 20 个能源消费大国中，煤炭占第一位的有 5 个，占第二位的有 6 个，占第三位的有 9 个。

总之，就全世界而言，石油在能源消费结构中占第一位，所占比例正在缓慢下降；煤炭占第二位，其所占比例也在下降；目前天然气占第三位，所占比例持续上升，前景良好。

我国是世界上以煤炭为主的少数国家之一，远远偏离当前世界能源消费以油气燃料为主的基本趋势和特征。2002 年我国一次能源的消费总量为 1 425.4 Mt 标准煤，构成为：煤炭占 66.5%，石油占 24.6%，天然气占 2.7%，水电占 5.6% 和核电占 0.6%。煤炭高效、洁净利用的难度远比油、气燃料大得多。而且我国大量的煤炭是直接燃烧使用，用于发电或热电联产的煤炭只有 47.9%，而美国为 91.5%。

我国终端能源消费结构也不合理，电力占终端能源的比重明显偏低，国家电气化程度不高。2000 年一次能源转换成电能的比重只有 22.1%，世界发达国家平均均超过了 40%，有的达到 45%。

2. 能源环境

能源的开采和利用直接影响环境，是破坏环境的首要原因。它涉及全球气候变暖、空气污染、酸雨、水污染和生态恶化等一系列世界性的环境问题。世界著名的八大公害事件（比利时马斯河谷烟雾事件、美国多诺拉烟雾事件、伦敦烟雾事件、美国洛杉矶光化学烟雾事件、日本水俣病事件、日本富山骨痛病事件、日本四日市哮喘病事件、日本米糠油事件）中前四位都是由于人类在工业发展和生活中能源利用管理不当而造成的环境污染。伦敦烟雾事件是 20 世纪世界上最大的由燃煤引发的城市污染事件，仅 5 天时间死亡了 4 000 多人，在之后的两个月内，又陆续死亡 8 000 人；美国洛杉矶光化学烟雾事件是最早出现的由汽车尾气造成的大气污染事件，死亡人数达 400 多人。由此可见，能源利用和环境保护之间的有着非常密切的关系。

目前温室效应和地球变暖等全球性气候变化问题已经给人类带来了巨大的威胁，是各国首脑首先考虑的问题之一。20 世纪以来工业化对温室效应负有不可推卸的责任。过度燃烧、森林树木过度砍伐、草原过度放牧、植被破坏等，都减少了地球自身调解二氧化碳的功能。科学观测表明：地球大气中 CO_2 的浓度已从工业革命前的 280 ppmv 上升到目前的 379 ppmv；全球平均气温也在近百年内升高了 0.74 ℃，特别是近 30 年来升温明显。而酸雨、臭氧层的空洞等又进一步导致了生态的严重破坏。人类在不断扩大自己的生存空间的同时，也在慢慢地把自己围困在更小的范围里面挣扎。如果上述情况持续恶化，人类会发现自己再也没有适合居住的场所了。

为了阻止气候的进一步恶化，很多国家已经联合起来，互相合作制约。1997 年 12 月，160 个国家在日本京都召开了联合国气候变化框架公约（UNFCCC）第三次缔约方大会，会议通过了《京都议定书》。该议定书规定，在 2008—2012 年期间，发达国家的温室气体排放量要在 1990 年的基础上平均削减 5.2%，其中美国削减 7%，欧盟 8%，日本 6%。

我国能源环境问题的核心是大量直接燃煤造成的城市大气污染和农村过度消耗生物质能引起的生态破坏（我国农村消耗的生物质能，其数量占全国其他商品能源的 22%），还有日益严重的车辆尾气的污染（大城市大气污染类型已向汽车尾气型转变）。

我国是世界上最大的煤炭生产国和消费国。燃煤释放的 SO_2，占全国排放总量的 35%，CO_2 占 35%，NO_2 占 60%，烟尘占 75%。我国酸雨区由南向北迅速扩大，约超过国土面积 40%。1998 年酸雨沉降造成的经济损失约占 GDP（国内生产总值）的 2%。温室气体 CO_2 排放的潜在影响是 21 世纪能源领域面临挑战的关键因素，我国 1995 年 CO_2 的排放量约为 821 Mt 碳，占世界总量的 13.2%。

我国农村人口多、能源短缺，且沿用传统落后的用能方式，带来了一系列生态环境问题：生物质能过度消耗，森林植被不断减少，水土流失和沙漠化严重，耕地有机质含量下降等。

我国政府也已经开始重视能源环境问题，正在努力改善和挽救日益恶化的生态环境。1989 年 12 月 26 日第七届全国人民代表大会常务委员会第十一次会议通过《中华人民共和国环境保护法》。之后又陆续的颁布了《中华人民共和国大气污染防治法》《水污染防治法》《环境噪声防治法》《能源法》《可再生能源法》等相关的能源与环境保护法律法规。我国还努力参加国际合作，引进先进技术来改变以前落后的能源利用形势。

1.4 未来我国能源发展方向

未来几十年是中国经济社会全面发展、实现中华民族伟大复兴的关键时期，能源建设任务重大。在全面建设小康社会的进程中，为满足十几亿人民日益增长的能源消费需求，我国将在今后一二十年内建成世界最大的能源消费和供应体系。为此，迫切需要走出一条具有中国特色的新型能源发展道路，从而以较小的能源资源和环境为代价，实现现代化建设的战略目标。能源系统庞大，调整周期较长，一代能源技术和基本装备的更新往往需要几十年时间，这就要求能源发展有长期的战略考虑，寻求最优或较优的发展路径。

考虑中国的能源发展战略，有必要眼光放远一点，思路开阔一点，把能源战略置于国家发展战略的重要位置，认清能源发展的趋势，适时完善能源战略的目标、方针和任务。走中国特色的新型能源发展道路，应坚持节约高效、多元发展、清洁环保、科技先行、国际合作的理念，努力建设一个利用效率高、技术水平先进、污染排放低、生态环境影响小、供给稳定安全的能源生产流通消费体系。

（1）节约高效。节约资源是中国的基本国策。能源战略应长期坚持节约与开发并举，把节约放在首位。坚持节能优先，开创节约型的发展方式和消费模式，提高能源普遍服务水平，合理平衡供需。提倡生态文明和节约文化，普及节能知识，推广技术成果。大幅度提高能源系统效率，尽快使重点耗能产业的能源效率达到国际先进水平；不断提高能源综合效率，以尽可能小的能源资源消耗，支撑经济社会尽可能大的发展。

（2）多元发展。只有充分利用各种可以规模利用的能源资源，才能优化能源结构，满足未来能源需求。发达国家已经完成了化石能源的优质化，现在又开始大力发展低碳能源，向更高层次的能源优质化推进。我国能源也需要走多元发展的道路，加快能源结构调整，增加石油供应，显著提高天然气、核能、可再生能源在能源生产和消费中的比重，努力做到新增能源供应以高效能源、清洁能源、新能源和可再生能源等低碳或无碳优质能源为主。

（3）清洁环保。治理污染、保护环境、缓解生态压力，是能源发展的重要前提。在新的形势下，能源战略还应考虑有效应对全球气候变化的挑战。解决好能源利用带来的环境问题，需要从提高清洁能源比重、实现环境友好的能源开发、实行煤炭高效清洁利用和推进工业、交通、建筑清洁用能等多方面采取措施，尽可能减少能源生产和消费过程的污染排放和生态破坏，兼顾能源开发利用与生态环境保护。

（4）科技先行。能源发展需要科技先行。只有通过持续的技术创新，才能不断提高能效，发展清洁能源，实现能源可持续发展，支撑现代化进程。着眼未来，需要尽量采用先进能源技术，超前部署能源科技研发，建立能源技术储备。世界能源生产和转换技术不断创新，装备的大型化、规模化趋势明显，能源产业资金密集、集中度高。中国能源产业也需走集约发展的道路，提高科技创新能力，增强国际竞争力。

（5）国际合作。解决好中国的能源问题，对世界具有重要意义。通过加强国际能源合作，促进能源经济技术交流，拓宽能源领域对外开放的渠道。通过企业"走出去"，扩大对外投资，开发能源资源，增加石油天然气供应能力。通过开展能源对外交往，加强战略和政策对话与协调，促进全球能源安全保障机制不断完善。这不仅有利于增加中国能源供应，也有利于改善世界能源供给。

习　题

1. 能源的常用分类方式有哪些？
2. 根据不同时期人类使用能源的主要结构，人类社会已经经历过哪几个时期？
3. 能源的开发和利用对环境有何影响？
4. 相比于常规能源，新能源应具有哪些特点？

第2章

→ 太 阳 能

学习目标

（1）了解太阳能的应用历史；

（2）熟悉硅材料的性能；

（3）掌握晶硅材料电池制备工艺流程；

（4）掌握光伏发电系统的分类；

（5）掌握光热利用的类型及应用情况。

本章简介

太阳能应用主要分为光伏与光热应用。本章以市场最常用的硅材料光伏电池为例，系统讲解硅材料的性能、晶硅与非晶硅光伏电池的制备工艺流程、并网与离网光伏发电系统分类与组成，光热应用的分类与具体应用情况。

2.1 太阳能应用简介

2.1.1 太阳能发展情况

太阳能（Solar Energy），一般是指太阳光的辐射能量，在现代一般用作发电或为热水器提供能源。据记载，人类利用太阳能已有 3 000 多年的历史。然而将太阳能作为一种能源和动力加以利用，只有 300 多年的历史。真正将太阳能作为"近期急需的补充能源""未来能源结构的基础"，则是近年的事。20 世纪 70 年代以来，太阳能科技突飞猛进，太阳能利用日新月异。近代太阳能利用历史可以从 1615 年法国工程师所罗门·德·考克斯上发明第一台太阳能驱动的发动机算起。该发明是一台利用太阳能加热空气使其膨胀做功而抽水的机器。在 1615—1900 年之间，太阳能动力装置和其他一些太阳能装置陆续被研制成功。这些动力装置几乎全部采用聚光方式采集阳光，发动机功率不高，工质主要是水蒸气，价格昂贵，实用价值不高，大部分太阳能动力装置是由太阳能爱好者研究制造。20 世纪太阳能科技发展历史大体可分为七个阶段。

第一阶段（1900—1920 年）：在这一阶段，太阳能研究的重点仍是对太阳能动力装置的研究，但采用的聚光方式越来越多样化，并且开始采用平板集热器和低沸点工质，装置逐渐扩大，

最大输出功率达 73.64 kW，实用目的比较明确，但造价仍然很高。

第二阶段（1921—1945 年）：在这 20 多年中，太阳能的研究工作处于低潮，参加研究工作的人数和研究项目大为减少，其原因与矿物燃料的大量开发利用以及第二次世界大战有关。由于太阳能不能解决当时对能源的急需，因此太阳能研究工作逐渐受到冷落。

第三阶段（1946—1965 年）：1952 年，法国国家研究中心在比利牛斯山东部建成一座功率为 50 kW 的太阳炉；1954 年，美国贝尔实验室研制出实用型硅太阳电池，为光伏发电的大规模应用奠定了基础；1955 年，以色列泰伯等在第一次国际太阳热科学会议上提出选择性涂层的基础理论，并研制出实用的黑镍等选择性涂层，为高效集热器的发展创造了条件；1960 年，美国佛罗里达建成世界上第一套用平板集热器供热的氨——水吸收式空调系统，制冷能力为 5 冷吨。1961 年，一台带有石英窗的斯特林发动机问世。

在这一阶段里，科学家们加强了对太阳能基础理论和基础材料的研究，取得了如太阳选择性涂层和硅太阳电池等技术上的重大突破。平板集热器有了很大的发展，技术上逐渐成熟。由于太阳能吸收式空调的研究取得进展，因此一批实验性太阳房得以建成。科学家们也对难度较大的斯特林发动机和塔式太阳能热发电技术进行了初步研究。

第四阶段（1966—1972 年）：这一阶段，太阳能的研究工作停滞不前，主要原因是太阳能利用技术处于成长阶段，尚不成熟，并且投资大，效果不理想，难以与常规能源竞争，因此得不到公众、企业和政府的重视和支持。

第五阶段（1973—1980 年）：1973 年 10 月中东战争爆发，石油危机使许多国家，尤其是工业发达国家，重新加强了对太阳能及其他可再生能源技术发展的支持，世界上再次兴起开发利用太阳能的热潮。

1973 年，美国制定了政府级阳光发电计划，太阳能研究经费也随之大幅度增长，同时美国还成立太阳能开发银行，促进太阳能产品的商业化；1974 年日本公布了政府制定的"阳光计划"，其中太阳能的研究开发项目有：太阳房、工业太阳能系统、太阳热发电、太阳电池生产系统、分散型和大型光伏发电系统等。为实施这一计划，日本政府投入了大量的人力、物力和财力。

1975 年，在河南安阳召开的"全国第一次太阳能利用工作经验交流大会"，进一步推动了我国太阳能事业的发展。这次会议之后，太阳能研究和推广工作被纳入中国政府计划，并获得专项经费和物资支持。

第六阶段（1981—1992 年）：20 世纪 70 年代兴起的开发利用太阳能热潮，进入 20 世纪 80 年代后不久开始落潮，逐渐进入低谷。世界上许多国家相继大幅度削减太阳能研究经费，其中美国最为突出。导致这种现象的主要原因是：世界石油价格大幅回落，而太阳能产品价格居高不下，缺乏竞争力；太阳能技术没有重大突破，提高效率和降低成本的目标没有实现，以致动摇了一些人对开发利用太阳能的信心；核电发展较快，对太阳能的发展起到了一定的抑制作用。

第七阶段（1993 年至今）：大量燃烧矿物能源造成全球性的环境污染和生态破坏，1992 年联合国在巴西召开"世界环境与发展大会"，把环境与发展纳入统一的框架，确立了可持续发展的模式。这次会议之后，世界各国加强了对清洁能源技术的开发，将利用太阳能与环境保护结合在一起，使开发利用太阳能研究工作走出低谷，逐渐得到加强。

2.1.2 太阳能应用情况

太阳能既是一次能源，又是可再生能源。它资源丰富，既可免费使用，又无需运输，对环境无任何污染。然而太阳能的利用目前还不是很普及，太阳能的利用主要有以下几个方面：

1. 发电利用

发电利用主要有两种类型：一种是光—电转换，其基本原理是利用光生伏特效应将太阳辐射能直接转换为电能，它的基本装置是光伏电池组件；另一种是光—热—电转换。即利用太阳辐射所产生的热能发电。一般是用太阳能集热器将所吸收的热能转换为工质的蒸气，然后由蒸汽驱动气轮机带动发电机发电。

2. 光热利用

它的基本原理是将太阳辐射能收集起来，通过与物质的相互作用转换成热能加以利用。使用最多的太阳能收集装置，主要有平板型集热器、真空管集热器和聚焦集热 3 种。

3. 光化学利用

这是一种利用太阳辐射能直接分解水制氢的光—化学转换方式。它包括光合作用、光电化学作用、光敏化学作用及光分解反应。

4. 燃油利用

燃油利用是利用太阳光线提供的高温能量，以水和二氧化碳作为原材料，致力于"太阳能"燃油的研制生产。

本章节主要介绍光伏与光热方面的应用情况，当前光伏材料种类繁多，但硅材料占据光伏市场的主流，本文以典型的硅材料为例进行讲解。

2.2 硅 材 料

2.2.1 硅材料简介

硅是自然界分布最广的元素之一，是介于金属和非金属之间的半金属。最早获得纯硅的是 1811 年哥依鲁茨克和西纳勒德通过加热硅的氧化物而获得。硅的性质在 1823 年由波茨利乌斯描述，定名为元素硅（Si）。1855 年由德威利获得灰黑色金属光泽的晶体硅。高纯硅由贝克特威通过 $SiCl_4+2Zn \Longrightarrow 2ZnCl_2+Si$ 方法获得。

硅为世界上第二丰富的元素，占地壳元素含量的四分之一。硅在地壳中的丰度为 27.7%，在常温下化学性质稳定，是具有灰色金属光泽的固体，晶态硅的熔点为 1 414 ℃、沸点为 2 355 ℃，原子序数为 14，属于第 IVA 族元素，相对原子质量为 28.085，密度为 2.422 g/cm³，莫氏硬度为 7。

硅以大量的硅酸盐矿石和石英矿的形式存在于自然界。泥土、石头和沙子、使用的砖、瓦、

水泥、玻璃和陶瓷等这些人们在日常生活中经常遇到的物质，都是硅的化合物。由于硅易与氧结合，故自然界中没有游离态的硅存在。

2.2.2 硅材料的性质

1. 物理性质

硅有晶态和无定形态两种同素异形体。晶态硅根据原子排列不同分为单晶硅和多晶硅，单晶硅和多晶硅的区别是：当熔融的硅凝固时，硅原子与金刚石晶格排列成许多晶核，如果这些晶核长成晶面取向相同的晶粒，则形成单晶硅；如果长成晶面取向不同的晶粒，则形成多晶硅。它们都具有金刚石晶格，属于原子晶体，晶体硬而脆，抗拉应力远远大于抗剪切应力，在室温下没有延展性；在热处理温度大于 750 ℃时，硅材料由脆性材料转变为塑性材料，在外加应力的作用下，产生滑移位错，形成塑性变形。硅材料还具有一些特殊的物理化学性能，如硅材料熔化时体积缩小，固化时体积增大。

硅材料按照纯度分类，可分为冶金级硅、太阳能级硅、电子级硅。冶金级硅（MG）是硅的氧化物在电弧炉中用碳还原而成，一般硅含量为 90% ~ 95% 以上；太阳能级硅（SG）一般认为硅含量在 99.99% ~ 99.999 9%；电子级硅（EG）一般要求硅含量 > 99.999 9%。

硅具有良好的半导体性质，其本征载流子浓度为 1.5×10^{10} 个 /cm³，本征电阻率为 1.5×10^{10} Ω·cm，电子迁移率为 1 350 cm²/(V·s)，空穴迁移率为 480 cm²/(V·s)。作为半导体材料，硅具有典型的半导体材料的电学性质。

（1）电阻率特性

硅材料的电阻率在 10^{-5} ~ 10^{10}Ω·cm 之间，介于导体和绝缘体之间，高纯未掺杂的无缺陷的晶体硅材料称为本征半导体，电阻率在 10^{6}Ω·cm 以上。

（2）PN 结特性

N 型硅材料和 P 型硅材料相连，组成 PN 结，这是所有硅半导体器件的基本结构，也是太阳电池的基本结构，具有单向导电性等性质。

（3）光电特性

与其他半导体材料一样，硅材料组成的 PN 结在光作用下能产生电流，如太阳电池；但是硅材料是间接带隙材料，效率较低，如何提高硅材料的发电效率正是目前人们所追求的目标。

2. 化学性质

硅在常温下不活泼，不与单一的酸发生反应，能与强碱发生反应，可溶于某些混合酸。其主要性质如下。

（1）与非金属作用

常温下硅只能与 F_2 反应，在 F_2 中瞬间燃烧，生产 SiF_4。

$$Si + 2F_2 =\!=\!=\!= SiF_4$$

加热时，能与其他卤素反应生成卤化硅，与氧反应生成 SiO_2。

$$Si + 2X_2 \xrightarrow{\triangle} SiX_4 \ (X = Cl,\ Br,\ I)$$

$$Si+O_2 \xrightarrow{\triangle} SiO_2$$

在高温下，硅与碳、氮、硫等非金属单质化合，分别生成碳化硅、氮化硅、硫化硅等。

$$Si+C \xrightarrow{\triangle} SiC$$

$$3Si+2N_2 \xrightarrow{\triangle} Si_3N_4$$

$$Si+2S \xrightarrow{\triangle} SiS_2$$

（2）与酸作用

Si 在含氧酸中被钝化，但与氢氟酸及其混合酸反应，生成 SiF_4 或 H_2SiF_6。

$$Si+4HF == SiF_4 \uparrow$$

$$3Si+4HNO_3+18HF == 3H_2SiF_6+4NO+8H_2O$$

（3）与碱作用

无定形硅能与碱猛烈反应生成可溶性硅酸盐，并放出氢气。

$$Si+2NaOH+H_2O == Na_2SiO_3+2H_2 \uparrow$$

（4）与金属作用

硅能与钙、镁、铜等化合，生成相应的金属硅化物；硅还能与 Cu^{2+}、Pb^{2+}、Ag^+ 等金属离子发生置换反应，从这些金属离子的盐溶液中置换出金属。例如硅能在铜盐溶液中将铜置换出来。

2.3　硅基光伏电池材料制备

硅基光伏电池分为晶硅光伏电池与非晶硅薄膜光伏电池，晶硅光伏电池主要包括以下几个工艺过程：工业硅的生产、太阳能级硅的提纯、拉制单晶或铸锭多晶、硅片的加工、电池片的制备、电池组件的制备。后续将对晶硅与非晶硅组件进行详细介绍。

2.3.1　冶金硅的提炼

工业硅生产的基本任务就是把合金元素从矿石或氧化物中提取出来，理论上可以通过热分解、还原剂还原和电解等方法生产。在这三种方法中，电解法属于湿法冶金范畴，而第一种方法在实际生产中会遇到很多困难，因为元素与氧的亲和力较大，除少数元素的高价氧化物外，其余的氧化物都很稳定，通常要在 2 000 ℃以上才能分解，在实际生产中具备这样高的温度会遇到很多困难。硅的冶炼是通过还原剂还原的第二种方法来制取，下面着重研究用还原剂还原法制取冶金硅的基本原理。

工业硅是在单相或三相电炉中冶炼的，绝大多数容量大于 5 000 kV·A，三相电炉使用的是石墨电极或碳素电极，通常采用连续法生产方式进行生产，也有通过自焙电极生产的，但产品质量不大理想；传统的电炉是固定炉体的电炉，近年来旋转炉体的电炉开始使用。有企业实践证明，使用旋转电炉能减少电能的消耗 3% ～ 4%，相应提高了电炉生产率和原料利用率，并大大减轻炉口操作的劳动强度。炉口料面不需要扎眼透气，对改善所有料面操作过程是很有利的。工业硅是通过连续方法冶炼的。硅矿石在高温的情况下，与焦炭进行反应，生产原理如下：

$$SiO_2+2C \xrightarrow{\triangle} Si+2CO \uparrow$$

1. 冶炼的原理

在实际生产中硅石的还原是比较复杂的。实际生产中炉内发生的反应是：炉料入炉后不断下降，受上升炉气的作用，温度在不断升高，上升的 SiO 有下列反应。

$$2SiO \xrightarrow{\triangle} Si+SiO_2$$

这些产物大部分沉积在还原剂的空隙中，有些逸出炉外。炉料继续下降，当温度上升到 1 820 ℃以上时，有以下反应发生：

$$SiO+2C \xrightarrow{\triangle} SiC+CO \uparrow$$
$$SiO+SiC \xrightarrow{\triangle} 2Si+CO \uparrow$$
$$SiO_2+C \xrightarrow{\triangle} SiO+CO \uparrow$$

当温度再升高时，发生以下反应：

$$2SiO_2+SiC \xrightarrow{\triangle} 3SiO+CO \uparrow$$

在电极下发生如下反应：

$$SiO_2+2SiC \xrightarrow{\triangle} 3Si+2CO \uparrow$$
$$3SiO_2+2SiC \xrightarrow{\triangle} Si+4SiO+2CO$$

炉料在下降的过程中，发生以下反应：

$$SiO+CO \xrightarrow{\triangle} SiO_2+C$$
$$3SiO+CO \xrightarrow{\triangle} 2SiO_2+SiC$$

在冶炼中，主要反应大部分是在熔池底部料层中完成的。碳化硅的生成、分解和一氧化硅的凝结，又是以料层内各区维持温度分布不同为先决条件。碳化硅的生成是容易的，而碳化硅还原要求高温、快速反应、否则碳化硅就沉积到炉底，由此，必须保持反应中心区温度的稳定性。在冶炼操作中，沉料要合适，如过勤，温度区稳定性差，对冶炼不利。

2. 冶炼生产的调控因素

（1）电压

电弧炉的电气工作参数主要是二次电压，电极工作端下部弧光所发出的热量主要集中在电极周围，因而炉内温度分布与弧光功率大小有关，在其他条件不变的情况下，提高二次电压能增加弧光功率；但是电压过高，弧光拉长、电极上抬、高温区上移，热损失将剧增。炉底温度降低，炉内温度梯度增大，坩埚区缩小，炉况变坏；相反，二次电压过低，除电效率和输入功率降低外，由于电极下插过深，炉料层电阻减少，从而将增加通过料层的电流，减少通过弧光的电流，使炉料熔化和还原速度减慢，电炉出现闷死现象，炉内坩埚急剧减小。可见对一定功率的电弧炉来说，二次电压过高和过低都是不可取的，在选择时必须保证电炉的电效率和热效率有良好的匹配。

（2）电流

埋弧操作的电弧炉，电流在炉内的分布有两条回路：一条是电极－电弧－熔融物－电极主电路回路；另一条是电极－炉料－电极分电流回路。对于三相熔池的电场，有过各种不同的描述，一般认为电流不仅在电极和导电炉底之间通过，而且也在电极、合金、电极之间通过。

（3）功率

在电气计算中，有很多未知数，只有功率是固定值，熔池功率可用 $P=I^2R$ 进行计算，电极截面内的电流密度和电极工作表面的电流密度是最稳定的数值。而电炉的其他动力指标差别很大，这是因为熔池尺寸、电极尺寸、所用的炉料、电气制度和操作方法存在着很大的差异。同一个熔池里反应着几种不同的合金，而动力指标却只对其中一种合金的冶炼是理想的。

（4）熔池电阻

熔池电阻是一个需要计算的物理参数，计算熔池电阻，必须计算熔池的电阻系数和电阻的几何参数。所有这些都与尚待确定的熔池尺寸和电极尺寸有机联系在一起。

2.3.2 高纯度多晶硅原材料制备

硅按不同的纯度可以分为冶金级硅（MG）、太阳能级硅（SG）、电子级硅（EG）。一般来说，经过浮选和磁选后的硅石（主要成分为 SiO_2）放在电弧炉里和焦炭生成冶金级硅。然后进一步提纯到更高级数的硅。目前处于世界主流的传统提纯工艺主要有两种：改良西门子法和硅烷法。他们统治了世界上绝大部分的多晶硅生产线，是多晶硅生产规模化的重要级数，在此我们主要介绍改良西门子法。

改良西门子法是以 Cl（或 H_2、Cl_2）和冶金级工业硅为原料，在高温下生成 $SiHCl_3$，然后通过精馏工艺，提纯得到高纯 $SiHCl_3$，最后用超高纯的氢气对 $SiHCl_3$ 进行还原得到高纯多晶硅棒。主要工艺流程如图 2.1 所示，具体工艺如下。

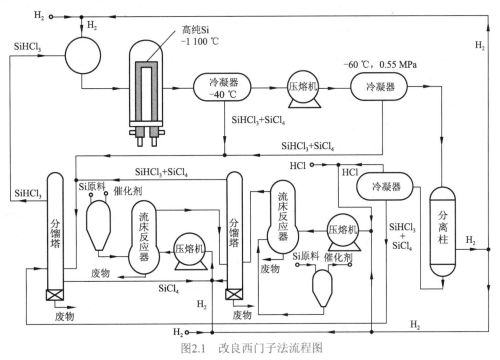

图2.1　改良西门子法流程图

1. HCl的性质及合成

氯化氢（HCl）相对分子质量 36.5，是无色具有刺激性臭味的气体，易溶于水，其水溶液俗称盐酸。在标准状态下 1 体积的水溶解约 500 体积的 HCl，比重 1.19（液体），在有水存在的情况下，氯化氢具有强烈的腐蚀性。

合成炉内，氯气与氢气反应按下式进行。

$$H_2 + Cl_2 \rightarrow 2HCl + Q$$

2. SiHCl₃的性质及合成

（1）SiHCl₃ 的性质

常温下，纯净的 $SiHCl_3$ 是无色、透明、挥发性、可燃的液体，有较 $SiCl_4$ 更强的刺鼻气味，易水解、潮解，在空气中强烈发烟（$2SiHCl_3 + O_2 + 2H_2O \rightarrow 2SiO_2 + 6HCl$），易挥发、气化、沸点较低、易燃、易爆、闪点为 28 ℃，着火温度为 220 ℃，燃烧时产生氯化氢和氯气（$SiHCl_3 + O_2 \rightarrow SiO_2 + HCl + Cl_2$），其蒸气具有弱毒性，与无水醋酸及二氯乙烯毒性程度相同。

（2）SiHCl₃ 的合成

合成三氯氢硅可在流化床和固定床两种设备中进行，与固定床相比，用流化床合成三氯氢硅的方法，具有生产能力大、能连续生产、产品中三氯氢硅含量高、成本低以及有利于采用催化反应等优点，因此该方法目前已被国内外广泛采用。

$SiHCl_3$ 的合成主要是硅粉和氯化氢在流化床反应器中生成，硅粉和氯化氢按下列反应生成 $SiHCl_3$。

$$Si\,(s) + 3HCl\,(g) \xrightarrow{280\sim350\ ℃} SiHCl_3\,(g) + H_2\,(g) + Q$$

反应为放热反应，为保持反应器内的温度稳定在 280~320 ℃范围内变化，以提高产品质量和实收率，必须将反应热及时带出。随着温度增高，$SiCl_4$ 的生成量不断变大，$SiHCl_3$ 的生成量不断减小，当温度超过 350 ℃时，将生成大量的 $SiCl_4$。

$$Si\,(s) + 4HCl\,(g) \xrightarrow{\geq 350\ ℃} SiCl_4\,(g) + 2H_2\,(g) + Q$$

若温度控制不当，有时产生的 $SiCl_4$ 甚至高达 50% 以上，此反应还产生各种氯硅烷，硅、碳、磷、硼的聚卤化合物等（$CaCl_2$、$AgCl_2$、$MnCl_3$、$AlCl_3$、$ZnCl_2$、$TiCl_4$、$PbCl_3$、$FeCl_3$、$NiCl_3$、BCl_3、CCl_3、$CuCl_2$、PCl_3 等）。

如温度过低，将生成 SiH_2Cl_2 低沸物。

$$Si\,(s) + 2HCl\,(g) \xrightarrow{\leq 280\ ℃} SiH_2Cl_2\,(g) + Q$$

（3）SiHCl₃ 合成工艺条件

反应温度：温度对 $SiHCl_3$ 合成影响最大，温度过低，则反应速度低，化学平衡朝生成 SiH_2Cl_2 的方向移动，会导致 $SiHCl_3$ 含量低；温度过高，反应速度增加，化学平衡朝生成 $SiCl_4$ 的方向移动，同样会导致 $SiHCl_3$ 含量降低。所以在生产过程中，反应温度控制在适当的范围。

反应压力：炉内需要保持一定的压力，保证气固相反应速度，且炉底和炉顶要保持一定的压力降，才能保证沸腾床的形成和连续工作；系统压力过大，沸腾炉内 HCl 的流速小、进气量少、反应效率低、$SiHCl_3$ 含量低、产量少，且加料易坍塌，易烧坏花板及凤帽，不易控制。

硅粉粒度：硅粉与 HCl 气体的反应属于气固相之间的反应，是在固体表面进行的，硅粉越细，比表面积越大，越有利于反应；但是颗粒在"沸腾"过程中相互碰撞，易摩擦起电，如果颗粒过小，则易在电场作用下聚集成团，使沸腾床出现"水流"现象，影响反应的正常进行，且易被气流夹带出合成炉，堵塞管道和设备，造成原料的浪费；如果颗粒过大，与 HCl 气体的接触面积变小，反应效率低，且易沉积在沸腾炉底，烧坏花板及凤帽，导致系统压力变大，不易沸腾。

由此可以看出，合成 $SiHCl_3$ 过程中，反应是一个复杂的平衡体系，可能有很多种物质同时生成，因此要严格地控制操作条件，才能获得更多的 $SiHCl_3$。

3. $SiHCl_3$ 的提纯

超纯硅质量的好坏，往往取决于原料的纯度。在产品质量要求特别高的时候，全部生产过程的效果在很大程度上由原料的纯度而定。

在 $SiHCl_3$ 的合成过程中，由于原料、工艺过程等多种原因，不可避免地会在 $SiHCl_3$ 产品中存在很多杂质，因此，要对 $SiHCl_3$ 进行提纯处理。

目前提纯 $SiHCl_3$ 的方法很多，不外乎精馏法、络合物法、固体吸附法、部分水解法和萃取法。但是最为常用的方法为精馏法，此法具有处理量大，操作方便，板效率高，又避免引进任何试剂，绝大多数杂质都能被完全分离，特别是非极性重金属氧化物，但它对彻底分离硼、磷和强极性杂质氯化物受到一定限制。

将前道工序合成的 $SiHCl_3$ 加入到精馏塔中，通过各组分熔沸点的差别，将 $SiHCl_3$ 提纯出来，从而得到高纯 $SiHCl_3$。

4. $SiHCl_3$ 还原制备高纯硅

（1）$SiHCl_3$ 还原反应原理

经提纯和净化的 $SiHCl_3$ 和 H_2 按一定比例进入还原炉，在 1 080~1 100 ℃高温下，$SiHCl_3$ 被 H_2 还原，生成的硅沉积在发热体硅芯上。化学方程式：

$$SiHCl_3 + H_2 \xrightarrow{1\ 080\ \sim\ 1\ 100\ ℃} Si + 3HCl\ （主）$$

同时还会发生 $SiHCl_3$ 热分解和 $SiCl_4$ 的还原反应：

$$4SiHCl_3 \xrightarrow{1\ 080\ \sim\ 1\ 100\ ℃} Si + 3SiCl_4 + 2H_2 \uparrow$$

$$SiCl_4 + 2H_2 \xrightarrow{1\ 080\ \sim\ 1\ 100\ ℃} Si + 4HCl$$

（2）$SiHCl_3$ 还原的影响因素

氢还原反应及沉积温度：三氯氢硅和四氯化硅还原反应均是吸热反应，升高温度有利于反应朝吸热一方移动，有利于硅的沉积，也会使硅的结晶性能良好，而且表面具有光亮的灰色金属光泽。但是实际反应温度不能过高，温度过高，自气相往固态载体上沉积硅的速度反而下降；温度过高，沉积的硅化学性质增强，收到设备材质沾污的可能性增大；温度过高，会发生硅的逆腐蚀反应；温度过高，对硅极为有害的杂质如 B、P 等化合物的还原量也加大，这将增加对硅的沾污。因此，在生产中采用 1 080~1 100 ℃进行三氯氢硅还原反应。

反应混合气配比：混合气的配比指的是氢气和三氯氢硅的当量比。在三氯氢硅的还原过程中，用化学当量计算配比进行还原反应时，产品呈非晶体型褐色粉末状析出，而且实收率很低。这是由于氢气不足，发生其他副反应的结果，因此，氢气必须比化学当量值大，才有利于提高实收率，而且产品质量也较好。然而氢气的配比也不能过大，若配比过大，会稀释三氯氢硅的浓度，减少三氯氢硅与硅棒表面碰撞概率，降低硅的沉积速度，降低硅的产量，而且氢气也得不到充分利用。从 BCl_3、PCl_3 氢还原反应可以看出，过高配比的氢气不利于抑制 B、P 的析出，进而影响产品质量。

反应气体流量：在保证达到一定沉积速度的条件下，流量越大，还原炉的产量越高。增大气体流量后，使炉内气体湍动程度随之增加，消除灼热载体表面的气体边界层，提高还原反应速度，使硅的实收率得到提高，但反应气体流量不能增加太快，否则会造成气体在炉内停留时间太短，转化率相对降低。

沉积表面积：硅棒的沉积表面积由硅棒的长度与直径决定，在一定的长度下，硅棒的表面积随硅的沉积量增加而增大，沉积表面积越大，沉积速度也越快。所以，采用多对、大直径硅棒有利于提高生产效率。

还原反应时间：反应时间越长，沉积的硅棒越粗，对提高产品质量与产量都是有益的。随着反应的进行，沉积硅棒越来越粗，载体表面越来越大，沉积速度不断提升，反应气体对沉积面碰撞机会增加，产量越来越高。

2.3.3　直拉单晶硅棒

单晶硅棒制备主要是指由高纯多晶硅拉制单晶硅棒的过程。单晶硅材料是非常重要的晶体硅材料，根据生长方式的不同，可以分为区熔单晶硅和直拉单晶硅。区熔单晶硅是利用悬浮区域熔炼（Float Zone）的方法制备的，所以又称 FZ 硅单晶。直拉单晶硅是利用切氏法（Parochialism）制备单晶硅，称为 CZ 单晶硅。这两种单晶硅具有不同的特性和不同的器件应用领域，区熔单晶硅主要应用于大功率器件方面，只占单晶硅市场很小一部分，在国际市场上约占 10% 左右；而直拉单晶硅主要应用于微电子集成电路和光伏电池方面，是单晶硅的主体。与区熔单晶硅相比，直拉单晶硅的制造成本相对较低，机械强度较高，易制备大直径单晶。所以，太阳电池领域主要应用直拉单晶硅，而不是区熔单晶硅。

直拉法生长晶体的技术是由波兰的 J.Czechoslovakia 在 1971 年发明的，又称切氏法。1950 年 Teal 等将该技术用于生长半导体锗单晶，然后又利用这种方法生长直拉单晶硅，在此基础上，Dash 提出了直拉单晶硅生长的"缩颈"技术，G.Ziegler 提出了快速引颈生长细颈的技术，构成了现代制备大直径无错位直拉单晶硅的基本方法。目前，单晶硅的直拉法生长已是单晶硅制备的主要技术，也是太阳电池用单晶硅的主要制备方法。单晶硅棒如图 2.2 所示，单晶炉外形如图 2.3 所示。

图2.2　单晶硅棒　　　　　　　　　　　图2.3　单晶炉

直拉单晶硅的制备工艺一般包括：原料的准备、掺杂剂的选择、石英坩埚的选取、籽晶和籽晶定向、装炉、熔硅、种晶、缩颈、放肩、等径、收尾和停炉等。

（1）单晶硅原料的准备

生长直拉单晶硅用的多晶硅原料，大多数是用硅芯、钽管作发热体生长的。硅芯作发热体生长的多晶硅，破碎或截成段后，经过清洁处理就可以作为拉直单晶的原料；钽管作发热体生长的多晶硅，需先用"王水"把钽管和钽硅合金腐蚀干净，再破碎或截断后进行清洁处理，方可作为拉制单晶硅的原料。

无论用哪种材料作为直拉单晶硅的原料，必须符合以下条件：结晶致密，金属光泽好，断面颜色一致，没有明暗相间的温度圈或氧化夹层；从微观来看，纯度要高。

（2）掺杂剂的选择

拉制一定型号和一定电阻率的单晶，选择适当的掺杂剂是非常重要的。五族元素常用作硅单晶的 N 型掺杂剂，主要有 P、As、Sb。三族元素常用作硅单晶的 P 型掺杂剂，主要有 B、Al、Ga。拉制单晶硅的电阻率范围不同，掺杂剂的形态也不一样。目前光伏电池用硅单晶，采用母合金作掺杂剂，所谓母合金，就是杂质单质元素与硅的合金。多晶硅熔化后放入较多掺杂元素，拉制成晶，然后切片、分级、破碎、清洁处理、制成母合金。常用的母合金有硅磷母合金和硅硼母合金，常见光伏电池用硅单晶一般选用硅硼母合金作为掺杂剂。

（3）石英坩埚的选取

石英坩埚几何外形有半球形和杯形两种，目前杯形坩埚（即平底坩埚）有代替球形坩埚的趋势。杯形坩埚多晶硅装得多，相应提高了单晶硅的成品率，而且硅单晶收尾部时，直径容易控制。

从材质看，有透明石英坩埚和不透明石英坩埚。它们都是由二氧化硅制成的，而二氧化硅的同素异构体 α 石英和 β 石英是因制作温度不同而形成的。无论是透明坩埚还是不透明坩埚厚薄都要均匀一致，内壁光滑无气泡，纯度高。目前直拉单晶硅用坩埚一般为透明的石英坩埚。

（4）籽晶和籽晶定向

籽晶是生长晶体的种子，也称晶种，用籽晶引单晶，就是在将结晶的熔体中加入单晶晶核。籽晶是否是单晶，是生长单晶的关键。用不同晶向的籽晶做晶种，会获得不同晶向的单晶。

籽晶一般采用硅单晶切成，断面呈每边长 5 mm 的正方形，长度约 50 mm。由于切割籽晶时的种种原因，籽晶正方向与要求的 [1 1 1] 或 [1 0 0] 方向存在一个偏离角度。角度的大小和偏离方向必须进行定向测量。

籽晶定向有三种方法：X 射线照相法、单色 X 射线衍射法和光图像法。X 射线照相法和单色 X 射线衍射法定向操作复杂，设备昂贵，硅单晶生产中一般不采用这两种方法，而常用操作方便而设备简单的光图像法。

多晶硅原料、母合金、石英坩埚、籽晶等不但在生产、加工、运输、储存过程中会被空气中的油、水蒸气、尘埃等沾污。对于多晶硅、母合金、籽晶上的油污用丙酮或苯去掉，石英坩埚表面的沾污用洗涤剂或肥皂清洗，然后进行清洁处理，多晶硅、母合金、籽晶一般用氢氟酸、硝酸腐蚀。

无论用哪种方法进行清洗，多晶硅、母合金、坩埚、籽晶清洗完后必须立即放入红外线烘箱烘干，烘干冷却后按要求放入清洗干净的塑料袋内，也可放入专门的塑料盒子里封好备用。

此外，苯、丙酮等有机溶剂的蒸气对身体有害，盐酸、王水、硝酸、氢氟酸对人体有很强的腐蚀性和毒性，在进行复式时要特别小心，做到安全操作，严防事故发生。

（5）装炉

在高纯工作室内，戴上清洁处理过的薄膜手套，将清洁处理好的定量多晶硅放入洁净的坩埚内。用万分之一光学天平称好掺杂剂。打开炉门，取出上次拉制的硅单晶，卸下籽晶夹，取出用过的坩埚、保温罩、石墨托碗，并清洁干净。

腐蚀好的籽晶装入籽晶夹头，籽晶一定要装正、装牢，否则，晶体生长方向会偏离要求晶向，也可能拉晶时籽晶脱落、发生事故。

将清理干净的石墨器件装入单晶炉，调整石墨器件的位置，把装好的籽晶夹头装在籽晶轴上。将称好的掺杂剂放入装有多晶硅的石英坩埚中，再将石英坩埚放在石墨托碗里，然后按照多晶硅步骤往石英坩埚内放多晶硅。

转动坩埚轴，检查坩埚是否放正，多晶硅块放的是否牢固。一切正常后，将坩埚降到熔硅位置。

一切工作准确无误后，关好炉门，开动机械泵和低真空阀门抽真空，待炉内压力达到规定值时，打开冷却水，开启扩散泵，打开高真空阀。待炉压达到一定值时，加热熔硅。

（6）熔硅

开启加热功率按钮，使加热功率分次升到熔硅的最高温度（1 500 ℃左右），熔硅温度升到 1 000 ℃时应转动坩埚，使坩埚各部受热均匀。多晶硅块全部熔完后，将坩埚升到引晶位置，同时关闭扩散泵和高真空阀门，只开机械泵保持低真空，转动籽晶轴，下降籽晶至熔硅液面 3～5 mm 处。

（7）种晶

多晶硅熔化后，保温一段时间，使熔硅的温度和流动达到稳定，然后进行晶体生长。在晶体生长时，首先将单晶籽晶固定在旋转的籽晶轴上，然后将籽晶缓慢下降，距液面数毫米处暂停片刻，烘烤籽晶，使籽晶温度尽量接近熔硅温度，以减少可能的热冲击；接着籽晶下降与熔硅接触，使头部首先少量溶解，然后和熔硅形成一个固液界面；随后，籽晶逐步上升，与籽晶相连并离开固液界面的硅温度降低，形成单晶硅，此阶段称为"种晶"。

下种前，必须确定熔硅温度是否合适，初次引晶，应逐渐分段少许降温，待坩埚边上刚刚出现结晶，再稍许升温使结晶熔化，此温度就是合适的引晶温度。

（8）缩颈

种晶完成后，开始缩颈。引晶时，由于籽晶和熔硅温差大，高温的熔硅对籽晶造成强烈的热冲击，籽晶头部产生大量位错，缩颈是为了减少引晶过程中出现的位错。籽晶快速向上提升，晶体生长速度加快，新结晶的单晶硅的直径将比籽晶的直径小，可达 3 mm 左右，其长度约为此时晶体直径的 6~10 倍，称为"缩颈"阶段。由于位错线与生长轴成一个交角，只要缩颈够长，位错便能长出晶体表面，产生零位错的晶体。缩颈过程中，主要控制温度因素。

（9）放肩

细颈达到规定长度，"缩颈"完成后，如果晶棱不断，立即降温、降拉速，使细颈的直径渐渐增大到规定直径，形成一个近180°的夹角，此阶段成为"放肩"。

放平肩的特点主要是控制单晶生长速度，熔体温度较低，放肩时，拉速很慢，拉速可以是零，当单晶将要生长到规定直径时升温，当单晶长到规定直径，突然提高拉晶速度进行转肩，使肩近似直角，进入等径生长。

（10）等径

长完细颈和肩部之后，借着拉速与温度的不断调整，当放肩达到预定晶体直径时，晶体生长速度加快，并保持几乎固定的速度，使晶体保持固定直径的生长。随着单晶长度的增加，单晶散热表面积也越大，散热速度越快，单晶生长表面熔硅温度降低，单晶直径增加；另外，单晶长度不断增加，熔硅逐渐减少，坩埚内熔硅液面逐渐下降，熔硅液面越来越接近加热器的高温区，单晶生长界面的温度越来越高，使单晶变细。在单晶生长过程中，要看两个过程的综合效果，增加或降低加热功率。

一般而言，当单晶进入等直径生长后，调整控制等直径生长的光学系统，打开电气自动部分，使单晶炉自动等径生长，可使晶棒直径维持在正负2 mm之间，这段直径固定的部分称为等径部分。单晶硅片取自于等径部分。

（11）收尾

当熔硅较少时，单晶硅开始收尾，尾部收得好坏对单晶的成品率有很大的影响。在收尾阶段，如果立刻将晶棒与液面分开，由于热应力的作用，尾部会产生大量的位错，并沿单晶向上延伸，且延伸长度约等于单晶尾部直径。为了避免此问题的发生，在晶体生长结束时，晶体硅的生长速度再次加快，同时升高硅熔体的温度，使得晶体硅的直径不断缩小，形成一个圆锥形，直到成一尖点而与液面分开为止。这一过程称为尾部生长。长完的晶棒被升至上炉室冷却。

（12）停炉

单晶提起后，马上停止坩埚和籽晶轴的转动，加热功率降低至零。关闭低真空阀门、排气阀门和进气阀门，停止真空泵运转，关闭所有控制开关，晶体冷却后，拆炉取出晶体，送检验部门检验。

2.3.4 铸造多晶硅锭

直到20世纪90年代，光伏工业还是主要建立在单晶硅的基础上。虽然单晶硅光伏电池的成本在不断下降，但是与常规电力相比还是缺乏竞争力，因此，不断降低成本是光伏界追求的目标。自20世纪80年代铸造多晶硅发明和应用以来，其增长迅速。80年代末期多晶硅仅占太阳电池材料的10%左右，而至1996年底它已占整个太阳电池材料的36%，它以相对低成本、高效率的优势不断挤占单晶硅的市场，成为最有竞争力的太阳电池材料。21世纪初已占50%以上，多晶硅成为最主要的太阳电池材料。

光伏电池多晶硅锭是一种柱状晶，晶体生长方向垂直向上，是通过定向凝固（也称可控凝固或约束凝固）过程来实现的，即在结晶过程中，通过控制温度场的变化，形成单方向热流（生

第2章 太阳能

长方向与热流方向相反)，并要求液固界面处的温度梯度大于 0，横向则要求无温度梯度，从而形成定向生长的柱状晶。实现多晶硅定向凝固生长的四种方法分别是：布里曼法、热交换法、电磁铸锭法和浇铸法。目前企业生产多晶硅最常用的方法为热交换法。硅锭如图 2.4 所示，铸锭炉外形如图 2.5 所示。

图2.4 多晶硅锭   图2.5 多晶硅铸锭炉

热交换法生产多晶硅的制备工艺一般包括：原料的准备、掺杂剂的选择、坩埚喷涂、装料、装炉、加热、化料、长晶、退火、冷却、出锭、硅锭冷却、石墨护板拆卸等。

1. 原料的准备

铸锭多晶硅用的原料，大多数是用多晶硅锭的头尾料、碎片等原料。头尾料、碎片需要经过清洁处理方可作为多晶硅生产的原料。按照配料作业指导书，准确称量相关品种的硅料，并清洗干净。

2. 掺杂剂的选择

铸造多晶硅掺杂剂的选择与直拉单晶硅的选择类似。根据铸锭多晶硅的型号，选择 P 型、N 型掺杂剂，常见 P 型掺杂剂为 B、Al、Ga，常见 N 型掺杂剂为 P、As、Sb。多晶硅的电阻率范围不同，掺杂剂的形态也不一样。目前铸锭多晶硅中，采用母合金作为掺杂剂，常见多晶硅锭一般硅硼母合金作为掺杂剂。根据铸锭多晶硅的原料进行计算，确定添加掺杂剂的量，并正确称量。

3. 坩埚喷涂

(1) 喷涂目的

坩埚喷涂是用纯水把粉末喷料氮化硅涂喷在坩埚表面，在加热作用下，使液态氮化硅均匀的吸附坩埚表面，形成粉状涂层。氮化硅是一种超硬物质，本身具有润滑性，并且耐磨损；除氢氟酸外，它不与其他无机酸反应，抗腐蚀能力强，高温时抗氧化。而且它还能抵抗冷冲击，在空气中加热到 1 000 ℃以上，急剧冷却再急剧加热，也不会碎裂。

涂层目的是保护陶瓷方坩埚在高温下与硅隔离，使液态硅不与陶瓷方坩埚反应，而使陶瓷方坩埚破裂，以及冷却后最终保证硅锭脱膜完整性。

坩埚喷涂是利用不同于其他喷涂技术的方法，涂装坩埚的方法可分为加热喷涂与滚涂两种涂覆工艺，滚涂涂装技术工艺简单，涂装涂层不均，时间长，氮化硅使用量大，成本高，所以公司现使用的是较为先进的工艺——热喷涂技术。

（2）喷涂工艺

坩埚喷涂前需做好喷涂前准备工作，按要求用电子秤准确称取磨料，并研磨，达到工艺要求的颗粒落入小桶中，直至研磨完为止。再视检坩埚是否达到工艺要求，将视检合格坩埚记录编号并放置旋转台内如图2.6所示。

慢慢搅拌并加入研磨好的氮化硅，氮化硅加完后高速搅拌数分钟，当坩埚温度达到规定值时，开始喷涂并记录好开始喷涂时间，喷涂时温度；直至喷完所有氮化硅混合液。喷涂完成后再进行热处理，热处理的目的是提高涂层结晶度，避免内应力引起的涂层脱落，从而提高涂层的韧性和附着力。

4. 装料

（1）坩埚检验

检验坩埚按光源标准要求区分喷涂等级面，所有等级面涂层应没有材料露底剥离等缺陷，所有表面应无起泡、龟裂、桔皮、针孔等不良现象，选择达到标准的坩埚进行装料。

（2）装料

操作员戴好手套后用吸尘器吸去石墨板上、推车上的灰尘，在推车上放块石墨板，摆放整齐（石墨板平面与车板平行），如图2.7所示。将坩埚轻放在干净的石墨板正中，校正好石墨板与小车各面位置。把坩埚推入装料室中摆放好。

图2.6　旋转台

图2.7　坩埚的摆放

开始装料前操作员在装料前须确保带好口罩、帽子、一次性胶皮手套，用吸尘器吸去坩埚中的氮化硅粉末。按照作业指导书进行装料操作，不要扔、投，避免刮破喷涂层。

注意：装料过程注意防尘，不接触金属，轻拿轻放，不要碰坏喷涂层，当装料装至整个坩埚高度的1/2时，加入掺杂物质，均匀摆放在硅料表面。继续装料直到距坩埚顶部处，将硅料摆在中间位置以防掉落，直至装完。

用吸尘器吸去推车上、石墨板上的残留物质，在坩埚四边固定好石墨挡板四边，石墨挡板的边必须与石墨底板边相吻合，且石墨挡板与底板平面相互垂直，对边两挡板与坩埚距离保持一致，送往多晶硅（DSS）铸锭区。

5. 装炉

多人合作，戴好劳保用品。先进行炉体卫生清洁及溢流孔的疏通并确认炉子正常后开始进料操作。

（1）装炉前工作检查

① 检查料的高度及坩埚边缘是否有料。

② 坩锅与底板距离是否等距检查。

③ 螺杆螺帽的检查。

④ 装好护板后检查螺帽的松紧度。

（2）装炉

① 叉车插料时，一人控制叉车，一人指挥以免撞到叉车臂手、损坏石墨底板，需调节好叉车臂的升降速度。

② 打开下炉体（确认 4 个夹子已打开，且一对角夹子打开后再打开另一对角夹子）。

③ 将料装至叉车臂后，将叉车臂手放至最低处，移动叉车至炉子正对面，将叉车臂上升至已做好标记的上下限范围内。

④ 料进去后，缓慢地将料放在转锭炉平台正中间，一定要保证转锭炉平台上没有异物及尺子也已移开。

⑤ 对 O 形圈先用酒精清洁干净后再涂抹真空油。

⑥ 合炉，装好 4 个夹子（要求一对角合起后再合起另一对角夹子），此时，应注意观察在上升时下炉体是否保持水平。

⑦ 进行抽真空、检漏操作。

6. 加热

开启加热功率按钮，使加热功率分次升到熔硅的最高温度。利用石墨加热器给炉体加热，首先使石墨部件、隔热层、硅原料等表面吸附的湿气蒸发，然后缓慢加温，使石英坩埚的温度达到 1 200 ~ 1 300 ℃。该过程要 4 ~ 5 h。

7. 化料

通入氩气作为保护气，使炉内压力基本维持在 400 ~ 600 mbar。逐渐增加加热功率，使石英坩埚内的温度达到 1 500 ℃ 左右，硅原料开始熔化。熔化过程中一直保持 1 500 ℃ 左右，直至化料结束，该过程要 20 ~ 22 h。当功率梯度与转锭炉平台温度梯度变化在化料完成报警范围内时，会触发化料完成报警，当确认熔化已完成后，进行下一步长晶操作。

8. 晶体生长

硅原料熔化结束后，降低加热功率，使陶瓷坩埚的温度降至 1 420 ~ 1 440 ℃ 硅熔点。然后陶瓷坩埚逐渐向下移动，或者隔热装置逐渐上升，使得陶瓷坩埚慢慢脱离加热区，与周围形成热交换；同时，冷却板通水，使熔体的温度自底部开始降低，晶体硅首先在底部形成，生长过程中固液界面始终保持与水平面平行，直至晶体生长完成，该过程要 20 ~ 22 h。

① 中心长晶透顶报警。当高温计的梯度值大于一定值时，系统会触发中心长晶透顶报警，通过上方视窗观察查看长晶是否真正已透顶。

② 边角长晶完成报警。程序自动监测功率斜率，功率斜率平均值先上升再下降到零后系统将触发边角长晶完成报警。进入曲线图界面进行确认，确认边角长晶是否完成。

③ 长晶自动工序完成报警。长晶自动工序完成后，系统会触发报警，若整个生产工序过程中没有出现异常情况，则进行下一步操作。

9. 退火

晶体生长完成后，由于晶体底部和上部存在较大的温度梯度，因此，晶锭中可能存在热应力，在硅片加热和电池制备过程中容易造成硅片碎裂。所以，晶体生长完成后，硅锭保持在熔点附近 2 ~ 4 h，使硅锭温度均匀，减少热应力。

10. 冷却

硅锭在炉内退火后，关闭加热功率，提升隔热装置或者完全下降硅锭，炉内通入大流量氩气，使硅锭温度逐渐降低至室温附近；同时，炉内气压逐渐上升，直至达到大气压，该过程约要 10 h。

11. 出锭

自动生产过程结束时，增加炉内压强到规定值，待温度为 400 ~ 450 ℃范围时，打开多晶炉下炉腔。操作员工戴口罩、面罩和耐高温手套，将坩埚下 DS 板上的碳纤板取出并放在 DS 板下，然后用叉车将硅锭取出，并运移到冷却专区进行冷却。取出硅锭后通知检修人员准备检测加热件，清理炉体（视情况而定），为新装硅料做好准备，进行下一个生产周期。

12. 硅锭冷却

硅锭放在指定冷却区冷却，冷却 6 h 以后，拆除四侧护板。

13. 石墨护板拆卸

硅锭冷却到规定的温度以下后，拆除石墨护板，并把护板放到专用小车上，而后把护板送到装料区。拆卸过程中至少需要 2 人，拆下的石墨护板放在小车上，等下次装料时用，进行装板，并确保石墨护板不受损坏，同时将坩埚拆下来放入中转箱中集中处理，将硅锭移入仓。

2.3.5 单晶硅片加工

硅片加工过程中所包含的制造步骤，根据不同的硅片生产商有所变化。这里介绍的硅片加工主要包括开方、切片、清洗等工艺。常见单晶硅片、多晶硅片如图 2.8 和图 2.9 所示。单晶硅片与多晶硅硅片的加工工艺大部分相同，重点内容在多晶硅加工中进行介绍，在单晶硅加工将不作重点描述。

单晶硅片加工工艺流程为：单晶硅棒截断→开方→磨面→外径滚圆→切片→清洗→检测→包装。

第 2 章 太阳能

图2.8 单晶硅片

图2.9 多晶硅片

（1）截断

截断是指在晶体生长完成后，沿垂直于晶体生长的方向切去晶体硅中头尾无用部分，将单晶硅棒分段成切片设备可以处理的长度，即切除头部的籽晶和放肩部分以及尾部的收尾部分。通常利用外圆切割机进行切割，刀片边缘为金刚石涂层，这种切割机的刀片厚，速度快，操作方便；但是刀缝宽，浪费材料，而且硅片表面机械损伤严重。目前，也有使用带式切割机来割断晶体硅的，尤其适用于大直径的单晶硅。

（2）开方

配置好切割液、搅拌好胶水，做好一起准备工作，将切断后的硅棒按要求固定在开方机上。开机运行，即沿着硅棒的纵向方向，将硅棒切成一定尺寸的硅块。

（3）磨面

为了将开方后的准方棒切出合格的硅片，需要对准方棒进行磨面处理，去处开方的切割损伤层，磨削出合格的方棒。

（4）外径滚圆

在直拉单晶硅中，由于晶体生长时的热振动、热冲击等原因，晶体表面都不是非常平滑的，也就是说整根单晶硅的直径有一定偏差起伏；而且晶体生长完成后的单晶硅棒表面存在扁平的棱线，需要进一步加工，使得整根单晶硅棒的直径达到统一，以便于在后续的材料和器件加工工艺中操作。通过外径滚磨可以获得较为精确的直径。

（5）切片

单晶硅的切片工艺与多晶硅的切片工艺基本相同，唯一不同的地方在于托板的选择。一般而言，切割相同尺寸的硅片，单晶硅选取的托板较多晶硅的托板小一号。具体切片工艺在多晶硅切片中详述。

（6）清洗

清洗工艺中，单晶硅片与多晶硅片脱胶、清洗、甩干基本类似。不同之处在于两者清洗的药品不同，在此主要对晶硅清洗工艺的药品进行介绍。具体操作工艺在多晶硅片清洗中进行详述。

硅片切割后，常见的杂质有有机物、金属离子等。清洗是通过有机溶剂的溶解作用，结合超声波清洗技术去除硅片表面的有机杂质；结合酸碱溶剂对金属离子及其他杂质的作用，去除硅片表面的杂质污染离子。清洗工艺中的药品配置情况视设备与硅片生产商不同而不同。常见的清洗方法如下。

① RCA清洗。通过多道清洗去除硅片表面的颗粒物质和金属离子。用 H_2SO_4 溶液和 H_2O_2 溶液按比例配成SPM溶液，SPM溶液具有很强的氧化能力，可将金属氧化后溶于清洗液，

并将有机污染物氧化成 CO_2 和 H_2O。用 SPM 清洗硅片可去除硅片表面的有机污物和部分金属。然而此工序会产生硫酸雾和废硫酸。

② DHF 清洗。用一定浓度的氢氟酸去除硅片表面的自然氧化膜，而附着在自然氧化膜上的金属也被溶解到清洗液中，同时 DHF 抑制了氧化膜的形成。此过程中产生氟化氢和废氢氟酸。

③ APM 清洗。APM 溶液由一定比例的 NH_4OH 溶液、H_2O_2 溶液组成，硅片表面由于 H_2O_2 氧化作用生成氧化膜（约 6 nm，呈亲水性），该氧化膜又被 NH_4OH 腐蚀，腐蚀后立即又发生氧化，氧化和腐蚀反复进行，因此附着在硅片表面的颗粒和金属也随腐蚀层而落入清洗液内。此处产生氨气和废氨水。

④ HPM 清洗。由 HCl 溶液和 H_2O_2 溶液按一定比例组成的 HPM，用于去除硅表面的钠、铁、镁和锌等金属污染物。此工序产生氯化氢和废盐酸。

⑤ DHF 清洗。去除上一道工序在硅表面产生的氧化膜。

⑥ 腐蚀 A/B。经切片机械加工后，晶片表面受加工应力而形成的损伤层，通常采用化学腐蚀去除。腐蚀 A 是酸性腐蚀，用混酸溶液去除损伤层，产生氟化氢、NOX 和废混酸；腐蚀 B 是碱性腐蚀，用氢氧化钠溶液去除损伤层，产生废碱液。本项目一部分硅片采用腐蚀 A，一部分采用腐蚀 B。

（7）检测

单晶硅片与多晶硅片的检测方法、工艺类似，具体检测内容在多晶硅片检测中详述。

（8）包装

单晶硅片与多晶硅片的包装工艺类似，具体包装内容在多晶硅片检测中详述。

2.3.6 多晶硅片加工

多晶硅加工工艺主要为：开方→磨面→倒角→切片→清洗→检测→包装等。

1. 开方

硅片加工过程中，考虑到外圆切割技术损伤严重及切割损耗较多，所以该技术在太阳能行业中很少应用。目前，主流的用于开方的技术是线切割技术。线切割开方工艺如下。

① 粘胶：配置好胶水，将硅锭固定在开方机的工作台上。

② 切割液的配置：按照规定配置切割液。配置过程在后面切片部分重点介绍。

对于方形的晶体硅锭，在硅锭切断后，要进行切方块处理，即沿着硅锭的晶体生长的纵向方向，将硅锭切成一定尺寸的长方形硅块。

2. 磨面

开方之后的硅块，在硅块的表面产生线痕，需要通过研磨除去开方所造成的锯痕及表面损伤层，有效改善硅块的平坦度与平行度，最终达到抛光过程处理的规格。

3. 倒角

将多晶硅锭切割成硅块后，硅块边角锐利部分需要倒角、修整成圆弧形，主要防止切割时，硅片的边缘破裂、崩边及晶格缺陷产生。倒角前后如图 2.10 所示。

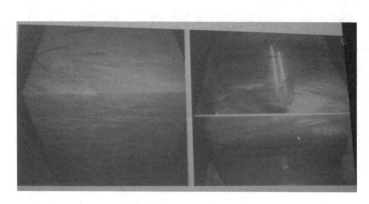

图2.10 倒角前后的硅块

4. 切片

（1）切片工艺简介

硅片是晶硅光伏电池技术中最昂贵的部分，所以降低这部分的制造成本对于提高太阳能对传统能源的竞争力至关重要。

现代切割技术中，常用的切割技术有线切割和外圆切割。外圆切割由于切割损伤严重及切割损耗较多，目前太阳能行业很少应用。目前，主流的用于硅锭和硅片切割为线切割技术。

现代线锯的核心是在切割液配合下用于完成切割动作的超细高强度切割线。最多可达1 000条切割线相互平行的缠绕在导线轮上形成一个水平的切割线"网"。电动机驱动导线轮使整个切割线网以5~25 m/s的速度移动。切割线的速度、直线运动或来回运动都会在整个切割过程中根据硅锭的形状进行调整。在切割线运动过程中，喷嘴会持续向切割线喷射含有悬浮碳化硅颗粒的切割液。

硅块被固定于切割台上，通常一次4块。切割台垂直通过运动的切割线组成的切割网，使硅块被切割成硅片。切割原理看似非常简单，但是实际操作过程中有很多挑战。线锯必须精确平衡和控制切割线直径、切割速度和总的切割面积，从而在硅片不破碎的情况下，取得一致的硅片厚度，并缩短切割时间。

（2）切片准备工作

玻璃的选取：玻璃要求两面磨砂，表面平整，倒角大小在规定范围内，不能有崩边、裂痕等不良现象。

托板的选取：选取没有受损伤变形的托板使用，托板要没有变形突起的东西，以免切割时晃动产生线痕。

切割液的配置：按切割要求领取相应的碳化硅，并放在烤箱中烘烤若干时间，去除碳化硅中的水分及将结块的碳化硅烤散，并做好烘烤记录。以免受潮的碳化硅增加砂浆的水分，降低悬浮液的悬浮能力，增加线痕，成小团的碳化硅也会增加划伤线痕。

将烘烤好的碳化硅拉至搅拌缸旁，往搅拌缸中加悬浮液，打开搅拌器搅拌，将碳化硅缓慢倒进搅拌缸中搅拌均匀，直到配好为止。配好后，搅拌若干时间后测量密度，将切割液的密度配置到所需值，调过密度后，对切割液进行充分搅拌，每几个小时测量一次密度，切割液至少搅拌12 h才能用于切片。

切割液对切片性能会产生很大的影响。切割液中有水分或密度不够，会影响碳化硅的切割能力，从而产生密布线痕、TTV（硅片厚度变化量）、线弓过大而断线、切割液温度过高等问题；切割液搅拌不均匀，有结块、小团或硅纸屑其他杂物，切割时会产生划伤的线痕。

粘胶技术：按照作业指导书，严格按照比例要求，称取相应质量的 A 胶和 B 胶。取胶的勺子分开使用，取好胶后，将胶充分搅拌均匀，特别是碗壁和碗底处的胶要充分搅拌，否则会增加掉片风险。

将搅拌好的胶涂在托板上，进行玻璃的粘胶。用粘胶的刀将胶抹均匀，反复抹几遍，赶走胶中的气泡，粘好后要检查玻璃下面是否有气泡，一定要确保下面不能有气泡，检查后将托板和玻璃定好位，再用重铁块压好。

玻璃粘好后，用重铁块压几十分钟后即可粘硅块。粘硅块时，所用力道与粘玻璃的力道差不多，并确保粘硅块时没有气泡。粘第二块硅块时，要注意两硅块不要相撞，以免产生崩边或裂纹。

硅块粘好后，在硅块表面粘 PVC 条。粘 PVC 条时，先检查 PVC 条的质量，如 PVC 条有金属粉等杂质，则不能用。粘胶时，先在硅块上粘两根胶带，再涂胶，然后把 PVC 条放上去，用力一压再把胶带拿走。如果粘好的 PVC 条有多余的胶溢出来不可用锋利的工具去刮，以免划伤硅块。

硅块粘好后，在托盘尾部的玻璃上写上粘胶日期及时间并确保每块硅块上都写有硅锭号、硅块号。粘好胶后，固化若干小时才能拿去切片。

（3）切割工艺过程

切割工艺流程：更换放线轴→切割前准备 → 晶棒装载→ 整理线网→ 热机检查→ 自动切割→运行监视→运行结束→移除旧线→冷却晶棒→取片。

① 更换放线轴。去除张力、剪断钢线，拆除线轴螺丝，拿走法兰盘，准备好新收线轴，断线端口表面毛刺用锉去除；安装上新线轴、固定线轴位置，把旧线拆卸到旧线箱内，擦净法兰盘及锥形轴测距仪，重新上好法兰盘螺丝；测量收线轴排线区域内外壁到机床壁的距离，测量滑轮外套的外边缘到机床壁的距离。直至排线完成。

② 切割前准备。在开始切割之前，做好下列检查：钢线是否足够；输出轴上的空间是否足够切割；排线位置是否适当以及调整是否正确；浆料导出管有无泄露；冷却水流量和压力是否适当；检查所有的温度（浆料顶、底部，导轮前后轴承，电器柜）是否正常；检查硅棒的位置及夹持情况；工作台的垂直位置，降至硅棒顶面上方即可；浆料帘是否均匀；在控制面板上，检查切割工艺是否正确。

③ 晶棒装载。将粘胶好的硅块按照要求安装在线切割机上，并准确定位。随后启动预热程序，热机约 5 min。

④ 整理线网。检查 4 个轮线网有无跳线，有跳线的整理线网，用压缩空气沿上下方向吹出导轮槽内的颗粒杂物，整理完毕后再预热约 5 min，继续检查直到无跳线。

⑤ 热机检查。检查热机过程中是否存在跳线，若跳线过多，使导轮慢跑，用压缩空气吹击带有杂质的导轮，待热机无跳线后关闭所有安全门。

⑥ 自动切割。重新设定预热时间 5 min，启动切割程序。

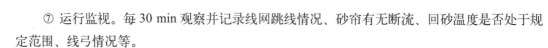

⑦ 运行监视。每 30 min 观察并记录线网跳线情况、砂帘有无断流、回砂温度是否处于规定范围、线弓情况等。

⑧ 运行结束。结束前几分钟，准备好新钢线，取片小车，电筒，纸板，装护板的小车，结束前 1 min，记录结束时间和结束时密度。

⑨ 移除旧线。剪断收线轴钢线，关闭钢线管理室安全门并加锁，打开安全门；用扳手松开法兰盘并取下；打开固定外盘的螺丝，取下外盘，将松散的钢线放入盛放废线的容器中。

⑩ 冷却晶棒。拆除线网两侧的挡板，用铲子把夹在晶棒中的掉片铲下来，打开浆料，正向转动导轮冷却晶棒数分钟，使软化的胶冷却，防止硅片倒伏。在此冷却时间内更换收线轴。

⑪ 取片。以相应的速度启动主驱动设置，并以一定的台面速度自动返回到顶部，当线网还有数毫米脱离硅片时，停止线网转动。上升过程中检查线网，以确保没有挂片。若在硅片倒角处出现大量挂线可能导致质量事故，此时要按紧急预案处理：因夹线可能带碎硅片，故若有夹线出现，可以降低工作台速度；仍然挂线的话，停止转动，剪断该线，直接提升工作台。剪线时应注意每次少剪，拉出时不能有钢线打结现象，直至把挂线全部剪掉抽出再提工作台。如果钢线打滑，其现象为线网断续转动，此时应加速线网转动，高速度可以克服打滑，稳定后再把线网降速，同时提升工作台。若发现大量挂线现象要立即停止工作台上升，控制工作台下降使线网重新进入玻璃，从收线轴处开始剪线网。

松开硅棒夹紧装置，两人小心配合取出硅棒，翻转晶棒时尽量同步，按顺序依次摆在小车上。因硅片较薄，移动时要慢。分线网切割的硅片需要第三个人保护中间部位，助力翻转。依此类推取出其他硅棒。

（4）切割工艺影响因素

环境要求：因悬浮液具有很强的亲水性，空气湿度过大时，切割液的水含量会增加。故浆料房要经常保持干燥，湿度控制在规定范围为宜。

碳化硅颗粒度要求：碳化硅的粒度分布为正态分布，颗粒度越集中，切割效果就越好，越能减少线痕的产生。

切割液（PEG）的黏度：在整个切割过程中，碳化硅微粉是悬浮在切割液上通过钢线进行切割的，所以切割液主要起悬浮和冷却的作用。切割液的黏度是碳化硅微粉悬浮的重要保证。由于不同机器开发设计的系统思维不同，因而对砂浆的黏度也不同，即要求切割液的黏度也有不同；另外由于带着砂浆的钢线在切割硅料的过程中，会因为摩擦发生高温，所以切割液的黏度又对冷却起着重要作用。如果黏度不达标，就会导致切割液的流动性差，不能将温度降下来而造成灼伤片或者出现断线，因此切割液的黏度又确保了整个过程的温度控制。在切割过程中需要严格控制切割液的黏度。

砂浆的流量：钢线在高速运动中，要完成对硅料的切割，必须由砂浆泵将砂浆从储料箱中打到喷砂咀，再由喷砂咀喷到钢线上。砂浆的流量是否均匀、流量能否达到切割的要求，都对切割能力和切割效率起着很关键的作用。如果流量跟不上，就会出现切割能力严重下降的现象，导致线痕片、断线甚至是机器报警。

钢线的速度：由于线切割机可以根据用户的要求进行单向走线和双向走线，因而两种情况下对线速的要求也不同。单向走线时，钢线始终保持一个速度运行，这样相对来说比较容易控制。目前单向走线的操作越来越少，仅限于 MB 和 HCT 机器。双向走线时，钢线速度开始由零点沿一个方向用 2~3 s 的时间加速到规定速度，运行一段时间后，再沿原方向慢慢降低到零点，在零点停顿 0.2 s 后再慢慢地反向加速到规定的速度，再沿反方向慢慢降低到零点的周期切割过程。在双向切割的过程中，线切割机的切割能力在一定范围内随着钢线的速度提高而提高，但不能低于或超过砂浆的切割能力。如果低于砂浆的切割能力，就会出现线痕片甚至断线；反之，如果超出砂浆的切割能力，就可能导致砂浆流量跟不上，从而出现厚薄片甚至线痕片等。故此，要控制钢线的速度在一定的范围。

钢线的张力：钢线的张力是硅片切割工艺中相当核心的要素之一。张力控制不好是产生线痕片、崩边甚至短线的重要原因。钢线张力过小，将会导致钢线弯曲度增大，带砂能力下降，切割能力降低。从而出现线痕片等；钢线张力过大，悬浮在钢线上的碳化硅微粉就会难以进入锯缝，切割效率降低，出现线痕片等，并且断线的几率很大。故此，钢线的张力要适当。

工件的进给速度：工件的进给速度与钢线速度、砂浆的切割能力以及工件形状在进给的不同位置等有关。工件进给速度在整个切割过程中，是由以上相关因素决定的，也是最没有定量的一个要素。但控制不好，也可能会出现线痕片等不良效果，影响切割质量和成品率。

切割线直径：更细的切割线意味着更低的截口损失，也就是说同一个硅块可以生产更多的硅片。然而，切割线更细更容易断裂。然而，使用更粗更牢固的切割线也并不可取，因为这会减少每次切割所生产的硅片数量，并增加硅原料的消耗量。

硅片厚度：厚度也是影响生产力的一个因素，因为它关系到每个硅块所生产出的硅片数量。超薄的硅片给线锯技术提出了额外的挑战，因为其生产过程要困难得多。除了硅片的机械脆性以外，如果线锯工艺没有精密控制，细微的裂纹和弯曲都会对产品良率产生负面影响。超薄硅片线锯系统必须可以对工艺线性、切割线速度和压力以及切割冷却液进行精密控制；超厚的硅片浪费材料。无论硅片的厚薄，晶体硅光伏电池工艺都对硅片的质量提出了极高的要求。硅片不能有表面损伤（细微裂纹、线锯印记），形貌缺陷（弯曲、凹凸、厚薄不均）要最小化，对额外后端处理如抛光等的要求也要降到最低。

在光伏领域，线锯技术的进步缩小了硅片厚度并降低了切割过程中的材料损耗，从而减少了太阳能电力的硅材料消耗量。目前，原材料几乎占了晶体硅太阳能电池成本的三分之一，因此，线锯技术对于降低太阳能每瓦成本并最终促使其达到电网平价起到至关重要的作用。最新最先进的线锯技术带来了很多创新，提高了生产力并通过更薄的硅片减少了硅材料的消耗。总之，太阳能硅片线切割机的操作，是一个经验大于技术流程与标准的精细活。只有在实际操作中，不断总结与探讨，才能对机器的驾驭游刃有余。

5. 清洗

（1）脱胶

脱胶是清洗工艺与切片工艺交接的第一道工序。首先需核对碎片数目及异常情况，确认工艺单已填写完整，完成与线切的交接。

线切下棒以后，将抽屉中的碎片分类，碎片放在工装小车的侧面，好片和大于 1/2 的碎片放在工件板上，清洗车间的员工核对之后，将好片和大于 1/2 的碎片放进工装内进行预清洗脱胶。

填写硅棒辨别单，写明硅棒的晶体编号和长度，放在对应的工件板上。从 PP 盒中取出切好的硅棒，将硅棒移至预清洗装置，并推入预清洗装置中。检查水压及预清洗设备底下是否垫海棉，将喷水位置调至硅棒与工件板粘接处，开始预清洗（见图 2.11），同时清洗硅棒的碎片。

冲洗过程中，如有掉片现象，及时将掉片取出；碎片放进碎片盒，完整的硅片放入柠檬酸槽。

冲洗完成后，用手轻轻测试硅片是否摇晃。如硅片摇晃，直接在预清洗装置中脱胶。预清洗后，双手交叉，将硅棒从预清洗台中取出并在水箱中翻转。随后，送往脱胶台，运送途中硅棒需水平放置，且两手的大拇指轻靠硅片，防止硅片倾倒。

将硅棒放入温水脱胶槽中，按规定间隔用不锈钢条隔开，避免硅片倒下（见图 2.12）。用百洁布擦拭硅片表面的树脂条。需等硅片自然倒下时方可脱胶，不能用手去推，以防硅片崩边。脱胶时，每次取不得超过 50 mm 左右的硅片放在毛巾上，翻转至胶水面，用百洁布擦掉硅片表面的胶水。完整的硅片放在柠檬酸槽中，碎片放在碎片盒中。将硅棒辨别单对应硅片，放在柠檬酸槽上，将碎片盒放在小车上。将脱胶槽中的不锈钢条和工件板取出，放回指定位置，毛巾和百洁布也放置整齐。

图2.11　脱胶预清洗

图2.12　脱胶中的硅片

按要求填写好工艺单，放在小车上，然后将小车送至插片台。

（2）插片

插片工艺分为手动和自动插片。以下进行分别介绍。

手动插片：按照工艺要求着装，将空的硅片盒整齐摆放在插片台上；检查设备进水阀门是否打开，然后放水，将水位保持在硅片盒高度（见图 2.13）；核对硅棒辨别单与工艺单的晶体编号；取片插片，抽取硅片时需用大拇指推出，向下插入，垂直将硅片插入（见图 2.14）。

图2.13　水位高度示意图

图2.14　插片操作过程图

插片过程中，片盒需摆放整齐，将碎片盒中大于1/2的碎片取出，将相对完整的一面插入片盒中插完后清点数量，填写工艺单，交由清洗人员核实，最后将小车推至脱胶台。

自动插片：先从柠檬酸小车中取出适量硅片，放入自动插片机水槽中，双手将片盒插入插片机卡槽中，打开插片机上的水阀，调节水量大小（见图2.15），调整喷嘴位置，使其对准硅片，硅片与滑板之间应保持一定角度（见图2.16），以便硅片顺利滑入片盒，将碎片盒中大于1/2的碎片取出，将相对完整的一面插入片盒中。

插完后清点数量，填写工艺单，交由清洗人员核实，最后将小车推至脱胶台。

 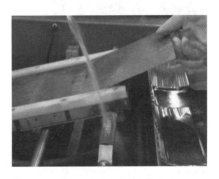

图2.15　水阀的大小调节　　　　　图2.16　硅片与滑板的角度

（3）清洗

清洗前检查机台，设计好清洗工艺参数，严格按照工艺配方加好药水，真空超声运行中中和药水几分钟，将温度加热到位,溢流槽阀门打开到相关位置。图2.17所示为7槽超声波清洗机。

图2.17　7槽超声波清洗机

取片：到插片槽取片，注意轻拿轻放；平稳地运送到清洗机上料口。

上料：将清洗篮轻、稳、准地放置到上料台，并定位好，按上料按钮，几分钟后准备下一篮。

看机：密切监控整个清洗过程，及时发现异常情况，关注超声波发声器是否正常运行；柠檬酸槽液不足时注意补液，溢流槽洗片时保持溢流。

出片：清洗完毕后，取出硅片送至甩干处进行甩干。

清洗机不洗片时，注意关闭溢流槽计算机补水开关；手推车停放在指定位置且摆放整齐；空清洗篮放在指定位置。

（4）甩干

将片盒按对角线放入甩干机，放入和取出时，手形必须是外八字形（见图2.18），以免手背碰撞邻近硅片。片盒放置完毕后，关门，开始甩干。

甩干完毕，机器的蜂鸣声结束后，开门将硅片取出，放在成品运输车上，排列整齐（见图2.19）。

清点硅片数量，填写工艺单，送往检验车间，由检验人员核对后完成清洗，最后将硅片运输车放至甩干机附近。

图2.18　放入和取出片盒

图2.19　排列整齐的片盒

6. 检测

（1）准备工作

将分拣用品整齐摆放于台面待用，着好装，做好检片前准备工作。

（2）检查

检查随工单填写数量与实际收片数量是否相符合，区分随工单的标识、注意检验标准，检查检验前工序是否填写正确等。

（3）取片

观察晶片篮中的硅片是否有漏插或双插现象，防止多片少片产生，不能弄碎硅片，取完硅片后将晶片蓝整齐摆放在地上。

（4）检片

硅片取出，首先观察硅片外观是否有异常现象，接着测试硅片厚度与随工单所填写硅片厚度是否相符，然后按照标准分检，分类放好。检测标准按照品管最新标准执行，检片环节要特别注意控制多片、少片产生。

分检完毕，填写随工单，良品数与不良品数要算准确后再填写。做好标识，在扎硅片的纸条上面或用标签标识规格、厚度、种类、机台号、刀次、安装位置等消息，避免在FQC（最终品质管制）抽检过程中产生混片。最后，送入品管。

7. 包装

（1）确认数量

认真清点位数，确保一盒的片数准确无误。注意多片少片的问题，并确认硅片的规格厚度、电阻率等方面的标识，防止片子混乱。

（2）打印标签

注意好硅片的物料编码、批次号、电阻率等不能打错。

（3）放片

把硅片放在传送带正中央，避免因硅片卡住无法传送造成的崩边、缺角、碎片等问题，一旦卡住，就要按紧急按钮，快速解决。

（4）接片

接片时轻拿轻放，并检查已包装好的硅片是否有崩边、缺角、薄膜是否完好，是否有杂物在内，并把包装好的硅片中的标签与合格证一一对应好后放一盒。

（5）封盒

品管检测确认后，把硅片码紧，盖好盒子，贴好合格证，再用胶带封好封牢。

（6）放箱、封箱

把已封好的硅片盒放入箱中，同一规格、同一种类、同一电阻率的放一箱。放满一箱后，写上等级标签，把相应的规格、锭号、硅块号、日期、班次、数量、包装信息、电阻率等写在等级标签上，标明硅片的种类。品管确认后，用胶带把箱子封好、封牢，把等级标签贴在外箱上。

（7）不良品的包装

不良品采用的是最原始的手法，手工包装。需要注意的是把硅片包整齐，品管确认后封好盒子，贴好标签，放箱时写好等级标签。把规格、不良种类、日期、部门班次、数量、判断状态写好，品管再次确认后，封箱。

2.3.7 晶硅电池制备工艺

晶硅电池加工过程中所包含的制造步骤，根据不同的电池生产商有所不同。常见的晶硅电池制备工艺主要包括制绒、扩散制结、去周边层、去PSG、PECVD、丝网印刷、烧结、测试包装等。常见单晶硅片、多晶硅片分别如图2.20（a）和图2.20（b）所示。

（a）单晶硅电池片　　　　　　　　　　（b）多晶电池片

图2.20　晶硅电池片

（1）制绒

在晶硅电池制备工艺中，由于采用的原材料是硅片，硅片表面在多线切割过程中有一层 $10 \sim 20 \mu m$ 的损伤层，在晶硅电池制备时首先需要利用化学腐蚀将损伤层去除，然后制备绒面结构。

对于单晶硅而言，如果选择优化学腐蚀剂，就可以在硅片表面形成金字塔结构，称为绒面结构，又称表面织构化，这种结构比平整的化学抛光的硅片表面具有更好的减反射效果，能够更好地吸收和利用太阳光线。当一束光线照射在平整的抛光硅片上时，约有30%的太阳光会被反射掉；如果光线照射在金字塔形的绒面结构上，反射的光线会进一步照射在相邻

的绒面结构上，进而减少了太阳光的反射；同时，光线斜射入晶体硅，从而增加太阳光在硅片内部的有效运动长度，增加光线吸收的机会。图 2.21 所示为单晶硅制绒后的 SEM 图，高 10 μm 的峰时方形底面金字塔的顶。这些金字塔的侧面是硅晶体结构中相交的 (111) 面。

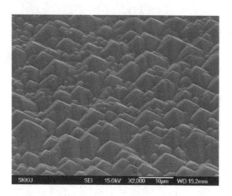

图2.21　在扫描电镜下绒面电池表面的外貌

对于由不同晶粒构成的铸造多晶硅片，由于硅片表面具有不同的晶向，择优腐蚀的碱性溶液显然不再适用。研究人员提出利用非择优腐蚀的酸性腐蚀剂，在铸造多晶硅表面制造类似的绒面结构，增加对光的吸收。到目前为止，人们研究最多的是 HF 和 HNO_3 的混合液。其中 HNO_3 作为氧化剂，它与硅反应，在硅的表面产生致密的不溶于硝酸的 SiO_2 层，使得 HNO_3 和硅隔离，反应停止；但是二氧化硅可以和 HF 反应，生成可溶解于水的络合物六氟硅酸，导致 SiO_2 层的破坏，从而硝酸对硅的腐蚀再次进行，最终使得硅表面不断被腐蚀。

（2）扩散制结

晶体硅太阳电池一般利用掺硼的 P 型硅作为基底材料，在 850 ℃ 左右的温度下，通过扩散五价的磷原子形成 N 半导体，组成 PN 结。磷扩散的工艺有多种，主要包括气态磷扩散、固态磷扩散和液态磷扩散。

在晶硅电池里，最常用的方法是液态磷扩散，液态磷源扩散可以得到较高的表面浓度，在硅太阳电池工艺中更为常见。通常利用的液态磷源为三氯氧磷，通过保护气体，将磷源携带进入反应系统，在 800 ～ 1 000 ℃ 之间的温度中分解，生成 P_2O_5，接着，P_2O_5 与硅反应生成 P，导致磷不断向硅片体内扩散。液态磷源扩散如图 2.22 所示。其反应式为：

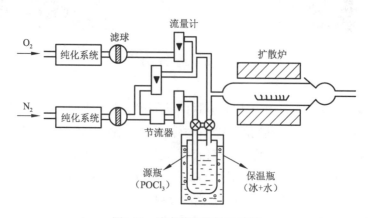

图2.22　液态磷源扩散示意图

$$5POCl_3 \xrightarrow{\triangle} P_2O_5 + 3PCl_5$$
$$2P_2O_5 + 5Si \xrightarrow{\triangle} 5SiO_2 + 4P$$

（3）去周边层

在扩散过程中，硅片周边表面也被扩散，形成 PN 结，这将导致电池的正负极连通，造成电池短路，所以需要将扩散边缘的 N 型层去除。周边上存在任何微小的局部短路都会使电池并联电阻下降，以至成为废品。

目前电池片生产工艺中，去周边层最常用的方法为等离子干法刻蚀。原理为利用等离子体辉光放电将反应物激发，形成带电粒子，带电粒子轰击硅片边缘，与硅反应产生挥发性产物，达到边缘腐蚀的目的，从而去除边缘的 N 型结。

（4）去 PSG

在扩散过程中，三氯氧磷与硅反应生产的副产物二氧化硅残留于硅片表面，形成一层磷硅玻璃（掺 P_2O_5 或 P 的 SiO_2，含有未掺入硅片的磷源）。磷硅玻璃对于太阳光线有阻挡作用，会影响到后续减反射膜的制备。

目前电池片生产工艺中，去 PSG 常用的方法是酸洗。原理为利用氢氟酸与二氧化硅反应，使硅片表面的 PSG 溶解。

（5）PECVD

光照射到平坦的硅片表面，其中一部分被反射，即使对绒面的硅表面，虽然入射光产生多次反射而增加了光线的吸收，但仍有约 11% 的反射损失。在其上覆盖一层减反射膜层，可大大降低光的反射，增加对光的吸收。

减反射膜的基本原理是利用光在减反射膜上下表面反射所产生的光程差，使得两束反射光干涉相消，从而减弱反射，增加投射。在太阳电池材料和入射光谱确定的情况下，减反射的效果取决于减反射膜的折射率及厚度。

目前电池片生产工艺中，常见的镀膜工艺为 PECVD（等离子增强化学气相沉积法）。利用硅烷与氨气在辉光放电的情况下发生反应，在硅片表面沉积一层氮化硅减反射膜，增加对光的吸收。

（6）丝网印刷与烧结

太阳电池的关键是 PN 结，有了 PN 结即可产生光生载流子，但有光生载流子的同时还必须将这些光生载流子导出来，为了将太阳电池产生的电流引导到外加负载，需要在电池 PN 结的两面建立金属连接。

目前，金属电极主要是利用丝网印刷，在晶硅电池两面制备的金属电极。随后通过烧结，形成良好的欧姆接触。

丝网印刷的基本原理是利用网版图文部分网孔透墨，非图文部分网孔不透墨的基本原理进行印刷。印刷时在网版上加入浆料，刮胶对网版施加一定压力，同时朝网版另一端移动，浆料在移动中从网孔挤压到承载物上，由于黏性作用而固定在一定范围之内。由于网版与承印物之间保持一定的间隙，与承印物只呈移动式接触，而其他部分与承印物呈脱离状态，浆料与丝网发生断裂运动，保证了印刷尺寸黏度。刮胶刮过整个版面后抬起，同时网版也抬起，并通过回墨刀将浆料轻刮回初始位置，完成一个印刷过程。

第 2 章 太阳能

烧结工艺是将印刷电极后的电池片，在适当的环境下，通过高温烧结，使浆料中的有机溶剂挥发，金属颗粒与硅片形成牢固的硅合金，与硅片形成良好的欧姆接触，从而形成太阳电池的上、下电极。

（7）测试包装

为了将电池片分级和分析发现制程中的问题，从而加以改善制程。在电池片的最后工艺中，将对电池片进行测试。

测试的原理是利用稳态模拟太阳光或者脉冲模拟太阳光，使电池片形成光电流。测试电池的 V_{oc}、I_{sc}、FF、E_{ff} 等性能参数。

2.3.8 晶硅组件制备工艺

晶硅组件加工过程中所包含的制造工艺步骤，主要为生产准备、单片焊接、单片串接、组件敷设与检验、层压封装、装框与装接线盒、成品终测、成品清洗、成品包装入库等。目前最常用的晶硅组件为 1 640 mm × 992 mm × 40 mm，由 60 片 156 mm × 156 mm 的电池片焊接而成，功率为 250 ~ 260 W 不等，具体制备工艺如下。

（1）生产准备

电池组件的生产过程中，第一步为生产准备，准备工艺具体如下：

① 电池片分拣。根据"生产任务单"挑选符合要求的电池片。将电池片整理成小托，每一托电池片的数量即为一块组件中电池片的数量。

② 焊带裁剪。根据所生产组件的电池片的不同，依据设计图样中所表示的尺寸裁剪相应的焊带待用。

③ TPT 和 EVA 胶膜准备。使用自制的切割模具将 EVA 胶膜和 TPT 背膜切割成相应的规格并整理好，放到不同的料架上待用。

④ 铝合金外框。根据所生产电池组件规格的不同，依据设计图样中所表示的尺寸加工相应的铝框待用。

（2）单片焊接

做好准备工作后，首先进行单片焊接工艺，工艺具体如下：

① 来料检查。对上道来料进行检查，并根据组件设计单片焊接所需涂锡带的长度，要求将涂锡带裁剪成规定尺寸待用。将电池片一次取出，放入工作台上，准备焊接。

② 焊接。开启的电烙铁开关，开启加热台开关，等温度达到规定温度后开始操作。将电池片放在加热台上，依次对上下电池的主栅线进行焊接。

③ 检查。焊好的电池片确认检查无误后流入下一道工序，填写好流程卡。

（3）单片串接

对单片电池片上下主栅线焊接好后，进行到单片串接作业，工艺具体如下：

① 模板选择。对上道来料进行互拣，将电池片放入工作台指定位置，选择模板。

② 电池片的焊接。将焊有焊带的单片电池正极向上，分散放入模板，焊带统一朝一个方向整齐地排列在串联模板上。用电烙铁依次从右到左焊接电池串组。在每串串联电池组的最后一片电池主背电极上焊两根涂锡带，并露出锡带尾。在最后一串电池组主背电极上焊两根

涂锡带，不露出锡带尾，并将电池片背面清扫干净。

③ 电池片的摆放。准备好干净的玻璃板，绒面朝上，在绒面上铺设 EVA 并定位。按照图样要求，将电池串联组逐条依次放在 EVA 上。

（4）组件敷设与检验

单片串接结束后，进行到组件的敷设与检验工艺，工艺具体如下：

① 电池组拼接。在敷设台上用汇流条拼接几串电池组，并在引出线部焊上汇流带。将拼接后多余的锡带修整干净。

② EVA 与 TPT 的摆放。在电池组件上放第二层 EVA 膜，按图样要求在 EVA 上找出接线盒的位置，并将组件正负极引出在 EVA 上。在 EVA 上放 TPT 膜，并按图样要求在 TPT 上找出接线盒位置，在引出口将组件正负极引出在 TPT 上，并固定好 TPT 的位置。

③ 检验。敷设好后打开光检验箱电源，用万用表检测组件电性能、正负极连接是否正确等。做好检测记录，将组件放于周转车，流入下道工序。

（5）层压封装

层压是电池组件制作最为关键的工艺，务必小心谨慎。具体工艺如下：

① 参数设定。打开层压机电源开关，按图纸设计要求进行调试。待参数达到要求后，打开层压机。

② 来料检查。对上道来料进行检查，将合格的电池组件居中放在高温布上，轻轻地用高温布将组件盖好。

③ 层压。打开层压机自动挡，合上层压机盖，检查上下室真空状态。层压时间达到后，取出电池组件。

④ 检查。对层压后的电池组件进行检查，并清理周边多余的 EVA 和 TPT。做好记录，流入下道工序。

（6）装框与装接线盒

层压封装后，进行到组件的装框与装接线盒，具体工艺如下：

① 铝合金准备。按要求准备铝合金，在铝合金边框槽内打密封硅胶，用角码将四根铝合金边框连接起来，将连接好的铝合金边框放到装框机上。

② 装框。将组件放到打框机上，并且把组件放到铝合金边框内，开启启动装置把铝合金边框压紧并在组件与铝合金边缘四周上密封硅胶。

③ 装接线盒。按图纸要求准备接线盒，并将接线盒放置在正负电极引出线上，将引出的正负电极放置在接线盒的电极上，用电烙铁焊接好。

（7）成品终测

装框与装接线盒结束后，并对相应的电池组件进行检测，记录其性能。具体工艺如下：

① 检测准备工作。检测之前，根据检测需要，设定环境温度，打开测试仪电源开关，进入计算机测试程序。

② 成品测试。对前道工序进行外观检查，合格后进行成品测试。终测时，记录测试数据，将不同功率组件按档次分类并贴好标签，流入下一道工序。

第2章 太阳能

（8）成品清洗

在包装入库前，要对组件进行清洗，具体清洗工艺如下：

① 检查工作。将电池组件放在工作台上，检查上道工序的质量。

② 清洗。将正面的硅胶与背面 TPT 上的残余物清理干净。清洗后对组件进行自检。

（9）成品包装入库

检查上道工序的质量，准备包装纸箱，按照组件玻璃面朝外放置的要求放置组件。最后，用胶带封住纸箱四周，在制定位置贴条码、打上包带。

2.3.9　硅基薄膜组件制备工艺

非晶硅薄膜组件分类单结、双结、三结三种类型，常用的制造技术有单室、多片玻璃衬底制造技术，多室、双片（或多片）玻璃衬底制造技术，多结、卷绕柔性衬底制造技术。目前国内主要非晶硅电池生产线主要是用单室、多片玻璃衬底制造技术。所谓"单室、多片玻璃衬底制造技术"就是指在一个真空室内，完成 P、I、N 三层非晶硅的沉积方法。下面就该技术的生产制造工艺作简单介绍。

（1）非晶硅薄膜组件制造工艺

典型的内联式单结非晶硅电池内部结构如图 2.23 所示。具体制造工艺流程为：SnO_2 导电玻璃→ SnO_2 膜切割→清洗→预热→ a–Si 沉积（PIN）→冷却→ a–Si 切割→掩膜镀铝→测试 1 →老化→测试 2 → UV 保护层→封装→成品测试→分类包装。

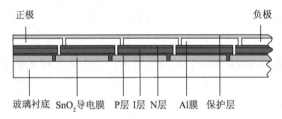

图2.23　单结非晶硅电池结构

① SnO_2 透明导电玻璃准备（或 AZO 透明导电玻璃）。规格尺寸：305 mm×915 mm×3 mm、635 mm×1 245 mm×3 mm 等；性能要求：方块电阻：6 ~ 8 Ω、8 ~ 10 Ω、10 ~ 12 Ω、12 ~ 14 Ω、14 ~ 16 Ω 等，透光率≥80%，膜牢固、平整，玻璃 4 个角、8 个棱磨光（目的是减小玻璃应力以及防止操作人员受伤）。

② 红激光刻划 SnO_2 膜。根据生产线预定的线距，用红激光（波长 1 064 nm）将 SnO_2 导电膜刻划成相互独立的部分，目的是将整板分为若干块，作为若干个单体电池的电极。激光刻划时 SnO_2 导电膜朝上（也可朝下）；线距：单结电池线距一般是 10 mm 或 5 mm。

③ 清洗。将刻划好的 SnO_2 导电玻璃进行自动清洗，确保 SnO_2 导电膜的洁净。

④ 装基片。将清洗洁净的 SnO_2 透明导电玻璃装入"沉积夹具"。

⑤ 基片预热。将 SnO_2 导电玻璃装入夹具后推入烘炉进行预热。

⑥ a–Si 沉积。基本预热后将其转移入 PECVD 沉积炉，进行 PIN（或 PIN/PIN）沉积。根据生产工艺要求控制沉积炉真空度、沉积温度、各种工作气体流量、沉积压力、沉积时间、

射频电源放电功率等工艺参数，确保非晶硅薄膜沉积质量。沉积 P 层工作气体为硅烷（SiH_4）、硼烷（B_2H_6）、甲烷（CH_4）、高纯氩（Ar）、高纯氢（H_2），沉积 I 层工作气体为硅烷（SiH_4）、高纯氢（H_2），沉积 N 层工作气体为硅烷（SiH_4）、磷烷（PH_3）、高纯氩（Ar）、高纯氢（H_2）。

⑦ 冷却。a-Si 完成沉积后，将基片装载夹具取出，放入冷却室慢速降温。

⑧ 绿激光刻划 a-Si 膜。根据生产预定的线宽以及与 SnO_2 切割线的线间距，用绿激光（波长 532 nm）将 a-Si 膜刻划穿，目的是让背电极（金属铝）通过与前电极（SnO_2 导电膜）相连接，实现整板由若干个单体电池内部串联而成。激光刻划时 a-Si 膜朝下刻划，线宽 < 100 μm 与 SnO_2 刻划线的线距 < 100 μm。

⑨ 镀铝。镀铝的目的是形成电池的背电极，它既是各单体电池的负极，又是各子电池串联的导电通道，它还能反射透过 a-Si 膜层的部分光线，以增加太阳能电池对光的吸收。常见的镀铝有两种方法：一是蒸发镀铝，该方法工艺简单，设备投入小，运行成本低，但膜层均匀性差，牢固度不好，掩膜效果难保证，操作多耗人工，仅适用小面积镀铝。二是磁控溅射镀铝，该方法生产的膜层均匀性好，牢固，质量保证，适应小面积镀铝，更适应大面积镀铝，但设备投资大，运行成本稍高。

⑩ 绿激光刻铝。对于蒸发镀铝以及磁控镀铝要根据预定的线宽以及与 a-Si 切割线的线间距，用绿激光（波长 532 nm）将铝膜刻划成相互独立的部分，目的是将整个铝膜分成若干个单体电池的背电极，进而实现整板若干个电池的内部串联。

⑪ IV 测试。通过上述各道工序，非晶硅电池芯板已形成，需进行 IV 测试，以获得电池板的各个性能参数，通过对各参数的分析，来判断哪道工序是否出现问题，便于提高电池的质量。

⑫ 热老化。将经 IV 测试合格的电池芯板置于热老化炉内，进行 110 ℃ /12 h 热老化，热老化的目的是使铝膜与非晶硅层结合得更加紧密，减小串联电阻，消除由于工作温度高所引起的电性能热衰减现象。

（2）非晶硅电池封装工艺

薄膜非晶硅电池的封装方法多种多样，如何选择，是要根据其使用的区域，场合和具体要求而确定。不同的封装方法，其封装材料、制造工艺是不同的，相应的制造成本和售价也不同。下面介绍目前几种封装方法：

① 电池 /UV 光固胶。适用于电池芯板储存，制造工艺流程为电池芯板→覆涂 UV 胶→紫外光固→分类储存。

② 电池 /PVC 膜。适用于小型太阳能应用产品，且应用产品上有对光伏电池板进行密封保护，如风帽、收音机、草坪灯、庭院灯、工艺品、水泵、充电器、小型电源等。

制造工艺流程为电池芯板→贴 PVC 膜→切割→边缘处理→焊线→焊点保护→检测→包装。该方法制造的组件特点：制造工艺简单、成本低，但防水性、防腐性、可靠性差。

③ 电池 /EVA/PET（或 TPT）。适用于一般太阳能应用产品，如应急灯、户用发电系统等，制造工艺流程为电池芯板（或芯板切割→边缘处理）→焊涂锡带→检测→ EVA/PET 层压→检测→装边框（边框四周注电子硅胶）→装接线盒（或装插头）→连接线夹→检测→包装。该方法制造的组件具有防水性、防腐性、可靠性好，成本高等特点。

④ 电池 /EVA/ 普通玻璃。适用于一般光伏发电系统等。制造工艺流程为电池芯板→电池四周喷砂或激光处理（10 mm）→超声焊接→检测→层压（电池 /EVA/ 经钻孔的普通玻璃）→装边框（或不装框）→装接线盒→连接线夹→检测→包装。该方法制造的组件具有防水性、防腐性、可靠性好、成本高等特点。

⑤ 钢化玻璃 /EVA/ 电池 /EVA/ 普通玻璃。适用于一般光伏发电站等。制造工艺流程为电池芯板→电池四周喷砂或激光处理（10 mm）→超声焊接→检测→层压（钢化玻璃 /EVA/ 电池 /EVA/ 经钻孔的普通玻璃）→装边框（或不装框）→装接线盒→连接线夹→检测→包装。该方法制造的组件稳定性高、可靠性好，具有抗冰雹、抗台风、抗水汽渗入、耐腐蚀、不漏电等优点，但造价高。

2.4 光伏发电系统

2.4.1 离网光伏发电系统

光伏发电系统是通过光伏电池将太阳辐射能转换为电能的发电系统。光伏发电系统其主要组成结构由光伏组件（或方阵）、蓄电池（离网光伏发电系统需要蓄电池）、光伏控制器、逆变器（在有需要输出交流电的情况下使用）等设施构成，典型离网光伏发电系统结构图如图 2.24 所示。

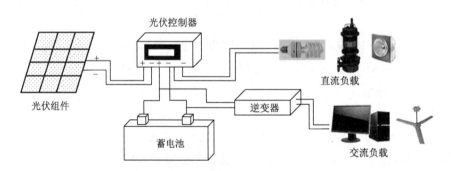

图2.24　典型离网光伏发电系统结构图

光伏组件将太阳光的辐射能量转换为电能，并送往蓄电池中存储起来，也可以直接用于推动负载工作；蓄电池用来存储光伏组件产生的电能，并可随时向负载供电；光伏控制器的作用是控制光伏组件对蓄电池充电以及蓄电池对负载的放电，防止蓄电池过充、过放；交流逆变器是把光伏组件或者蓄电池输出的直流电转换成交流电供应给电网或者交流负载。离网光伏发电系统设备组成如下。

（1）光伏组件

光伏组件是把多个单体的光伏电池片，根据需要串并联起来，并通过专用材料和专门生产工艺进行封装，为发电系统提供能量。

（2）蓄电池

蓄电池的作用主要是存储太阳能电池产生的电能，并可随时向负载供电。光伏发电系统对蓄电池的基本要求是：自放电功率小，使用寿命长，充电效率高，深放电能力强，工作温度范围宽，少维护或免维护以及价格低廉。目前配套使用的主要是免维护铅酸电池，在小型、微型系统中，也可用镍氢电池、镍镉电池、锂电池或超级电容器。

（3）光伏控制器

光伏控制器的主要功能是防止蓄电池过充电保护、防止蓄电池过放电保护、系统短路保护、系统极性反接保护、夜间防反充保护等。在温差较大的地方，控制器还具有温度补偿的功能。另外，控制器还有光控开关、时控开关等工作模式，以及充电状态、蓄电池电量等各种工作状态的显示功能。

（4）逆变器

逆变器的主要功能是将光伏电池产生的直流电转换为交流电，为交流负载提供稳定功率。

2.4.2 并网光伏发电系统

光伏并网型电站结构图如图 2.25 所示，一般由光伏阵列、直流防雷配电柜、逆变器、交流防雷配电柜、监控系统等组成，高压侧光伏并网系统还包括升压变压器。具体组成如下。

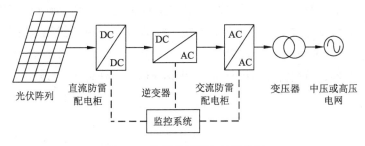

图2.25 光伏并网型电站结构图

（1）光伏阵列

光伏阵列为光伏发电系统提供能量，常用的光伏组件为单晶硅组件、多晶硅组件以及非晶硅组件。

（2）光伏阵列汇流箱

光伏阵列汇流箱的主要作用是来将光伏阵列的多个组串电流汇聚，即电子学上的并联。由于光伏阵列电流大，因此不能用导线直接连接实现汇流，需专用的汇流箱。部分汇流还有防雷接地保护功能、直流配电功能与数据采集功能，通过 RS485 串口输出状态数据，与监控系统连接后实现组串运行状态监控。

（3）直流防雷配电柜

直流防雷配电柜的主要功能是将汇流箱送过来的直流再进行汇流、配电与监测，同时还具备防雷、短路保护等功能。直流防雷配电柜内部安装了直流输入断路器、漏电保护器、防反二极管、直流电压表、光伏防雷器等器件，在保证系统不受漏电、短路、过载与雷电冲击等损坏的同时方便客户操作和维护。

（4）并网逆变器

并网逆变器除了具有将直流转化交流的功能外，还具有自动运行和停机、最大功率跟踪控制、防孤岛效应、电压自动调整、直流检测、直流接地检测等功能。

（5）交流配电柜

交流配电柜的主要功能是将逆变的交流电再进行汇流、配电与保护、数据监测以及电能计量，交流配电柜内部集成了断路器、配电开关、光伏防雷器、电压表、电流表、电能计量表等。

（6）电网接入设备

电网接入设备根据并入电网电压的等级配置。用户侧光伏并网系统并入 380 V 市电，一般配置低压配电柜即可；而并入 35 kV 及更高电压的光伏发电站，需配置低压开关柜、双绕组升压变压器、双分裂升压变压器、高压开关柜等。

（7）交 / 直流电缆

直流侧（逆变器前级）需配置直流电缆，直流电缆选择一般要求损耗小于 2%、阻燃、铠装、低烟无卤、耐压 1 kV 的单芯或双芯电缆。交流侧（逆变器后级）配置的交流电缆要求损耗小于 2%，根据电压等级选择相对应的耐压等级。

（8）光伏发电监控系统

光伏发电监控系统能实现发电设备运行控制、电站故障保护和数据采集维护等功能，并与电网调度协调配合，提高电站自动化水平和安全可靠性，有利于减小光伏对电网的影响。图 2.26 为常见的光伏发电监控系统图，监控系统一般用 RS-485 网络或无线技术实现数据通信。通过监测汇流箱、直流配电柜、逆变器、交流配电柜等状态数据，对各个光伏阵列的运行状况、发电量进行实时监控。数据监控主机也可建成网络服务器的形式以实现数据在网上共享及远程监控。

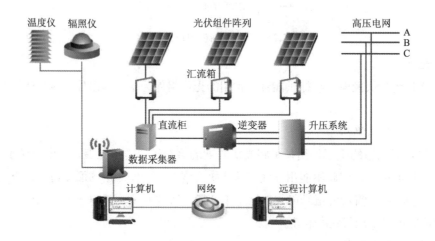

图2.26　常见光伏发电监控系统图

对用户安装环境进行实际勘测，验证用户提供的屋顶平面图数据，查看屋顶太阳能资源情况，查看四周有无高大建筑物遮阴，查看屋顶隔热层质量，验证隔热层能否承受水泥墩子的重量。与用户交流，了解用户对太阳能发电的要求，例如了解用户是想安装容量最大化的组件还是仅安装固定功率的组件？是要求年均发电量最佳，还是对发电量最佳有季节性要求等。

2.5 光热利用技术

太阳能热利用的基本原理是采用一定装置将太阳能收集起来直接转换成热能，或再将热能转换成其他形式的能量，然后输送到一定场所加以利用。这种热能可以广泛应用于采暖、制冷、干燥、温室、烹饪及工农业生产等各个领域。

太阳能热利用产业以产热标准结合产业使用领域可划分为三维空间，即太阳能热利用低温、中温和高温。从产热标准上看，热利用产热温度 0~100 ℃为低温、100~250 ℃为中温、250 ℃以上为高温。

太阳能热利用低温市场产生的是热水，代表产品是太阳能热水器、商用的太阳能热水系统和工业用的太阳能热水系统。其主要价值集中于民生领域。太阳能低温热利用是未来数年内行业继续重点经营的领域，并从形式单一进入"全面发展"的兴盛期。

太阳能热利用中温市场产生的是热能，其最具代表性的产品是各工业、商业、农业领域中的太阳能中温热利用系统，其中也包括民用的太阳能空调制冷。太阳能热利用中温市场是太阳能热利用的中间发展阶段，也是太阳能热利用未来 10~20 年内主要的发展方向，目前正处在蓄势发展阶段，主要作用于工业节能，待普及后可达到替代标煤亿吨级，创造环保效益达万亿元。

太阳能热利用高温市场产生的是热电，主要作用于"政府"公共工程以及商业领域，是未来太阳能热利用的最高形式之一，也将成为替代社会能源的主要来源，太阳能热利用高温是太阳能热利用的种子市场，在未来可达到替代标煤十亿吨级，创造环保效益达十万亿元。

2.5.1 太阳能热水系统

1. 太阳能热水系统的组成

太阳能热水系统是利用太阳能集热器，收集太阳辐射能把水加热的一种装置，是目前太阳能热应用发展中最具经济价值、技术最成熟且已商业化的一项应用产品。其系统组成主要包括集热器、保温水箱、连接管路、控制中心和热交换器等。

（1）集热器

太阳能集热器是太阳能水热系统中的集热元件，是吸收太阳辐射并将产生的热能传递到传热介质的装置。太阳能集热器是组成各种太阳能热利用系统的关键部件，其功能相当于电热水器中的电加热管。和电热水器、燃气热水器不同的是，太阳能集热器利用的是太阳的辐射热量，故而加热时间只能在有太阳照射的白昼，所以有时需要辅助加热，如锅炉、电加热等。在太阳能热水系统中常用的集热器主要是平板集热器和真空管集热器，如图 2.27 所示。平板集热器和真空管集热器各具特点，在设计时要根据具体情况进行选择。

（2）保温水箱

保温水箱和电热水器的保温水箱一样，是储存热水的容器。因为太阳能热水器只能白天工作，而人们一般在晚上才使用热水，所以必须通过保温水箱把集热器在白天产出的热水储存起来。采用搪瓷内胆承压保温水箱，保温效果好，耐腐蚀，水质清洁，使用寿命可长达 20 年甚至更长。

（a）平板集热器

（b）真空管集热器

图2.27　太阳能热水系统中常见的集热器

（3）连接管路

连接管路是将热水从集热器输送到保温水箱、将冷水从保温水箱输送到集热器的通道，使整套系统形成一个闭合的环路。设计合理、连接正确的循环管道对太阳能系统达到最佳工作状态至关重要。热水管道必须做保温防冻处理。管道必须有很高的质量，保证有20年以上的使用寿命。

（4）控制中心

太阳能热水系统与普通太阳能热水器的区别是控制中心。作为一个系统，控制中心负责整个系统的监控、运行、调节等功能，现今的技术已经可以通过互联网实现远程控制系统的正常运行。太阳能热水系统控制中心主要由计算机软件、变电箱和循环泵组成。

（5）热交换器

板壳式全焊接换热器吸取了可拆板式换热器高效、紧凑的优点，弥补了管壳式换热器换热效率低、占地面积大等缺点。板壳式全焊接换热器传热板片呈波状椭圆形，圆形板片增加了换热长度，有利于热交换，大大提高传热性能。广泛用于高温、高压条件的换热工况。

2. 太阳能热水系统分类

国际标准 ISO 9459 对太阳能热水系统提出了科学的分类方法，即按照太阳能热水系统的 7 个特征进行分类，其中每个特征又分为 2 ~ 3 种类型，从而构成了一个严谨的太阳能热水系统分类体系，如表 2.1 所示。

表2.1　太阳能热水系统的分类（译自国际标准ISO 9459）

特　征	类　型		
	A	B	C
1	太阳能单独系统	太阳能预热系统	太阳能带辅助能源系统
2	直接系统	间接系统	—
3	敞开系统	开口系统	封闭系统
4	充满系统	回流系统	—
5	自然循环系统	强制循环系统	排放系统
6	循环系统	直流系统	—
7	分体式系统	紧凑式系统	整体式系统

（1）直流式系统

直流式太阳能热水系统是使水一次性通过集热器就被加热到所需的温度，被加热的热水陆续进入贮水箱中。直流式系统有许多优点：其一，与强制循环系统相比，不需要设置水泵；其二，与自然循环系统相比，贮水箱可以放置在室内；其三，与循环系统相比，能每天较早地得到可用热水，并且只要有一段见晴时刻，就可以得到一定量的可用热水；其四，容易实现冬季夜间系统排空防冻的设计。直流式系统的缺点是需要性能可靠的变流量电动阀和控制器，系统复杂，投资增大。直流式系统主要适用于大型太阳能热水系统。

（2）循环式系统

循环式系统又可根据是否有循环水泵分为自然循环系统和强制循环系统。

自然循环太阳能热水系统是依靠集热器和贮水箱中的温差，形成系统的热虹吸压头，使水在系统中循环；与此同时，将集热器的有用能量收益通过加热水，不断储存在贮水箱内。

系统运行过程中，集热器内的水受太阳能辐射能加热，温度升高，密度降低，加热后的水在集热器内逐步上升，从集热器的上循环管进入贮水箱的上部；与此同时，贮水箱底部的冷水由下循环管流入集热器的底部；这样经过一段时间后，贮水箱中的水形成明显的温度分层，上层水首先达到可使用的温度，直至整个贮水箱的水都可以使用。

用热水时，有两种取热水的方法。一种是有补水箱，由补水箱向贮水箱底部补充冷水，将贮水箱上层热水顶出使用，其水位由补水箱内的浮球阀控制，有时称这种方法为顶水法；另一种是无补水箱，热水依靠本身重力从贮水箱底部落下使用，有时称这种方法为落水法。

强制循环太阳能热水系统是在集热器和贮水箱之间管路上设置水泵，作为系统中水的循环动力；与此同时，集热器的有用能量收益通过加热水，不断储存在贮水箱内。系统运行过程中，循环泵的启动和关闭必须要有控制，否则既浪费电能又损失热能。通常温差控制较为普及，利用集热器出口处水温和贮水箱底部水温之间的温差来控制循环泵的运行，有时还同时应用温差控制和光电控制两种方式。

强制循环系统可适用于大型、中型、小型等各种规模的太阳能热水系统。

2.5.2　太阳能供暖系统

1. 太阳能供暖系统的组成

太阳能供暖系统是指将分散的太阳能通过集热器把太阳能转换成方便使用的热水，通过热水输送到发热末端（如地板采暖系统、散热器系统等）提供房间采暖的系统，该系统也简称太阳能采暖。

太阳能取暖设备主要构成部件：太阳能集热器（平板集热器、全玻璃真空管集热器、热管集热器、U形管集热器等）、贮热水箱、控制系统、管路管件及相关辅材、建筑末端散热设备等。

2. 太阳能供暖系统与普通热水工程的区别

太阳能供暖与普通热水工程都是太阳能热利用工程，二者之间有许多相同之处，都是利

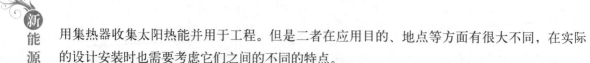

用集热器收集太阳热能并用于工程。但是二者在应用目的、地点等方面有很大不同，在实际的设计安装时也需要考虑它们之间的不同的特点。

普通热水工程是生产所需要的、特定温度范围的大量热水，这些热水是最终产品，一般被直接用掉；而太阳能供暖需要的只是收集的太阳热能，并把这些热能传输到室内，热水仅是传热介质，不是最终产品。

太阳能供暖与普通热水工程在利用时间上也有很大不同。普通热水工程一般是全年使用，因此在设计、集热器的选择、安装的角度上都要考虑全年的应用，要全年的收益最大化。而太阳能供暖却只是在冬季使用，只需考虑冬季使用效率的最大化，其集热器的选择、安装的角度都与太阳能热水工程有所不同。

普通太阳能热水工程的集热温度一般在 50~70 ℃之间，若低于 50 ℃则一般达不到实用目的。而太阳能供暖工程中，若是采用地板辐射散热，30~40 ℃的水温同样能够使用，在日照不太好的情况下仍然有较高的实用价值。反映在集热器的选择上，冬季地板采暖可选用集热温度较低的平板型集热器，而在冬季使用的热水工程，则需采用隔热较好、集热温度较高的真空管集热器。

普通太阳能热水工程不需要特殊的储能设施，但要求设计的水箱要能把每天产出的热水储存下来，根据集热面积要求一般要有较大的保温水箱，小到几吨，大到几十吨甚至更大。而太阳能供暖工程则对储热有特殊要求，但一般并不要求大保温水箱，因为大保温水箱不仅会大大增加系统的造价，也会增加热损失，而且效果却不明显。

3. 太阳能供暖系统设计要点

（1）太阳能供暖系统设计一般要求

① 设置太阳能供暖系统的供暖建筑物，其建筑和建筑热工设计应符合所在气候区国家、行业和地方建筑节能设计标准和实施细则的要求；而且建筑围护结构传热系数的取值宜低于所在气候区国家、行业和地方建筑节能设计标准和实施细则的限值指标规定。

② 常规能源缺乏、交通运输困难而太阳能资源丰富的地区，在进行建筑物的供暖设计时，宜优先考虑设置太阳能供暖系统。夏热冬冷地区应鼓励在住宅建筑中采用太阳能供暖。

③ 在建筑物中设置太阳能供暖系统，计算由太阳能供暖系统所承担的供暖热负荷时，室内空气计算温度的取值应按《民用建筑供暖通风与空气调节设计规范》（GB 50736—2012）中规定范围的低限选取。

④ 在既有建筑上增设太阳能供暖系统，必须经建筑结构安全复核，并应满足建筑结构及其他相应的安全性要求。

⑤ 太阳能供暖系统类型的选择，应根据所在气候区、太阳能资源条件、建筑物类型、使用功能、业主要求、投资规模、安装条件等因素综合确定。

⑥ 为提高太阳能供暖的投资效益，应合理选择太阳能供暖系统类型以确保太阳能供暖系统的太阳能保证率，应按照所在气候区、太阳能资源条件、建筑物使用功能、业主投资规模、全年利用的工作运行方式等因素综合确定太阳能保证率的取值。

⑦ 最大限度发挥太阳能供暖系统所能起到的节能作用，未采用季节蓄热的太阳能供暖系

统应做到全年综合利用，冬季供暖，春、夏、秋三季提供生活热水或其他用热。

⑧ 太阳能供暖系统组成部件的性能参数和技术要求应符合相关国家产品标准的规定。

（2）太阳能供暖系统设计流程

① 确定供热需求、气象参数、安装条件。

太阳能供暖系统供热负荷计算主要分为两种用途，一是用于太阳能集热器面积的确定；另一种是用于辅助能源和热水管路的设计。用于确定太阳能集热器面积时，一般只需要确定日平均（或月平均）耗热量；而用于确定辅助能源和热水管路设计时，需要根据建筑物用水设施的差异确定小时耗热量、热水量，相应计算可以参考 GB 50015—2003《建筑给水排水设计规范》。

② 集热器面积计算及选型。

太阳能集热器的面积是太阳能热水系统的一个重要参数，它与系统太阳能保证率和项目投资经济性密切相关。根据《太阳能供热采暖应用技术手册》的规定，直接式太阳能集热器面积计算式为

$$A_\text{c} = \frac{84\,600Qf}{J_\text{T}\,\eta_\text{cd}\,(1-\eta_\text{L})}$$

式中　A_c——直接系统太阳能集热面积，m^2；

　　　Q——热负荷，W，方案一取年热水平均负荷，方案二取采暖期内平均采暖负荷；

　　　f——太阳能保证率，无量纲，一般在 0.30 ~ 0.80，可参考表 2.2 选取；

　　　J_T——采暖期内当地集热器总面积上平均日太阳能辐射量，J/m^2；

　　　η_cd——太阳能集热器设计月平均集热效率，无量纲，经验取值为 0.25 ~ 0.50，具体数值由实际测定选取，在此选中间值 0.37；

　　　η_L——管路、贮热水箱热损失率，无量纲，根据经验取 0.20 ~ 0.30，取中间值 0.25。

表2.2　太阳能供热采暖系统f选值范围

资源区划	短期蓄热	季节蓄热
	系统保证率	系统保证率
I资源丰富区	≥50%	≥60%
II资源较富区	30%~50%	40%~60%
III资源一般区	10%~30%	20%~40%
IV资源贫乏区	5%~10%	10%~20%

由于间接式太阳能系统换热器换热存在温差，使得为保证系统同样加热能力，太阳集热器平均工作温度要高于直接太阳能系统，致使间接式太阳能系统工作效率降低。因而要获得相同热水，间接系统的集热面积应大于直接系统。间接系统集热面积计算式为

$$A_\text{In} = A_\text{c}\left(1 + \frac{F_\text{R}U_\text{L}\cdot A_\text{c}}{U_\text{hx}\cdot A_\text{hx}}\right)$$

式中　A_In——间接系统太阳能集热总面积，m^2；

　　　A_c——直接系统太阳能集热面积，m^2；

　　　$F_\text{R}U_\text{L}$——太阳能集热器总热损失，$W/(m^2\cdot℃)$，因太阳能集热器类型及制造厂家不同取

值而不同，一般平板型太阳能集热器取 $4 \sim 6$，真空管型太阳能集热器取 $1 \sim 2$，具体数值由实际测定选取。

U_{hx}——换热器传热系数，$W/(m^2 \cdot ℃)$；

A_{hx}——间接系统热交换器换热面积，m^2。

太阳能集热系统的流量选取与太阳能集热器的种类有关，一般由太阳能集热器生产厂家给出或根据表 2.3 选取。太阳能集热器单位面积流量乘以采光面积就可以得到系统总流量设计值。

表2.3　太阳能系统流量推荐用值

系统类型		太阳能集热器单位面积流量/ $(m^3 \cdot h^{-1} \cdot m^{-2})$
小型热水系统	真空管型太阳能集热器	0.035~0.072
	平板型太阳能集热器	0.072
大型集中太阳能供暖系统（集热器总面积大于100 m^2）		0.021~0.06
小型独户太阳能供暖系统		0.024~0.036
板式换热器间接式太阳能集热供暖系统		0.009~0.012
太阳能空气集热器供暖系统		30~40

③ 保温水箱容积的确定。

太阳能供暖系统的保温水箱容积应与集热器类型和面积相对应。若保温水箱容积配比过大，系统有用能量收益增加，但在太阳辐照低的季节，水温过低，辅助能源供应比例则需增加；若保温水箱容积配比过小，水箱温度比较高，系统工作效率降低，在太阳辐照高的季节，水温会过高，影响系统安全。因此，应根据水箱保温情况和兼顾成本因素综合考虑，各类系统贮热水箱的容积选择如表 2.4 所示。此外，在设计中还应该考虑水箱结构、分层、保温、防腐等措施。

太阳能供热采暖系统中，有短期蓄热和季节蓄热两种类型。短期蓄热液体工质集热器太阳能供暖系统适用于单体建筑，季节蓄热液体工质集热器太阳能供暖系统适用于较大面积的区域供暖。短期蓄热液体工质集热器太阳能供暖系统的蓄热量只需满足建筑物 1~5 天的供暖需求，当地的太阳能资源好，环境温度高，工程投资高，可取高值；否则，取低值。

表2.4　各类系统贮热水箱的容积选择范围

系统类型	小型太阳能供热水系统	短期蓄热太阳能供热采暖系统	季节蓄热太阳能供热采暖系统
贮热水箱、水池容积范围/ $(L \cdot m^{-2})$	40~100	50~150	1 400~2 100

④ 辅助能源的选择。

太阳能是间歇性能源，遇到阴雨雾雪天气时太阳能光照不足，集热器无法获取足够的能量。因此，在复合式太阳能供热系统设计中应设置其他能源辅助加热或者换热设备。

常用的辅助热源种类主要有：电加热器、燃油锅炉、燃气锅炉、燃煤锅炉、热泵、生物质颗粒锅炉等。上述热源有以下特点：电加热设备易安装，控制方便，但运行费用高；燃油、燃气锅炉控制方便，便于调节，可方便实行自动运行，但设备间需要满足消防要求；燃煤锅炉启停时间长，出力调整较困难，较难实现自控或者无人值守，存在环境污染问题。

辅助加热量应按照太阳能供热采暖系统最恶劣工况选用，即不考虑太阳能提供份额。一般对采暖负荷和生活热水负荷分别进行计算后，应选两者中较大的负荷确定为太阳能供热采暖系统的设计负荷，也就是辅助加热负荷。

⑤ 供热末端的选择。

太阳能采暖系统采用的管材和管件应符合现行产品要求，管道的工作压力和工作温度不大于产品标准标定的允许工作压力和工作温度。太阳能集热系统管道可采用钢管、薄壁不锈钢、塑钢热水管、塑料与金属复合管等。以乙二醇为主要成分的防冻液系统不宜采用镀锌钢管。热水管道应选用耐腐蚀并符合卫生要求的管道，一般可采用薄壁铜管、薄壁不锈钢、塑料热水管、塑料与金属复合管等。太阳能热水系统的集热系统连接管道、水箱、供水管道均应保温。常用的保温材料有岩棉、玻璃棉、聚氨酯发泡、橡塑泡棉等材料。

⑥ 供热末端的设计。

太阳能系统效率与集热器种类和工质的工作温度密切相关，太阳能供热采暖系统应优先选用低温辐射供暖系统；热风采暖系统适宜低层建筑或局部场所需要供暖的场合；水－空气处理设备和散热器系统宜使用在 60~80 ℃工作温度下效率较高的太阳能集热器，如高效平板太阳能集热器或热管真空管太阳能集热器，该系统适合夏热冬冷或温和地区。

2.5.3 太阳能制冷系统

1. 太阳能制冷系统原理

太阳能用于空调制冷，其最大优点是具有很好的季节匹配性，即天气越热，太阳辐射越好，系统制冷量越大。这一特点使得太阳能制冷技术受到重视和发展。太阳能制冷从能量转换角度可以分为两种。第一种是太阳能光电转换制冷，是利用光伏转换装置将太阳能转换成电能后，再用于驱动普通蒸气压缩式制冷系统或半导体制冷系统实现制冷的方法，即光电半导体制冷和光电压缩式制冷，是太阳能发电的拓展。这种方法的优点是可采用技术成熟且效率高的蒸汽压缩式制冷技术，其小型制冷机在日照好又缺少电力设施的一些国家和地区已得到应用；其缺点是光电转换技术效率较低，而光电板、蓄电器和逆变器等成本却很高。第二种是太阳能光热转换制冷，首先是将太阳能转换成热能（或机械能），再利用热能（或机械能）作为外界的补偿，使系统达到并维持所需的低温。后者是目前研究较多的一种太阳能制冷方式。

2. 太阳能制冷系统分类

目前太阳能光热转换制冷的主要形式有三类，即太阳能吸收式制冷、太阳能吸附式制冷和太阳能喷射式制冷。

（1）太阳能吸收式制冷

太阳能吸收式制冷的原理是利用溶液的浓度随温度和压力变化而变化，将制冷剂与溶液分离，通过制冷剂的蒸发而制冷，又通过溶液实现对制冷剂的吸收。一般利用两种沸点相差较大的物质所组成的二元溶液作为工质来进行，其中沸点低的物质为制冷剂，沸点高的物质为吸收剂。太阳能吸收式制冷系统则先采用平板型或热管型真空管集热器来收集太阳能，再

用来驱动吸收式制冷机。其原理示意图如图 2.28 所示。

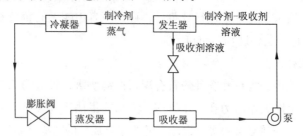

图2.28　太阳能吸收式制冷系统的原理示意图

（2）太阳能吸附式制冷

太阳能吸附式制冷的基本原理是利用吸附床中的固体吸附（如活性炭）对制冷剂（如甲醇）的周期性吸附、解附过程实现制冷循环。其原理示意图如图 2.29 所示。

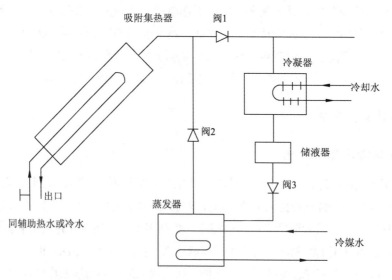

图2.29　太阳能吸附式制冷系统的原理示意图

整个制冷循环包含解附和吸附两个过程。当白天太阳辐射充足时，太阳能吸附集热器吸收太阳辐射能后，吸附床温度升高，使吸附的制冷剂在集热器中解附，太阳能吸附器内压力升高；解附出来的制冷剂进入冷凝器，经冷却介质（水或空气）冷却后凝结为液态，进入储液器，此为解附过程。夜间或太阳辐射不足时，环境温度降低，太阳能吸附集热器通过自然冷却后，吸附床的温度下降，吸附剂开始吸附制冷剂，由于蒸发器内制冷剂的蒸发，温度骤降，通过冷媒水获得制冷目的，此为吸附过程。

（3）太阳能喷射式制冷

太阳能喷射式制冷系统的原理如图 2.30 所示。整个制冷循环由三个子循环组成，即太阳能子循环、冷子循环和动力子循环制组成。太阳能集热器将太阳能转化为热能，使集热器内传热工质吸热汽化，传热工质流经蓄热器并将热量贮存其中，蓄热器中因制冷剂吸热而被冷却的传热工质通过循环泵重新回到集热器吸收太阳能热量，此为太阳能转换子循环。制冷剂（通常为水）在蓄热器中吸收高温传热工质的热量后汽化、增压，产生饱和蒸汽，蒸汽进入喷射器经过喷嘴高速喷出膨胀，在喷射区附近产生真空，将蒸发器中的低压蒸汽吸入喷射器，经过喷射器出来的混合气体进入冷凝器放热，冷凝为液体后，冷凝液的一部分通过节流阀进入蒸发器吸收热量后汽化制冷，完成一次循环，这部分工质完成的循环是制冷子循环。另一部分工质通过循环泵升压后进入蓄热器，重新吸热汽化，再进入喷射器，流入冷凝器冷凝后变为液体，该子循环称为动力循环。整个系统设置比吸收式制冷系统简单，且具有运行稳定、可靠性较高等优点，但性能系数较低。

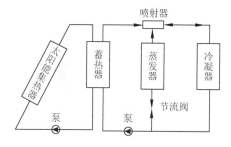

图2.30　太阳能喷射式制冷原理示意图

2.5.4　太阳能光热发电系统

1. 太阳能热发电系统原理

太阳能热发电系统是利用聚光太阳能集热器将太阳辐射能收集起来，通过加热水或者其他传热介质，经蒸汽、燃气轮机或发动机等热力循环过程发电，其原理示意图如图2.31所示。太阳能热发电的实质是将太阳辐射能先转化为热能，然后转化为发动机的机械能，再将机械能转化为电能。

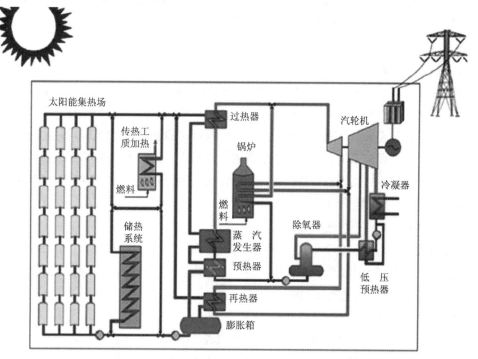

图2.31　太阳能热发电系统基本原理图

2. 太阳能热发电系统组成

太阳能热发电系统一般由集热子系统、热传输子系统、蓄热与热交换子系统以及发电子系统组成，如图2.32所示。

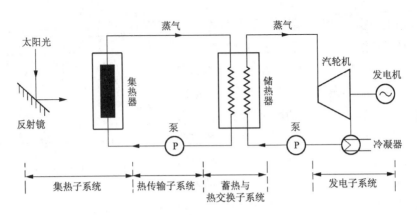

图2.32　太阳能热发电系统组成示意图

（1）集热子系统

集热子系统是吸收太阳能辐射并将其转换为热能的装置。该子系统主要包括聚光装置、接收器和跟踪机构等部件。不同功率和规模的太阳能热发电系统有着不同结构形式的集热子系统。对于在高温下工作的太阳能热发电系统来说，必须采用聚光集热器来提高集热温度和系统效率。聚光太阳能集热器一般由聚光器与接收器组成，通过聚光器将太阳辐射聚焦在接收器上形成焦点（或焦线），以获得高强度太阳能。在太阳能热发电系统中应用的比较多的聚光集热器主要有旋转抛物面聚光器、抛物柱面聚光器、多平面聚光集热器、线性菲涅耳反射镜聚光集热器等。

（2）热传输子系统

热传输子系统要求输热管道的热损失小、输送传热介质的泵功率小、热量输送成本低。对于分散型太阳能热发电系统，一般将许多单元的集热器串、并联起来组成集热器方阵，使各单元集热器收集起来的热能输送给蓄热子系统时所需的输热管道加长，热损失增大。而对于集中式太阳能热发电系统，虽然热传输管道可以缩短，但需要将传热工质送到塔顶，需要消耗动力。为了减少输热管道的热损失，一般需在输热管外面包裹陶瓷纤维、聚氨基甲酸酯海绵等导热系数很低的绝热材料。

（3）蓄热与热交换子系统

由于地面上的太阳能受季节、昼夜和云雾、雨雪等气象条件的影响，具有间歇性和不稳定性，因此为了保证太阳能热发电系统稳定发电，需要设置蓄热装置。蓄热装置一般由真空绝热或以绝热材料包覆的蓄热器构成。

（4）发电子系统

发电子系统由热力机和发电机等主要设备组成，与火力发电系统基本相同。应用于太阳能热发电系统的动力机有汽轮机、燃气轮机、低沸点工质汽轮机和斯特林发动机等。这些发电装置可以根据集热后经过蓄热与热交换子系统供汽轮机入口热能的温度等级及热量等情况来选择。对于大型太阳能热发电系统，由于其温度等级与火力发电系统基本相同，可选用常规的汽轮机，工作温度在800 ℃以上时可选用燃气轮机；对于小功率或低温的太阳能热发电系统，则可选用低沸点工质汽轮机或斯特林发动机。

3. 太阳能热发电系统分类

目前现有的太阳能热发电系统大致可以分为槽式太阳能热发电系统、塔式太阳能热发电系统、碟式太阳能热发电系统和线性菲涅尔式太阳能热发电系统。

（1）槽式太阳能热发电系统

槽式太阳能热发电系统是通过抛物柱面槽式聚光镜面将太阳光汇聚在焦线上，在焦线上安装管状集热器，以吸收聚焦后的太阳辐射能。管内的流体被加热后，流经换热器加热水产生蒸汽，借助于蒸汽动力循环来发电。该装置从早到晚由西向东跟踪太阳连续运转，集热器轴线与焦线平行，一般呈南北向布置，这是一种一维跟踪太阳的模式，跟踪简易，且光学效率较高。聚光比在 30~80 之间，集热温度可达 400 ℃，槽式太阳能热发电系统如图 2.33 所示。

图2.33　槽式太阳能热发电系统

该系统安装维修比较方便，多聚光器集热器可以同步跟踪，跟踪控制代价大为降低；吸收器为管状，使得工作介质加热流动的同时，也是能量集中的过程，故其总体代价相对最小，经济效益最高。这正是该系统最先在世界上实现商业化的原因所在。在利用太阳能发电方面，槽式太阳能热发电系统是迄今为止世界上唯一经过 20 年商业化运行的成熟技术，其造价远低于光伏发电。它的储能系统或者燃烧系统甚至可以实现 24 h 运行，度电成本也很有竞争力。目前，欧洲和美国正在建设一批改进的槽式太阳能热发电系统，其性能更加优越。

（2）塔式太阳能热发电系统

塔式太阳能热发电系统的聚光系统由数以千计带有双轴太阳追踪系统的平面镜（称为定日镜）和一座（或数座）中央集热塔构成，如图 2.34 所示。每台定日镜都各自配有跟踪机构，能准确地将太阳光反射集中到一个高塔顶部的接收器上。接收器上的聚光倍率可超过 1 000 倍，在这里把吸收的太阳光能转化成热能，再将热能传给工质，经过蓄热环节，再输入热动力机，膨胀做功，带动发电机，最后以电能的形式输出。

塔式太阳能热发电系统的具体结构多种多样，单块定日镜的面积从 1.2 m² 至 120 m² 不等，塔高也从 50 m 至 165 m 不等，聚光倍数则可以达到数百倍至上千倍。塔式热发电系统可以使用水、气体或融盐作为导热介质，以驱动后端的汽轮机（若采用融盐作为导热介质，则需加装热交换器，但储能能力较好）。

塔式热发电站的主要优势在于它的工作温度较高（可达 800~1 000 ℃），使其年度发电效率可以达到 17%~20%，并且由于管路循环系统较槽式系统简单得多，提高效率和降低成本的

潜力都比较大；塔式太阳能热发电站采用湿冷却的用水量也略少于槽式系统，若需要采用干式冷却，其对性能和运行成本的影响也较低。但在塔式太阳能热发电系统中，为了将阳光准确汇聚到集热塔顶的接收器上，对每一块定日镜的双轴跟踪系统都要进行单独控制，而槽式太阳能热发电系统的单轴追踪系统在结构上和控制上都要较双轴跟踪系统简单得多。

图2.34　塔式太阳能热发电系统

（3）碟式太阳能热发电系统

碟式太阳能热发电系统又称盘式系统，碟式太阳能热发电系统如图2.35所示。其主要特征是采用旋转抛物面聚光集热器，其结构从外形上看类似于大型抛物面雷达天线。由于旋转抛物镜面是一种点聚焦集热器，其聚光比可以高达数百到数千倍，因而可产生非常高的温度。

图2.35　碟式太阳能热发电系统

碟式光热发电技术是四种常见光热发电技术中热电转换效率最高的，最高可达32%。而塔式和槽式技术的热电转换效率目前仅为15%~16%。同时，碟式斯特林光热发电技术可以实现模块化的设计和生产，这是由于其集热系统和发电系统完全组成了一个单独的小型发电单元，不需要像其他光热发电技术一样分别建造光场系统和发电系统，其整个电站的系统集成也相对简单很多。

但碟式光热发电技术也有其显著缺陷。它无法像其他光热发电技术一样进行储热，从而实现持续稳定发电。这一点和光伏发电类似。但从经济性角度来看，其无法与光伏发电的低成本相竞争。此外，碟式太阳能热发电系统的另一挑战来自于斯特林机。斯特林机要求的工作温度在600 ℃以上，其运行需要建立完美的闭式循环，工质气体不能泄漏、并需要尽最大可能降低机械部件的磨损以避免因此而造成的气体外泄。而机械部件之间的磨损在机械制造业又是很难避免的，这将会带来高昂的维护和更换成本，使其可靠性和运行寿命受到挑战。

（4）线性菲涅尔式太阳能热发电系统

线性菲涅尔式太阳能热发电系统利用线性菲涅尔反射镜聚焦太阳能于集热器，直接加热工质水。反射镜和集热器合称聚光系统，在电站中，该聚光系统一般布置为三个功能区：预热区、蒸发区和过热区。工质水依次经过这三个功能区后形成高温高压的蒸汽，推动汽轮机发电。线性菲涅尔式太阳能热发电系统如图 2.36 所示。

图2.36　线性菲涅尔太阳能热发电系统

线性菲涅尔式太阳能热发电技术的主要特点如下：

① 聚光比一般为 10 ～ 80，年平均效率 10% ～ 18%，峰值效率 20%，蒸汽参数可达 250 ～ 500 ℃，每年 1 MW·h 的电能所需土地 4 ～ 6 m²。

② 主反射镜采用平直或微弯的条形镜面，二次反射镜与抛物槽式反射镜类似，生产工艺较成熟。

③ 主反射镜较为平整，可采用紧凑型的布置方式，土地利用率较高，且反射镜近地安装，大大降低了风阻，具有较优的抗风性能，选址更为灵活。

④ 集热器固定，不随主反射镜跟踪太阳而运动，避免了高温高压管路的密封和连接问题以及由此带来的成本增加。

⑤ 由于采用的是平直镜面，易于清洗，耗水少，维护成本低。

习　题

1. 常见的太阳能应用有哪几种类型？

2. 硅材料光伏组件有哪几种类型？详细阐述制备过程中的异同点。

3. 太阳能发电有哪几种类型？光伏发电与光热发电的区别有哪些？

4. 光伏发电系统有哪几种类型？详细阐述几种类型的异同点。

5. 光热应用与光伏应用存在哪些本质区别？光热主要有哪些的应用？并分别阐述各应用的组成部件？

第3章

➡ 风　能

📋 学习目标

（1）系统了解风力发电机组的分类、结构组成及工作原理；
（2）熟悉风力发电机组安装与调试的完整工作过程；
（3）熟悉风力发电机组运行与维护的完整工作过程；
（4）熟悉风力发电机组的现场调试及并网运行过程。

📦 本章简介

　　本章从风力发电机组的分类、机构及组成原理入手，并配以典型的案例进行讲解，系统阐述了风力发电机组的安装、调试、运行、维护及并网的运行过程。

3.1　风能及风力发电基础知识

3.1.1　风能基本概念

　　风能（Wind Energy）是空气流动所产生的动能，是太阳能的一种转化形式。由于太阳辐射造成地球表面各部分受热不均匀，引起大气层中压力分布不平衡，在水平气压梯度的作用下，空气沿水平方向运动形成风。风能资源的总储量非常巨大，一年中技术可开发的能量约 5.3×10^{13} kW·h。风能是可再生的清洁能源，储量大、分布广，但它的能量密度低（只有水能的 1/800），并且不稳定。在一定的技术条件下，风能可作为一种重要的能源得到开发利用。

　　风能利用形式主要是将大气运动时所具有的动能转化为其他形式的能量，即风能利用是综合性的工程技术，通过风力机将风的动能转化成机械能、电能和热能等。风就是水平运动的空气，空气产生运动，主要是由于地球上各纬度所接受的太阳辐射强度不同而形成的。在赤道和低纬度地区，太阳高度角大，日照时间长，太阳辐射强度强，地面和大气接受的热量多、温度较高；在高纬度地区太阳高度角小，日照时间短，地面和大气接受的热量小，温度低。这种高纬度与低纬度之间的温度差异，形成了中国南北之间的气压梯度，使空气作水平运动。

3.1.2　风力发电机组工作原理及分类

1. 工作原理

　　风力发电机是将风的动能（即空气的动能）转化成发电机转子的动能，转子的动能又转化成电能。风力发电机工作原理是利用风能可再生能源的部分。其工作原理图如图 3.1 所示。

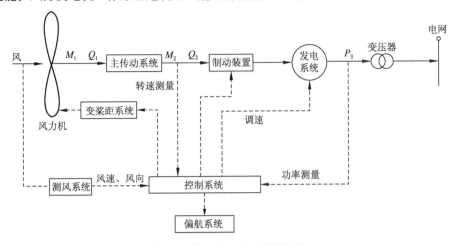

图3.1　风力发电机工作原理图

2. 分类

① 风力发电机按叶片分类。按风力发电机主轴的方向分类可分为水平轴风力发电机和垂直轴风力发电机；按桨叶数量分类可分为单叶片、双叶片、三叶片和多叶片型风力发电机；按照风力发电机接受风的方向分类，则分为上风向型和下风向型。

② 按风力发电机的输出容量可将风力发电机分为小型、中型、大型、兆瓦级系列。小型风力发电机是指发电机容量为 0.1 ~ 1 kW 的风力发电机；中型风力发电机是指发电机容量为 1 ~ 100 kW 的风力发电机；大型风力发电机是指发电机容量为 100 ~ 1 000 kW 的风力发电机；兆瓦级风力发电机是指发电机容量为 1 000 kW 以上的风力发电机。

③ 按功率调节方式可分为定桨距时速调节型、变桨距型、主动失速型和独立变桨型风力发电机。

④ 按机械形式分类。按照风力发电机组机构中是否包括齿轮箱，可分为有齿轮箱的风力发电机、无齿轮箱的风力发电机和混合驱动型风力发电机。

⑤ 按风力发电机组的发电机类型可分为异步型风力发电机和同步型风力发电机。异步型风力发电机按其转子结构不同又可分为笼形异步发电机、绕线式双馈异步发电机；同步型风力发电机按其产生旋转磁场的磁极的类型又可分为电励磁同步发电机、永磁同步发电机。

⑥ 按主轴、齿轮箱和发电机相对位置可分为紧凑型和长轴布置型。

⑦ 按发电机的转速及并网方式分为定速风力发电机和变速风力发电机。

⑧ 按塔架的不同可分为塔筒式风力发电机和桁架式风力发电机。

3.1.3　风力发电机组结构

1. 一般风力发电机组结构

风力发电机组是由导流罩、轮毂、机舱罩、变桨系统、轴承座、主轴、油冷系统、齿轮箱、联轴器、发电机冷却系统、控制柜、偏航驱动等组成，如图 3.2 所示。

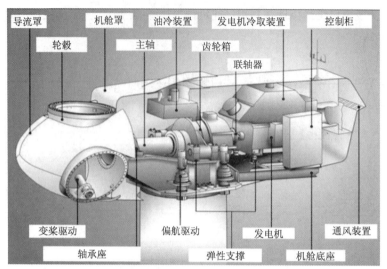

图3.2　风力发电机组结构

2. 典型风力发电机组结构——1.5 MW变速恒频双馈风力发电机

1.5 MW 变速恒频双馈风力发电机由叶轮、机舱、塔筒三大部分组成。风力发电机整机主要包括机座、叶轮、偏航系统、传动链（主轴、联轴器、齿轮箱）、电缆线槽、发电机、液压站、冷却泵（风冷型无冷却泵）、滑环组件、自动润滑、机舱柜、机舱罩、机舱加热器等组成。其结构如图 3.3 所示。

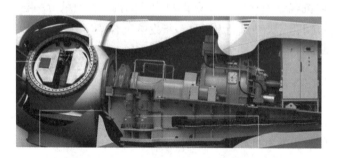

图3.3　1.5 MW变速恒频双馈风力发电机结构

（1）机座

机座是风力发电机的主要设备安装的基础，风力发电机的关键设备都安装在机座上。包括踏板和棒、电缆线槽、发电机、联轴器、液压站、冷却泵（风冷型无）、滑环组件、自动润滑、吊车、机舱柜、机舱罩、机舱加热器等。机座与现场的塔筒连接，人员可以通过风力发电机塔进入机座。机座前端是风力发电机转子，即转子叶片和轴。

（2）叶轮

叶轮由叶片和轮毂组成，如图 3.4 和图 3.5 所示。叶片形状符合空气动力学原理，是使叶轮转动，将风能转化为机械能的主要构件。同时，叶片是决定风力发电机的风能转换效率及安全可靠运行的关键部件。轮毂是固定叶片位置并能将叶片组件安装在叶轮轴上的装置。

由于叶片尺寸较大，为了便于运输，叶轮叶片一般在风电场现场进行组装。而轮毂一般在总装车间进行装配。

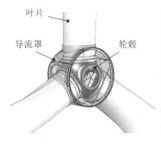

图3.4 叶轮结构

图3.5 风力发电机叶片结构

叶片是风力发电机最重要的部件之一。它的平面形状与剖面几何形状和风力发电机空气动力特性密切相关，特别是剖面几何形状即翼型气动特性的好坏，将直接影响风力发电机的捕风效率。

制造叶片的材料有木材、钢、铝、玻璃纤维增强塑料（GFRP）和碳纤维增强塑料（CFRP）。

目前，水平轴风力发电机组的叶轮叶片数一般是2片或3片，其中3片占多数。

轮毂系统组成主要包括轮毂、集中润滑装置、变桨轴承、变桨驱动齿轮箱、变桨驱动齿轮等，如图3.6所示。

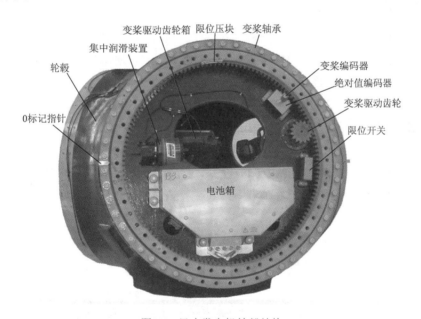

图3.6 风力发电机轮毂结构

（3）偏航系统

偏航系统一般由偏航轴承、偏航驱动装置、偏航制动器、偏航计数器、纽缆保护装置、偏航液压回路等几个部分组成。偏航系统的一般组成结构如图3.7所示。

偏航轴承是保证风力发电机组可靠运行的关键部件，是一种采用滚动体支撑的专用轴承。偏航轴承相对于普通轴承来说，其显著特征是具有可实现的外啮合或内啮合的轮齿齿轮，如图3.8所示。

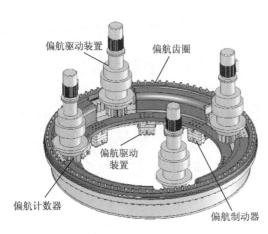

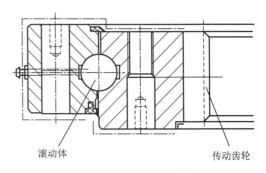

偏航驱动装置　偏航齿圈

偏航驱动装置

偏航计数器　　　　　　　偏航制动器

滚动体　　　　　　　传动齿轮

图3.7　偏航系统的一般组成结构　　　　　　图3.8　偏航轴承结构图

偏航轴承的齿轮为开式齿轮传动，受环境影响较大、受载复杂，基本的失效形式为轮齿的折断和磨损。设计实践表明，除了滚动体破坏外，轮齿的损伤是导致偏航失效的重要因素。由于难以准确掌握设计载荷，传动部分的结构强度往往决定了轴承的设计质量。

风力发电机组的机舱与偏航轴承内圈用螺栓紧固相连；偏航轴承的外齿圈与风力发电机组塔架固接；在机舱底板上装有盘式制动装置，以塔架顶部法兰为制动盘。调向是通过两组或多组偏航驱动机构完成的。

为保证风力发电机组运行的稳定性，偏航系统一般需要设置偏航制动器。偏航系统还需要偏航保护装置，一般的偏航保护装置包括偏航计数装置和解缆保护装置两部分。

偏航系统是风力发电机组特有的伺服系统。主要功能有：

迎风功能——与风力发电机组控制系统相互配合，使风力发电机组的风轮始终处于迎风状态，充分利用风能，提高风力发电机组的发电效率。

锁紧功能——提供必要锁紧力矩，以保障风力发电机组的安全运行。

解缆功能——机舱在反复调整方向的过程中，有可能发生沿着同一方向累计转了许多圈，造成机舱与塔底之间的电缆扭绞，因此偏航系统应具备解缆功能。

（4）传动系统

风力发电机主轴传动系统（见图3.9）由旋转部件组成，主要包括主轴（见图3.10）、主轴轴承（见图3.11）、齿轮箱（见图3.12）和联轴器（见图3.13）。

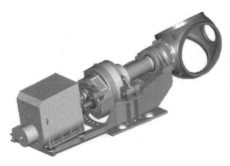

图3.9　主轴传动系统　　　　　　　　　　　图3.10　主轴

图3.11　主轴轴承

叶轮的转速一般在 10 ~ 30 r/min 范围内，轮毂与主轴固定连接，将叶轮的扭矩传递给齿轮箱。通过齿轮箱增速到发电机的同步转速 1 500 r/min（或 1 000 r/min），经高速轴、联轴器驱动发电机旋转。

在风力发电机组中，主轴承担了支撑轮毂处传递过来的各种负载的作用并将扭矩传递给增速齿轮箱，将轴向推力、气动弯矩传递给机舱、塔架。主轴的安装结构一般有挑臂梁结构和悬臂梁结构两种，主轴承选用调心滚子轴承。

风力发电机组中的齿轮箱（见图 3.12）是一个重要的机械部件，其主要作用是将风轮的转速提高到发电机要求的转速。风力发电机组齿轮箱的种类很多，按照传统类型可分为圆柱齿轮增速箱、行星齿轮增速箱以及它们互相组合起来的齿轮箱；按照传动的级数可分为单级齿轮箱和多级齿轮箱；按照转动的布置形式又可分为展开式齿轮箱、分流式齿轮箱和同轴式齿轮箱以及混合式齿轮箱等。

因风力发电机组齿轮箱要承受无规律的变向变载荷的风力作用以及强阵风的冲击，常年经受酷暑严寒和极端温差的影响。因此对风力发电机组齿轮箱的可靠性和使用寿命都提出了比一般机械高得多的要求。

图3.12　齿轮箱

联轴器（见图 3.13）的主要作用是传递扭距；补偿同轴度的误差，通过联轴器的柔性来消除其中的误差的影响；保护发电机。

（5）发电机

发电机是将机械能转变成电能的电机。通常由汽轮机、水轮机或内燃机驱动。发电机分为直流发电机和交流发电机两大类。后者又可分为同步交流发电机和异步交流发电机两种。发电机外形如图 3.14 所示。

双馈发电机广泛应用在大中型风力发电机组中，一般采用 4 极或 6 极，2 MW 以下的发电机多采用 4 极，2 MW 以上的发电机多采用 6 极。4 极发电机结构如图 3.15 所示。

图3.13　联轴器

图3.14　发电机

（6）液压系统

变桨距风力发电机组的液压系统和制动系统是一个整体，液压系统（见图 3.16）主要控制变桨距机构，实现风力发电机组的转速控制、功率控制，同时也控制机械制动机构。

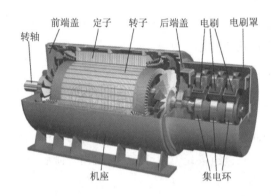

转轴　前端盖　定子　转子　后端盖　电刷　电刷罩

机座　　　　集电环

图3.15　4级发电机结构

图3.16　液压系统

变桨距风力发电机组的液压系统由两个压力保持回路组成。一路是由变桨蓄能器通过电液比例阀供给叶片变桨距液压缸，另一路是由制动蓄能器供给高速轴上的机械制动机构。变桨距风力发电机组液压系统的功能有：改变叶片的桨距角变桨距和对高速轴制动的控制。

（7）冷却系统

冷却系统有风冷和水冷，主要是针对齿轮箱在运转时需要冷却，如图 3.17 所示。

图3.17　冷却系统

3.2 风力发电机组的安装与调试

3.2.1 风力发电机组装配工艺简介

1. 机械装配基础知识

（1）机械装配概念

机械装配是根据规定的技术要求，将若干个零件组合成部件或将若干个零件和部件组合成产品的过程。机械装配包括装配、调试、检验、试车和包装等工作。

① 装配单元。装配单元一般分为零件、组件、部件和整机等。

② 机械装配工作。机械装配工作可以分为组件装配、部件装配、总装配三个阶段。

（2）机械装配工作内容

机械装配工作内容包括清洗、连接、校正、调整、配作、平衡、验收试验等。

（3）机械装配方法

机械装配方法分为互换法、选配法、修配法、调整法四大类。

① 互换法。互换法是通过控制零件加工公差来保证装配精度的一种方法，分为完全互换法和不完全互换法。

② 选配法。将零件的制造公差适当放宽，装配时挑选相应尺寸的零件进行装配的方法。有直接选配法、分组选配法、复合选配法。

③ 修配法。装配过程中修去某配合件上的预留修配量，使配合零件达到规定的装配精度，这种装配的方法称为修配法。

④ 调整法。装配过程中，调整一个或几个零件的位臵，以消除零件的积累误差，从而达到装配要求的装配方法称为调整法。

（4）机械装配工艺规程

机械装配工艺规程是指导装配过程的主要技术文件。在装配工艺规程中，规定了产品及其部件的装配顺序、装配方法、装配技术要求及检验方法、装配所需设备和工具以及装配时间定额等。

① 制订机械装配工艺规程的基本原则。保证机械产品装配质量，并力求提高其质量，以延长产品的使用寿命；合理安排装配工序，减少装配工作量，提高装配效率以缩短装配周期；尽可能减少车间的生产面积，以提高单位面积的生产率。

② 机械装配所需的原始资料。机械产品的总装图和部件装配图、机械产品验收的技术条件、机械产品的生产纲领（或年产量）及现有生产条件。

（5）装配工艺制订步骤

① 研究机械产品装配图和验收技术条件。

② 确定装配的组织形式。

③ 划分装配单元，确定装配顺序。

④ 划分装配工序。

⑤ 制订装配工艺卡片。

第 3 章 风能

2. 风力发电机组车间装配工艺流程

（1）轮毂总成装配工艺流程

轮毂清理、检查→吊装轮毂至安装平台→安装变浆轴承→安装变浆减速机→安装叶片锁→安装变浆轴柜→安装变浆电动机→安装电池柜→安装内外支架→安装编码器→安装限位开关→安装导流罩顶部支架→安装变浆润滑系统→安装零刻度指针→初调变浆电气系统→安装其他附件→变浆测试准备→变浆测试→总成吊放到运输座→安装导流罩下部支架→安装导流罩→检验合格后包装→出厂。

（2）主轴总成装配工艺流程

主轴清理、检查→安装风轮锁盘→安装主轴轴承→安装轴承座及端盖→轴承室注油→吊装主轴至对中工装→吊装齿轮箱至对中工装→吊装并安装传动链至整机组装台。

（3）整机总成装配工艺流程

主机架清理、检查→吊装主机架至翻转台→安装偏航轴承→安装偏航制动盘→安装偏航制动器→翻转主机架→安装偏航驱动装置→偏航实验→安装发电机底机架→吊装并安装传动链至整机组装台→将弹性支撑、轴承座紧固到底座总成上→将发电机及弹性支持吊放到底座总成上→进行轴对中→安装弹性联轴器→调整高速轴制动器→安装滑环→安装液压、润滑系统→安装各种传感器→安装机舱内部框架→安装冷却系统→安装其他附件→安装、初调电气系统→整机静态试验→整机实验→吊装整机至运输底架→安装机舱罩→检验合格后包装→出厂。

3.2.2 风力发电机组工厂内机械部分的安装及调试

风力发电机组工厂内机械部分安装及调试主要分为以下几个方面：

1. 轮毂系统的装配及调试

（1）轮毂系统装配

轮毂系统装配过程如下：

① 装配前的准备。

② 变浆轴承装配（见图 3.18）。

③ 安装叶片锁定装置（见图 3.19）。

图3.18　变浆轴承装配　　　　　　　　　　图3.19　安装叶片锁定装置

④ 安装变浆减速机（见图 3.20）。

⑤ 安装中央控制箱底板。

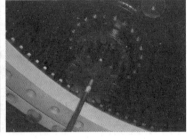

图3.20　安装变桨减速机

⑥ 安装中央控制箱（见图 3.21）。

⑦ 安装轴控箱（含蓄电池），如图 3.22 所示。

⑧ 安装变桨电动机（见图 3.23）。

图3.21　安装中央控制箱

图3.22　安装轴控箱

⑨ 变桨轴承紧固。

⑩ 安装指针。

⑪ 安装撞块（见图 3.24）。

⑫ 导流罩装配。

⑬ 安装轮毂运输工装（见图 3.25）。

⑭ 变桨集中润滑装配（适用于配置集中润滑的机组），如图 3.26 所示。安装变桨集中润滑系统需要在导流罩前支撑安装完成后，导流罩安装之前进行。

⑮ 检查和清理。安装完毕后，检查零部件数量，对损伤和裸露的涂层按设计要求进行补漆，并将所有已预紧的螺栓重新进行防腐处理，要求螺栓头防腐颜色与安装面颜色保持一致，有力矩要求的高强螺栓防腐后用红色油漆笔做防松标记。

图3.23　安装变桨电动机　　　　图3.24　安装撞块　　　　图3.25　安装轮毂运输工装

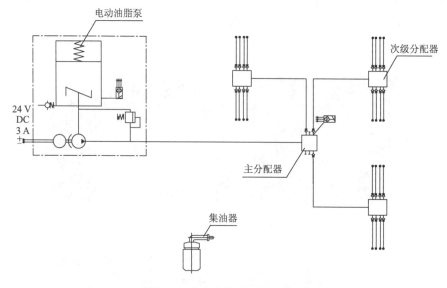

图3.26　变桨集中润滑装配简图

（2）轮毂系统的调试

轮毂系统是指整个轮毂加上变桨系统、变桨轴承、中心润滑系统组成一个独立的系统。在调试时用模拟器模拟机组主控系统。调试的目的是检查轴承、中心润滑系统、变桨齿轮箱、变桨电动机、变桨控制系统以及各传感器的功能是否正常。

① 调试准备。

② 轮毂调试用计算机连接轮毂系统，按照调试文件进行必要的参数修改。按照调试规程逐项进行调试作业，并进行完整的记录。

2. 机舱的装配与测试

（1）传动系统的装配

传动系统部分包含了主轴、主轴承、主轴承座、齿轮箱等。

主轴和齿轮箱之间通过一个用螺栓锁紧的收缩盘刚性连接，共同组成三点支撑的弹性结构（见图 3.27）。

图3.27　三点支撑齿轮箱传动布置

传动系统主轴部件的安装包括风轮锁定盘、主轴承的装配、主轴锁紧螺母安装、齿轮箱的清洗以及主轴与齿轮箱的组装。

（2）机舱座的装配

机舱座（见图 3.28）是风力发电机组的重要组成部分，与塔架和主轴相连接，承载风力发电机组的部分重量。机舱座装配需要完成清洗、偏航系统的安装以及机舱座的翻身。

（3）机舱底座翻身

将机舱底座翻身，安装到装配支架上（见图 3.29），用螺栓将机舱座与装配支架连接。

 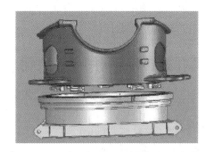

图3.28　机舱座　　　　　　　　　　　图3.29　机舱座安装到装配支架上

（4）机舱的装配与测试

机舱包含铸造的主机架、焊接的发电机架、舱内的维护平台以及玻璃钢材料的机舱罩。机舱的尾部集成了齿轮箱散热系统、发电机散热系统和舱内增压机构。

3.2.3　风力发电机组液压系统的装配及调试

（1）液压系统的装配

风力发电机组的液压系统（见图 3.30）主要由液压泵站、油路和控制元件组成，液压系统的执行机构包括高速轴制动器（机械制动）和偏航制动器。液压系统具有良好的保护功能，它可以在液压系统故障或电网故障的情况下，根据设计需要对液压油路进行保压或释放压力。

在液压装配工艺中，主要解决液压泵站、油路和控制元件的安装，以及润滑油泵油管的安装和齿轮箱加油工艺。液压系统的安装过程如下：液压系统和电滑环的安装→偏航制动油管的安装（见图 3.31）→润滑油泵油管的安装和齿轮箱加油→冷却系统的安装。

图3.30　液压系统　　　　　　　　　　图3.31　偏航制动油管

（2）液压系统的调试

液压系统的调试主要工艺过程如下：液压系统调试前的准备工作；进行系统的通路试验，

进行系统空运转试验，进行密封性试验，进行压力试验，进行流量试验；当液压系统单机试验合格后，应在风力发电场进行风力发电机组的并网调试，检查液压系统是否达到机组的控制要求；进行飞车试验。

（3）液压系统整定方法

在整定液压系统各阀体压力值之前，首先检查液压油油位，按紧急停机键释放系统压力，并通过油位窗观察油位，油位必须在标志处以上，如果不是则需要加注液压油。

如果液压油油位没有问题，方可对液压系统阀体进行整定。

各阀体整定的基本方法是：松开顶丝或锁紧螺母，调节丝杆以调整动作压力，调整完成后重新拧紧顶丝或锁紧螺母。

3.2.4 风力发电机组车间电气装配

风力发电机组车间电气装配是非常重要的，主要包括以下内容：

1. 接地制作

接地制作过程如下：接地点打磨，地线接线点，主轴防雷接地，偏航防雷接地，避雷支架安装底座接地。

① 黄 / 绿接地线长度、数量及要求。

a. 电动机接地线。L=400 mm（3 根），电机不同，长度有些变化，按实际电动机取用。

b. MITA 柜接地线。L=700 mm（1 根），采用 RV − 6 mm^2 黄 / 绿双色铜芯塑料线。

c. 气象支架接地线。L=5 000 mm（1 根），采用 RV − 95 mm^2 黄 / 绿双色铜芯塑料线。

② 电动机、MITA 柜地线、气象支架地线及齿轮箱地线接地。

2. 电缆施工

① 前期工作。按风力发电机组电气接口图及电缆明细表下料，按有关厂家自带电缆表清点、整理，按电缆组合表穿蛇皮软管，对偏航部分电缆的蛇皮软管进行组合等。

② 机架至变频柜电缆施工，机架控制及辅助传动电缆施工。

3. 机架电气安装、接线

机舱控制柜安装，齿轮箱电气检查及问题处理，传感器安装、接线。

4. 辅助传动安装、接线

各齿轮箱加热器接线，各偏航电动机接线，主轴注油泵电动机接线，发电机注油泵电机接线，主轴制动信号开关按图接线。

5. MITA控制柜、接线盒接线

MITA 柜接线，齿轮箱接线盒接线，电动机辅助接线盒接线，液压油站接线，低温型机组加热柜、加热器及线路安装接线。

6. MITA控制柜至轮毂线路装配

备料，主轴端电气装配，滑环底座装配，至轮毂端电缆头制作，安装滑环，制作至 MITA

控制柜的滑环插头，MITA 控制柜至轮毂线路检查。

7. 主机试验准备及接线

频柜、盘车柜吊装到位，轮毂信号模拟箱安装、接线，盘车柜接线，定子（发电机侧）试验接线及检查，定子（变频柜侧）试验接线及检查，转子（发电机侧）试验接线及检查，转子（变频柜侧）试验接线及检查，K1 继电器安装、配线，变频柜 380 V 电源接线及检查，变频柜 690 V 电源接线及检查，变频柜至 MITA 柜控制电缆接线及检查，风向、风速传感器接线及检查，变频柜与 MITA 柜通信接线。

8. 轮毂电气装配

接地线及电缆安装前期工作安装，电气柜电缆施工，电动机编码器电缆安装，油泵电动机电缆安装，跟随编码器电缆安装，限位开关电缆安装，轮毂试验准备工作。

9. 电气装配收尾工作

主机调试收尾，发货前要做的工作，轮毂收尾。

3.2.5 风力发电机组的现场安装

风力发电机组的现场安装分为前期准备与安装，具体流程如下：

（1）风力发电机组的现场安装的前期准备

现场安装的相关资料收集如下：

① 设计图样、图样会审、现场条件和施工条件的调查等。

② 与机组安装相关的风速、雨量、低温期、雷电等气候资料。

③ 与机组安装相关的工程情况（如机组基础施工、输变电工程、机组及相关设备的到货等）。

④ 主要材料、设备、吊装机具的技术资料和供应情况。

⑤ 地方施工队伍和劳动力可能解决的数量及其技术情况。

（2）现场安装的安全要求

主要有三个方面的要求：安全、人员、防护等。

① 正确使用工作设备和所有防护性设备，存在危险隐患时不允许进行操作。如果出现安全事故，必须及时报告相关部门。

② 安装人员进入风力发电机组工作前，必须在设备周围设置警告标志，避免在不知情的情况下启动设备造成人员伤亡。

③ 在风力发电机组中进行有关工作的人员必须符合《风力发电场安全规程》中风力发电场工作人员基本要求，并得到切实可行的保护。

④ 安装现场应根据需要设置警示性标牌、围栏等安全设施。安全防护区应有警告标志。

（3）风力发电机组在风力发电场的布置

① 风力发电机组应布置紧凑、规则、整齐，以方便场内配电系统的布置，缩短输电线路的长度。

② 风力发电机组布置点的位置要满足机组塔架、风轮吊装时的安全距离，以及运行维护

的场地需求。

（4）安装过程

以典型的 1.5 MW 风力发电机组的安装为例。风机由塔筒（分三段或四段）、机舱、叶片、轮毂及其他附件组成，风力发电机组的安装过程：安装塔筒、安装机舱、安装叶轮。

3.3　风力发电机组的运行与维护

3.3.1　传动系统的运行与维护

1. 风力发电机组的传动系统组成

（1）主轴部件

在风力发电机组中，主轴是风轮的转轴，作用是支撑风轮并将风轮的扭矩传递给齿轮箱，将推力、弯矩传递给底座。

主轴轴承常见的布置形式有两种：第一种是主轴与主齿轮箱设计成一个整体，这种形式的轴承与齿轮箱使用同一润滑系统，采用润滑油进行强迫式润滑；第二种是主轴独立设置两套主轴承，在轴承座处分别使用润滑脂进行润滑。

（2）齿轮箱

齿轮箱是风力发电机组主传动关键部件，位于风轮和发电机之间，作用是传递动力、提高转速。齿轮箱配备完整充分的润滑、冷却系统和监控装置，油液及轴承设置超温保护，同时在风力发电机组控制系统有其温度显示。

大型风力发电机组齿轮箱一般采用行星齿轮副传动或行星与平行轴齿轮副组合传动。齿轮箱的主要零部件有：齿轮、轴、轴承、密封、箱体。

（3）联轴器

联轴器有刚性联轴器和柔性联轴器两种。刚性联轴器用在对中性好的两轴连接，在风力发电机组中通常在主轴与齿轴箱低速轴连接处，如胀套式联轴器、柱销式联轴器等。柔性联轴器允许两轴有一定相对位移，用在发电机与齿轮箱高速轴连接处，如膜片联轴器或（双）十字节联轴器。

（4）机械制动装置

风力发电机主驱动链上的制动装置既是安全系统又是控制系统的执行机构。制动包括机械制动、气动制动和发电机制动。风力发电机组必须有一套或多套的制动装置使机组能在任何运行条件下使风轮静止或空转。机械制动装置是一种借助摩擦力使运动部件减速或直至静止的装置。

按驱动方式机械制动装置可分为气动、液压、电磁及手动等形式。

按工作状态，机械制动装置可分为常闭式和常开式。常闭式机械制动装置靠弹簧或重力的作用经常处于制动状态。而机构运行时，则用人力或松闸器使制动松闸。与此相反，常开式机械制动装置经常处于释放状态，只有施加外力时才能使其合闸。

2. 运行及监控过程

（1）主轴部件的监控

在运行期间，观察轴承温度是否正常。要定期检查主轴部件有无破损、磨损、腐蚀、裂纹；检查主轴润滑系统及轴封有无泄漏、轴承两端轴封情况是否正常；检查主轴与齿轮箱的连接是否正常、主轴法兰与轮毂装配螺栓紧固是否符合要求。

（2）齿轮箱的运行与监控

每次机组启动时，在齿轮箱运转前先启动润滑油泵，待各个润滑点都得到润滑后，间隔一段时间方可启动齿轮箱。当环境温度较低时，例如小于 10 ℃，须先接通电热器加热机油，达到预定温度后才投入运行。若油温高于设定温度，如 65 ℃时，机组控制系统将使润滑油进入系统的冷却管路，经冷却器冷却降温后再进入齿轮箱。

润滑油管路中还装有压力控制器和油位控制器，以监控润滑油的正常供应，如发生故障，监控系统将立即发出报警信号，使操作人员能迅速判定故障并加以排除。

风力发电机组齿轮箱的日常运行与维护内容主要包括：设备外观检查、噪声测试、油位检查、油温、电气接线检查等。具体工作任务包括：在风机运行期间，特别是持续大风天气时，在中控室应注意观察油温、轴承温度；登机巡视风力发电机组时，应注意检查润滑管路有无渗漏现象，连接处有无松动，清洁齿轮箱；离开机舱前，应开机检查齿轮箱及液压泵运行状况，看看运转是否平稳，有无振动或异常噪声；利用油标尺或油位窗检查油位是否正常，借助玻璃油窗观察油色是否正常，发现油位偏低应及时补充并查找具体渗漏点，及时处理。平时要做好详细的齿轮箱运行情况记录，最后要将记录存入该风力发电机组档案，便于以后进行数据的对比分析。

（3）联轴器的运行与监控

在运行期间，要定期检查万向节运行是否有径向和轴向窜动情况，螺栓链接是否正常，润滑是否正常；或者弹性联轴器橡胶缓冲部件有无老化及损坏；联轴器同心度是否符合要求。

（4）机械制动装置的运行与监控

在运行期间，要定期检查制动系统接线端子有无松动，检查液压站各测点压力是否正常，检查液压连接软管和液压缸的泄漏与磨损情况，检查液压油位是否正常。

3.3.2 液压系统的运行与维护

1. 定桨距机组液压系统

该系统由三组回路组成：空气动力制动压力保持回路、主传动制动回路、偏航系统制动回路。

（1）空气动力制动压力保持回路

机组运行时，液压缸上的弹簧钢索拉住叶尖扰流器，使之与叶片主体保持相一致的结合，组成完整的叶片，起着吸收风能的作用；当风力发电机需要制动时，液压系统按控制指令将扰流器释放，该叶尖部分在其离心力作用下旋转，形成阻尼板。

在液压系统中还设有一个完全独立于控制系统的、用于安全保护的紧急停机装置。

（2）主传动制动回路

在空气动力制动使叶轮降低转速后，机械制动一路压力油进入制动油缸，驱动制动钳，使叶轮停止转动。

在空气动力制动和机械制动两个同路中各装有两个压力传感器，以指示系统压力，控制液压泵站补油和确定机械制动装置的状态。

（3）偏航系统制动回路

偏航系统制动回路有两种工作状态。在偏航驱动时，为了保持调向过程稳定，偏航制动器油腔有一定压力，为调向过程提供阻尼；在偏航结束时，提供制动力。

2. 变桨距机组液压系统

变桨距机组的液压系统由两个压力保持回路组成。一路由蓄能器通过电液比例阀供给桨叶变距液压缸，另一路由蓄能器供给高速轴上的机械制动装置。

3. 液压系统运行及监控过程

液压系统是依据风力发电机组控制部分的程序和命令进行工作的。

在启动前的检查项目有：油位是否正常，行程开关和限位块是否紧固，手动和自动循环是否正常，电磁阀是否处在原始状态等。

在设备运行中监视工况的项目有：系统压力是否稳定并在规定范围内，设备有无异常振动和噪声，油温是否在允许的范围内（一般为 35 ~ 55 ℃ 范围内，不得大于 60 ℃），有无漏油，电压是否保持在额定值的 -15% ~ +5% 的范围内、电气接线状况是否正常、控制阀件参数是否在规定范围内、液压油位是否正常等。

当风力发电机组液压控制系统压力异常而自动停机时，运行人员应检查油泵工作是否正常。如油压异常，应检查液压泵电动机、液压管路、液压缸及有关阀体和压力开关，必要时应进一步检查液压泵本体工作是否正常，待故障排除后再恢复机组运行。

4. 定期维护与检查

① 螺钉和管接头的检查和紧固。10 MPa 以上的液压系统每月一次，10 MPa 以下的液压系统每三个月一次。

② 油过滤器和空气滤清器的检查维护。过滤器和空气滤清器的检查每月一次。过滤器堵塞时会发出信号，需要进行清洗。清洗时要确保电动机未启动，电磁阀未通电。在拔下插头、卸下配件前，要清洁液压单元表面的灰尘。打开过滤器后，取出滤芯清洗。若滤芯损坏，必须更换。清洁过滤器后，应检查油位，必要时要加足油液。在没收到堵塞信号的情况下，至少每 6 个月清洗一次过滤器。在正常环境下每 1 000 h 清洗一次空气滤清器；在灰尘较大的环境下每 500 h 清洗一次空气滤清器。

③ 液压油。液压系统的介质是液压油，一般采用专门用于液压系统的矿物油。液压系统的液压油应该与设备生产厂家指定的牌号相符。

定期进行油液污染度检验,对新换油，经 1 000 h 使用后应取样化验，取油样需用专用容器，并保证不受污染，取样应取正在使用的"热油"，不取静止油，取样数量为 300 ～ 500 mL/ 次，按油料化验单化验油液的黏度、酸值、水分、清洁度等品质，如不符合质量要求时应全部更换，油料化验单应纳入设备档案。

5. 液压系统常见故障的分析

① 出现异常振动和噪声。原因可能是：旋转轴连接不同心；液压泵超载或吸油受阻；管路松动；液压阀出现自激振荡；液面低；油液黏度高；过滤器堵塞；油液中混有空气等。

② 输出压力不足。原因可能是：液压泵失效；吸油口漏气；油路有较大的泄漏；液压阀调节不当；液压缸内泄等。

③ 油温过高。原因可能是：系统内泄漏过大；系统的冷却能力不足；在保压期间液压泵未泄荷；系统的油液不足；冷却水阀不起作用；温控器设置过高；没有冷却水或制冷风扇失效；冷却水的温度过高；周围环境温度过高；系统散热条件不好。

④ 液压泵的启停太频繁。原因可能是：系统内泄漏过大；在蓄能系统中，蓄能器和泵的参数不匹配；蓄能器充气压力过低；气囊（或薄膜）失效；压力继电器设置错误等。

6. 液压系统常见故障的排除

液压系统的大部分故障可以通过维修、清洗、更换元件或液压油、调整控制参数解决。液压系统最常见的问题是泄漏，导管接口处的泄漏可以通过拧紧来解决，元件发生的泄漏则必须更换密封件。液压元件因油液污染而失效，则必须更换液压油。

3.3.3 偏航系统的运行与维护

1. 偏航系统的组成

偏航系统是一个自动控制系统。偏航系统由控制器、功率放大器、偏航轴承、偏航驱动装置、偏航制动器、偏航计数器、扭缆保护装置等部分组成。

2. 偏航系统的运行及监控

偏航系统依据风力发电机组控制部分的程序和命令自动运行。偏航系统在运行中通过监控系统监控风向、机舱位置、扭缆角度、液压系统压力及油温、齿轮箱油温度等是否正常。

偏航系统定期登机巡视基本内容如下：外观检查；紧固件螺栓检查；偏航驱动电动机检查；偏航减速器检查；小齿轮与回转齿圈外观及啮合情况检查；偏航制动器检查，制动摩擦片间隙或制动阻尼器检查；偏航计数装置（限位开关、接近开关）检查；偏航计数润滑装置检查；偏航有无异常声音检查；偏航系统对风及解缆功能检查。登机巡视一般每季度一次，可根据具体情况做适当调整，也可与设备维护工作配合完成。

当偏航系统在运行过程中出现异常时，当班负责人应立即组织人员查找异常原因，采取相应措施，及时处理设备缺陷，保障设备正常运行。

当风力发电机组因偏航系统故障而造成自动停机时，运行人员应首先检查偏航系统电气回路、偏航驱动电动机、偏航减速器以及偏航计数器和扭缆传感器的工作是否正常，必要时应检

第 3 章 风能

查偏航减速器润滑油油色及油位是否正常，借以判断偏航减速器内部有无损坏。对偏航齿轮传动的机型还应考虑检查传动齿轮的啮合间隙及齿面的润滑状况。此外，因扭缆传感器故障致使风力发电机组不能自动解缆的也应予以检查处理。待所有故障排除后再恢复启动风力发电机组。

3. 偏航系统的检查与维护

① 偏航制动器。检查液压制动器的额定压力是否正常，最大工作压力是否为机组规定值；清洁制动器摩擦片，检查摩擦片的磨损情况和裂纹，如有必要，进行更换；检查制动器壳体的磨损情况，如有必要，进行更换；检查制动器压力释放、制动的有效性，或根据机组的相关技术文件进行调整；检查是否有漏油现象；检查制动器连接螺栓的紧固力矩是否正确；检查偏航时偏航制动器的阻尼压力是否正常。

② 偏航轴承。检查是否有非正常的噪声；检查连接螺栓的紧固力矩是否正确；检查轮齿齿面的腐蚀情况；检查啮合齿轮副的侧隙；检查轴承是否需要加注润滑脂，如需要，则加注规定型号的润滑脂。

③ 偏航驱动装置。检查油位，如低于正常油位应补充规定型号的润滑油到正常油位；检查是否有漏油现象；检查是否有非正常的机械和电气噪声；检查偏航驱动紧固螺栓的紧固力矩是否正确。

4. 偏航系统常见故障及原因

① 齿圈齿面磨损。导致原因：齿轮副的长期啮合运转；相互啮合的齿轮副齿侧间隙中渗入杂质；润滑油或润滑脂严重缺失使齿轮副处于干摩擦状态。

② 液压管路渗漏。导致原因：管路接头松动或损坏；密封件损坏。

③ 偏航压力不稳。导致原因：液压管路出现渗漏；液压系统的保压蓄能装置出现故障；液压系统元器件损坏。

④ 异常噪声。导致原因：润滑油或润滑脂严重缺失；偏航阻尼力矩过大；齿轮副轮齿损坏；偏航驱动装置中油位过低。

⑤ 偏航定位不准确。导致原因：风向标信号不准确；偏航系统的阻尼力矩过大或过小；偏航制动力矩达不到机组的设计值；偏航系统的偏航齿圈与偏航驱动装置齿轮之间的齿侧间隙过大。

⑥ 偏航计数器故障。导致原因：连接螺栓松动；异物侵入；连接电缆损坏；磨损。

5. 偏航系统常见故障的排除

偏航系统的大部分故障可以通过维修、调整、清洗、加润滑脂或更换润滑脂、更换零部件、调整控制参数解决。

3.3.4 变桨距系统的运行与维护

1. 变桨距系统的组成及原理

变桨距系统通常有两种类型：一种是液压变距型，以液体压力驱动执行机构；另外一种是电动变距型，以伺服电动机驱动齿轮系实现变距调节功能。

（1）液压变距系统

液压变桨距系统是一个自动控制系统。由桨距控制器、数码转换器、液压控制单元、执行机构、位移传感器等组成。

变距机构的工作过程如下：控制系统根据当前风速，通过预先编制的算法给出电信号，该信号经液压系统进行功率放大，液压油驱动液压缸活塞运动，从而推动推杆、同步盘运动，同步盘通过短转轴、连杆、长转轴推动偏心盘转动，偏心盘带动叶片进行变距。

（2）电动变距系统

电动变桨距系统可以使 3 个叶片独立实现变桨距。主控制器根据风速、发电机功率和转速等，把指令信号发送至叶片电动变桨距控制系统；电动变桨距系统把实际值和运行状况反馈到主控制器。

单个叶片变桨距装置一般包括控制器、伺服驱动器、伺服电动机、减速机、变距轴承、传感器、角度限位开关、蓄电池、变压器等。

伺服驱动器用于驱动伺服电动机，实现变距角度的精确控制。

2. 变桨距系统的运行及监控

变桨距系统依据风力发电机组控制部分的程序和命令自动运行。变桨距系统在运行中通过监控系统监控风速、风向、桨距角、液压系统压力及油温、齿轮箱油温等。

变桨距系统定期登机巡视基本内容：外观检查；紧固件螺栓检查；急停顺桨功能检查；液压站压力检查（液压变桨系统）；变桨系统蓄电装置检查（电变桨系统）；变桨控制系统检查。

登机巡视一般每季度一次，可根据具体情况做适当调整，也可与设备维护工作配合完成。

当变桨距在运行过程中出现异常时，当班负责人应立即组织人员查找异常原因，采取相应措施，及时处理设备缺陷，保障设备正常运行。

当风力发电机组桨距调节机构发生故障时，对于不同的桨距调节形式，运行人员应根据故障信息检查确定故障原因，需要进入轮毂时应可靠锁定叶轮。在更换或调整桨距调节机构后应检查机构动作是否正确可靠，必要时应按照维护手册要求进行机构连接尺寸测量和功能测试。经检查确认无误后，才允许重新启动风力发电机组。

3. 变桨系统的检查与维护

① 检查变桨距齿轮箱有无渗漏。

② 根据力矩表对变桨轴承和变桨齿轮箱的螺栓进行 100% 紧固。

③ 对变桨距齿轮传动部分进行注油，油型、油量及间隔时间按有关规定执行。

④ 检查变桨距齿圈、齿牙有无损坏，转动是否自如，必要时需要做均衡调整。

⑤ 检查变桨距电动机或变桨距液压油缸功能是否正常。

⑥ 检查变桨距液压油管有无渗油、磨损，电气接线端子有无松动。

⑦ 检测变桨距功率损耗是否在规定范围之内，应根据气温变化做相应调整。

第 3 章　风能

⑧ 检查变桨距控制及其制动系统是否正常。

⑨ 检查蓄电池供电功能是否正常。

3.3.5 风力发电机组的维护与检修

1. 风力发电机组维护检修项目

风力发电机组维护工作所涉及的部件主要有叶片、轮毂、机舱、控制器、变流器、交流配电柜、主轴、齿轮箱、发电机及塔架等。

2. 风力发电机组维护检修的安全

① 风力发电机组检修和维护工作均应执行工作票制度、工作监护制度和工作许可制度、工作间断转移和终结制度，动火作业必须开动火作业票。

② 风速超过 12 m/s 时，不应打开机舱盖（含天窗）；风速超过 14 m/s 时，应关闭机舱盖；风速超过 12 m/s，不应在轮毂内工作；风速超过 18 m/s 时，不应在机舱内工作。

③ 测量机组网侧电压和相序时必须佩戴绝缘手套，并站在干燥的绝缘台或绝缘垫上；启动并网前，应确保电气柜柜门关闭，外壳可靠接地；检查和更换电容器前，应将电容器充分放电。

④ 检修液压系统时，应先将液压系统泄压，拆卸液压站部件时，应带防护手套和护目眼镜；拆除制动装置应先切断液压、机械与电气连接，安装制动装置应最后连接液压、机械与电气装置。

⑤ 机组高速轴和制动系统防护罩未就位时，禁止启动机组。

⑥ 进入轮毂或叶轮上工作，首先必须将叶轮可靠锁定，锁定叶轮时，风速不应高于机组规定的最高允许风速；进入变桨距机组轮毂内工作，必须将变桨机构可靠锁定。

⑦ 严禁在叶轮转动的情况下插入锁定销，禁止锁定销未完全退出插孔前松开制动器。

⑧ 检修和维护时使用的吊篮，应符合技术要求。工作温度低于零下 20 ℃时禁止使用吊篮，当工作处阵风风速大于 8.3 m/s 时，不应在吊篮上工作。

⑨ 需要停电的作业，在一经合闸即送电到作业点的开关操作把手上应挂"禁止合闸，有人工作"警示牌。

除以上内容外，还应执行 DL/T 796—2012《风机发电场安全规程》。

3. 风力发电机组的日常维护检修

日常维护检修包括检查、清理、调整、注油及临时故障的排除。

检查包括定期巡视、登机巡视和特殊巡视。

定期巡视是定期对运行中的风力发电机组进行检查，及时发现设备缺陷和危及机组安全运行的隐患并处理。

登机巡视是对风力发电机组设备情况进行登机检查，及时发现设备缺陷和危及机组安全运行的隐患并处理。

特殊巡视是在气候激烈变化、自然灾害、外力影响和其他特殊情况时，对运行中的风力发电机组运行情况进行检查，及时发现设备异常现象和危及机组安全运行的情况并处理。

4. 定期维护检修

（1）编制维护检修计划

① 维护检修计划编制的依据。风力发电机组维护检修计划的编制应以机组制造商提供的维护检修内容为主要依据，结合风力发电机组的实际运行状况，在每个维护周期到来之前进行整理编制。

② 维护检修计划的内容。维护检修计划的主要内容包括检修主要项目、特殊维护检修项目及列入计划的原因、主要技术措施和安全措施、检修进度计划、工时和费用等。

③ 维护检修周期。正常情况下，除非设备制造商的特殊要求，风力发电机组的维护周期一般是：新投运机组是 500 h 或试运行一个月维护检修；已投运机组是在一个运行年度里，为半年维护检修、一年维护检修；特殊项目的维护检修周期结合设备技术要求确定。

（2）定期维护检修

按照维护检修计划，由专业的工作人员定期对风力发电机组进行维护检修。

（3）填写维护检修记录

① 风力发电机组维护检修工作记录单。《风力发电机组维护检修工作记录单》主要记录风力发电机组年度检修工作的项目，项目包括：工作检修测试内容、螺栓检查力矩、润滑脂用量、维护周期、主要参与人员、机组编号等信息。

② 风力发电机组零部件更换清单。《风力发电机组零部件更换记录单》主要记录风力发电机组更换零部件的名称、产品编号、使用年限、更换日期、机组编号、工作人员等信息。

③ 风力发电机组油品更换加注记录单。《风力发电机组油品更换加注记录单》主要记录风力发电机组使用的油品型号、更换及加注时的用量、使用年限、加注日期、机组编号、工作人员等信息。

④ 风力发电机组非常规维护记录单。《风力发电机组非常规维护记录单》主要记录风力发电机组非常规维护的主要工作内容、主要参与人员、工作时间、机组编号等信息。

5. 排除故障

① 当液压系统油位及齿轮箱油位偏低时，应检查液压系统及齿轮箱有无泄漏现象发生。若有，则根据实际情况采取适当防止泄漏措施，并补加油液，恢复到正常油位。并在必要时应检查油位传感器的工作是否正常。

② 当风速仪、风向标发生故障，即风力发电机组显示的输出功率与对应风速有偏差时，应检查风速仪、风向标转动是否灵活。如无异常现象，则进一步检查传感器及信号检测回路有无故障，如有故障需予以排除。

③ 当风力发电机组在运行中发生设备和部件超过设定温度而自动停机时，即在风力发电机组在运行中，因发电机温度、晶闸管温度、控制箱温度、齿轮箱温度、机械卡钳式制动器制动片温度等超过规定值而造成了自动保护停机。此时应结合风力发电机组当时的工况，通过检查冷却系统、制动片间隙、润滑脂质量、相关信号检测回路等，查明温度上升的原因。待故障排除后，才能启动风力发电机组。

④ 当风力发电机组转速超过限定值或振动超过允许振幅而自动停机时，即在风力发电

机组运行中，由于叶尖制动系统或变桨系统失灵，瞬时强阵风以及电网频率波动造成风力发电机组超速，或因传动系统故障、叶片状态异常等导致的机械不平衡、恶劣电气故障导致的风力发电机组振动超过极限值使风力发电机组故障停机。此时，运行人员应检查超速、振动的原因，经检查处理并确认无误后，才允许重新启动风力发电机组。

⑤ 当风力发电机组安全链回路动作而自动停机时，应借助就地监控机提供的故障信息及有关信号指示灯的状态，查找导致安全链回路动作的故障环节，经检查处理并确认无误后，才允许重新启动风力发电机组。

⑥ 当风力发电机组运行中发生主空气开关动作时，应当目测检查主回路元器件外观及电缆接头处有无异常，应当测量发电机、主回路绝缘以及晶闸管是否正常。若无异常可重新试送电，借助就地监控机提供的有关故障信息进一步检查主空气开关动作的原因。若有必要应考虑检查就地监控机跳闸信号回路及空气开关自动跳闸机构是否正常，经检查处理并确认无误后，才允许重新启动风力发电机组。

⑦ 当风力发电机组运行中发生与电网有关的故障时，应当检查场区输变电设施是否正常。若无异常，风力发电机组在检测电网电压及频率正常后，可自动恢复运行。对于故障机组必要时可在断开风力发电机组主空气开关后，检查有关电量检测组件及回路是否正常，熔断器及过电压保护装置是否正常。若有必要应考虑进一步检查电容补偿装置和主接触器工作状态是否正常，经检查处理并确认无误后，才允许重新启动机组。

3.4 风力发电机组的现场调试及并网运行

3.4.1 加电前的安全检查

风力发电机组加电前的安全检查以典型的 1.5 MW 风力发电机组为例。

1. 电气安装检查

（1）塔底柜进线检查

箱变至塔底柜有电缆进线，检查注意事项如下：电缆进线处的保护处理是否到位，有无存在损伤绝缘的隐患；电缆固定是否牢靠；电缆进端子后是否压紧，端子是否拧紧；检查相序是否正确；测量相间和相对地的绝缘，保证均在 2 MΩ 以上，不合要求应及时检查原因。

（2）塔底柜出线、机舱柜进线检查

检查塔底柜至机舱柜是否有 2 根电缆及 1 根光纤。

（3）变流器进、出线检查

变流器检查包括：网侧电缆、定子侧电缆、转子侧电缆、光纤检查等。

网侧电缆：箱变至变流器网侧有电缆 4 根，用卡环固定在塔底平台支架上，黄、绿、红三相各 4 根接在变流器网侧三相母排上，接地线 4 根接在变流器底部接地铜排上。

定子侧电缆：发电机定子至变流器定子侧有 9 根 240 V 电缆，每 3 根为 1 相。

转子侧电缆：发电机转子至变流器转子侧有电缆 6 根，每 2 根为 1 相。

（4）发电机定、转子接线检查

配合变流器电缆接线检查，检查相间绝缘、相对地绝缘。保证电缆接线正确、牢固，相序无误。

（5）光纤检查

检查光纤接线是否正确，是否安装到位，在塔底柜和机舱柜固定牢靠。

2. 控制柜和机舱外部设备接线检查

进线端子全部检查、紧固一遍；测量相间及相对地绝缘是否符合要求；控制柜内所有元器件（断路器、接触器）的进线和出线端子用电动螺丝刀全部紧固一遍；根据接线表，针对容易出现错误的设备接线进行检查，如机舱控制柜、塔底控制柜、变流器柜、变桨控制柜、多个被控制对象（如偏航驱动电动机等），以及各类模拟、数字传感器等。

3. 外部设备整体检查

按照要求完成对风机的轮毂、机舱和塔筒进行全面检查。

3.4.2 风力发电机组的加电

以某风电场 1.5 MW 风力发电机组为例进行讲解加电过程。

在接线检查工作完成后，将箱变进线开关闭合送电后，检查塔底柜主开关闭合供电。为了保证加电过程中设备和人身安全，必须根据电路图样，按照电源开关加电顺序的要求将塔底柜和机舱柜中各路开关和熔断器依次加电，加电过程前后应注意完成下列相关检查：

① 按加电顺序闭合所有断路器后，检查所有开关和熔断器整定值。

② 断路器闭合之前测试上、下口电阻（或电压）是否正常，不正常的及时检查处理。

③ 检查箱变进线的供电电压及塔底柜的输入电压是否正常。

④ 测试开关量、模拟量信号状态是否正确。

⑤ 测试编码器输入信号是否正确。

⑥ 检查电网监测模块接线的正确性。

⑦ 各项检查完成后，保证控制系统能够处于正常待机状态。

注意：加电前需要将塔底柜维护开关打到维护位置！

3.4.3 风力发电机组的调试

以某风电场 2 MW 风力发电机组为例进行分系统调试讲解。

风力发电机组系统带电后的分系统调试期间需保证叶轮处于锁定状态，调试人员应检查叶轮机械锁定装置和液压系统压力。分系统调试的最佳工作风速范围是 10 m/s 以内。若无特殊说明，通常系统带电状态下的分系统调试工作均需要机组在"维护状态"下进行！

① 主控系统调试。软件的传输和调试、控制系统之间通信的建立及各控制器信息、参数的录入和修改等；故障处理。

② 变桨系统的调试。叶片 0°校正（电变桨系统）；信号的监控包括温度、压力、电压、

第 3 章 风能

电流、角度等；信号测试包括测试电变桨系统的电池充电，手动、自动、急停变桨，0°传感器、90°传感器、速度等以及液压变桨系统的压力、流量、速度、位移传感器电压等信号测试；可能的力矩校验；故障处理。

③ 偏航系统调试。电动机（偏航）旋转方向校对；偏航计数器调试，偏航0°标定；压力、速度、位置、电压、电流等的信号监控；测试自动对风和解缆；可能的力矩校验；故障处理。

④ 液压系统调试。电动机旋转方向校验；执行元件的动作信号、压力等的信号监控；压力测试及调整；故障处理。

⑤ 齿轮箱、发电机调试。齿轮箱循环、冷却电动机旋转方向校验；发电机对中数据检查；压力、温度、相序、电压、电流、转速等的信号监控；电刷磨损、发电机启停、压力测试及调整；可能的力矩校验；故障处理。

⑥ 机械制动调试。执行元件的动作信号、压力等信号监控；手动建/泄压、制动间隙测量及调整、制动磨损和制动释放开关信号的测量及调整；可能的力矩校验；故障处理。

⑦ 变流器。外观及状态检查；软件的传输和调试；可能的力矩校验；故障处理。

⑧ 安全保护功能测试。急停开关（按钮）测试；振动保护测试；超速测试；扭缆开关测试；PLC急停测试（看门狗）。

⑨ 填写调试记录。

3.4.4　风力发电机组的并网

① 同步发电机的并网运行：由于发电机有固定的旋转方向，只要使发电机的输出端与电网各项互相对应即可满足条件。

② 感应发电机的并网运行：感应发电机可以直接并入电网，也可以通过晶闸管调压装置与电网连接。

③ 变速恒频风力发电机组的并网运行：变速恒频风力发电机组的一个重要优点是可以使风力发电机组在很大风速范围内按最佳效率运行。

④ 同步发电机交-直-交系统的并网运行：由于采用频率变换装置进行输出控制，所以并网时没有电流冲击，对系统几乎没有影响。

⑤ 双馈发电机系统的并网运行：双馈发电机定子三相绕组直接与电网相联，转子绕组经交-交循环变流器联入电网。这种系统具有并网运行的特点。

⑥ 某风电场1.5 MW风力发电机组的并网调试如下：

a. 通过调试界面设置发电状态下的变流器运行指令，确认屏蔽进入启动和运行状态的参数已被解除，此时风机可以自动并网发电。

b. 设置发电状态下的转速给定值、转矩限值，检查电网监测模块的电流读数是否正常，稳定运行1 h，记录风机发电功率。

c. 设置发电状态下的转速给定值、转矩限值，检查电网监测模块的电流读数是否正常，稳定运行2 h，记录风机发电功率。

d. 设置发电状态下的转速给定值、转矩限值，检查电网监测模块的电流读数是否正常，稳定运行2 h，记录风机满功率运行时间。

注意：在进行满功率运行过程中注意观察发电机各部位温度值，判断测温元件是否正确，如有异常及时检查处理。

至此，机组调试工作全部完成，机组可进入试运行状态。

3.4.5 风力发电机组的试运行

1. 试运行计划

随着国内风电场竣工项目越来越多，为确保风力发电机组在现场调试完成后风力发电机组的安全性、功率特性、电能质量、可利用率和噪声水平满足设计要求，并形成稳定生产能力，风电场业主和厂家在进入质保期时要进行试运行。

由于风力发电机组在试运行前，系统安全保障措施未经过实际运行考核，试运行期间可能发生潜在的危险和问题，因此，必须首先制定风力发电机组"试运行检查与考核大纲"，同时对运行期间可能发生的危险和问题做出预案。由于试运行是对风力发电机组的全面考验，必须使风力发电机组连续满负荷运行，所有可能的运行方式都需要演示，以发现系统各环节可能出现的问题。风力发电机组经试运行的考验和磨合后，应做到系统对用户是安全的要求。

2. 试运行前控制系统的检查

① 检查控制器内是否清洁、无垢；所安装的电器，其型号、规格是否与图样相符，电气元件安装是否牢靠。

② 用手操作的刀开关、组合开关、断路器等，不应有卡住或用力过大的现象发生。

③ 检查刀开关、断路器、熔断器等各部分应接触良好。

④ 检查电器的辅助触点的通断是否可靠，断路器等主要电器的通断是否符合要求。

⑤ 检查二次回路的接线是否符合图样要求，线段要有编号，接线应牢固、整齐。

⑥ 检查仪表与互感器的变比与接线极性是否正确。

⑦ 检查母线连接是否良好，其支持绝缘子、夹持件等附件是否牢固可靠。

⑧ 检查保护电器的整定值是否符合要求，熔断器的熔体规格是否正确，辅助电路各元件的节点是否符合要求。

⑨ 检查保护接地系统是否符合技术要求，并应有明显标记。检查仪表计量和继电器等二次元件的动作是否准确无误。

⑩ 检查用欧姆表测量绝缘电阻值是否符合要求，并按要求作耐压试验。

3. 试运行的验收要求

风力发电机组验收生成的报告遵循以下三大要求：

① 单台风力发电机组在试运行期间内，各项考核指标均满足合同有关规定要求。

② 批次（或全部）试运行风力发电机组在试运行期间内，各项考核指标均满足建设单位工程部门与调试单位共同确认的批次（或全部）试运行风力发电机组试运行要求；对于在要求范围内未通过试运行预验收的风力发电机组，给予重新试运行考核。

③ 召开试运行验收评定会议,并根据试运行结果,分批次(或全部)签署试运行验收证书。

4. 某风电场2 MW风力发电机组的试运行

① 编写试运行计划:制定风力发电机组"试运行检查与考核大纲",同时对运行期间可能发生的危险和问题做出预案。风力发电机组必须连续满负荷运行,所有可能的运行方式都需要演示,以便发现系统各环节可能出现的问题。

② 试运行前控制系统的检查和试验要求:对控制器及电气元件等进行检查和试验。

③ 试运行:按风力发电机组试运行规范进行,试运行的时间依据制造商规定,但不应少于250 h。对试运行情况和控制参数及其结果进行记录。

④ 试运行期间的维护:按照有关规定和要求,进行风力发电机组的操作和日常运行维护工作。

习　题

1. 常见的风力发电机组有哪几种分类?具体的分类依据是什么?
2. 风力发电机组的传动系统运行与维护需要注意哪些事项?
3. 风力发电机组现场安装过程中,有哪些注意事项?
4. 风力发电机组的试运行具体流程有哪些?

生物质能

学习目标

（1）了解生物质能的特点、利用方式和原理；
（2）掌握生物质固化成型技术的基本原理、工艺过程和技术关键；
（3）掌握生物质柴油利用方式和原理、最先工艺方法；
（4）掌握生物质沼气的利用形式；
（5）掌握生物质发电的基本原理、工艺过程和关键技术。

本章简介

生物质能应用主要分为生物质固化成型、生物质柴油利用、生物质沼气利用和生物质气化发电。本章以市场最常用生物质利用技术为例，系统讲解了生物质能的特点、利用方式原理、生物质固化成型技术工艺流程和技术关键、生物质柴油的利用形式和最新工艺、大型生物质沼气利用形式、生物质发电的关键技术原理和应用情况。

4.1 生物质能基础知识

4.1.1 生物质能基本概念

1. 生物质

生物质指有机物中除化石燃料外的所有来源于动植物能再生的物质。生物质能是直接或间接地通过绿色植物的光合作用，把太阳能转化为化学能后固定和贮藏在生物质体内的能源。生物质中可以被人类当作能源加以利用的部分称为生物质能资源。生物质的基本来源是绿色植物通过光合作用把水和二氧化碳转换成 (CH_2O) 而形成。通过复杂的光合作用，每年贮存在植物的枝、茎、叶、根中的太阳能相当于全世界每年耗能量的几倍。在各种可再生能源中，生物质是独特的，它是贮存的太阳能；此外，它还是唯一的可再生碳源，可转换成常规的固态、液态和气态燃料。普遍认为，生物质能有可能成为未来可持续能源系统的主要能源，扩大其利用是减排 CO_2 的最重要的途径。生物质由 C、H、O、N、S 等元素组成，是空气中 CO_2、水和太阳光通过光合作用的产物。其挥发性高，炭活性高，N、S 含量低，灰分低。生物质能属于可再生能源，可保证能源的永续利用。

2. 生物质资源分类

用于生产能量的生物质资源包括以下一些类型：

（1）林业资源

林业生物质资源是指森林生长和林业生产过程提供的生物质能源。包括薪炭林、在森林抚育和间伐作业中的零散木材、残留的树枝、树叶和木屑等；木材采运和加工过程中的枝丫、锯末、木屑、梢头、板皮和截头等；林业副产品的废弃物，如果壳和果核等。

（2）农业资源

农业生物质能资源是指农业作物（包括能源作物）；农业生产过程中的废弃物，如农作物收获时残留在农田内的农作物秸秆（玉米秸、高粱秸、麦秸、稻草、豆秸和棉秆等）；农业加工业的废弃物，如农业生产过程中剩余的稻壳等。能源植物泛指各种用以提供能源的植物，通常包括草本能源作物、油料作物、制取碳氢化合物植物和水生植物等几类。

（3）生活污水和工业有机废水

生活污水主要由城镇居民生活、商业和服务业的各种排水组成，如冷却水、洗浴排水、盥洗排水、洗衣排水、厨房排水、粪便污水等。工业有机废水主要是酒精、酿酒、制糖、食品、制药、造纸及屠宰等行业生产过程中排出的废水等，其中都富含有机物。

（4）城市固体废物

城市固体废物主要是由城镇居民生活垃圾，商业、服务业垃圾和少量建筑业垃圾等固体废物构成。其组成成分比较复杂，受当地居民的平均生活水平、能源消费结构、城镇建设、自然条件、传统习惯以及季节变化等因素影响。

（5）畜禽粪便

畜禽粪便是畜禽排泄物的总称，它是其他形态生物质（主要是粮食、农作物秸秆和牧草等）的转化形式，包括畜禽排出的粪便及其与垫草的混合物。

（6）沼气

沼气是由生物质能转换的一种可燃气体，通常可以用来供农家烧饭、照明等。

3. 生物质能的特点

（1）可再生性

生物质能属可再生资源，生物质能由于通过植物的光合作用可以再生，与风能、太阳能等同属可再生能源，资源丰富，可保证能源的永续利用。

（2）低污染性

生物质的硫含量、氮含量低、燃烧过程中生成的 SO_X、NO_X 较少；生物质作为燃料时，由于它在生长时需要的二氧化碳相当于它排放的二氧化碳量，因而它对大气的二氧化碳净排放量近似于零，可有效地减轻温室效应。

（3）广泛分布性：缺乏煤炭的地域，可充分利用生物质能。

（4）生物质燃料总量十分丰富

生物质能是世界第四大能源，仅次于煤炭、石油和天然气。根据生物学家估算，地球陆地每年生产 1 000 ~ 1 250 亿吨生物质；海洋每年生产 500 亿吨生物质。生物质能源的年生产量远远超过全世界总能源需求量，相当于目前世界总能耗的 10 倍。截止到 2010 年，我国可开发为能源的生物质资源达 3 亿吨。随着农林业的发展，特别是炭薪林的推广，生物质资源还将越来越多。

4.1.2　生物质能利用方式

生物质能的利用主要有直接燃烧、热化学转换、生物化学转换、液化技术和有机垃圾处理技术等 5 种途径（见图 4.1）。生物质的直接燃烧在今后相当长的时间内仍将是我国生物质能利用的主要方式。当前改造热效率仅为 10% 左右的传统烧柴灶，推广效率可达 20%~30% 的节柴灶这种技术简单、易于推广、效益明显的节能措施，被国家列为农村新能源建设的重点任务之一。生物质的热化学转换是指在一定的温度和条件下，使生物质汽化、炭化热解和催化液化以生产气态燃料、液态燃料和化学物质的技术。生物质的生物化学转换包括生物质 - 沼气转换和生物质 - 乙醇转换等。沼气转化是有机物质在厌氧环境下，通过微生物发酵产生一种以甲烷为主要成分的可燃性混合气体，即沼气。乙醇转换是利用糖质、淀粉和纤维素等原料经发酵制成的。

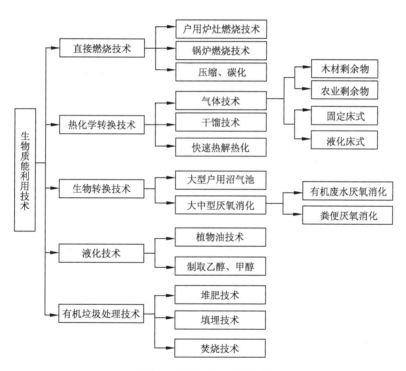

图4.1　生物质能利用方式

4.1.3　生物质燃料

1. 生物质燃料指标

生物质成型燃料（Biomass Moulding Fuel，BMF）是应用农林废弃物（如秸秆、锯末、甘蔗渣、稻糠等）作为原材料，通过加入高效添加剂，经过粉碎、挤压、烘干等工艺，制成各种成型（如颗粒状）的，可在 BMF 锅炉直接燃烧的新型清洁燃料。

参照农业部颁布的《生物质固体成型燃料技术条件》（NYT 1878-2010），生物质成型燃料按形状可分为颗粒燃料和棒（块）状燃料，这也是最常用的分类方法，图 4.2 为常见的颗粒、棒（块）状燃料；按使用原料分为木质类、草本类及其他生物质成型燃料。

图4.2　生物质成型燃料

根据国内外资料，也可按以下方式分类：按照是否有添加物的情况，将生物质成型燃料分为单一组分的成型燃料和复合成型燃料（见图 4.2）；按照成型后的密度大小，生物质成型燃料可分为高、中、低三种密度。分类内容详见表 4.1，生物质燃料指标见表 4.2。

表4.1　生物质成型燃料分类

分类方式	类　别	内　　容
按燃料形状分	颗粒燃料	直径或横截面尺寸≤25 mm 的生物质成型燃料
	棒（块）状燃料	直径或横截面尺寸＞25 mm 的生物质成型燃料
按原料分	木质类	包含：木材加工后的木屑、刨花；树皮、树枝、竹子等工业、民用建筑木质剩余物
	草本类	包含：芦苇、各种作物秸秆、果壳及酒糟等有机加工剩余物
	其他	包含能够粉碎并能压制成成型燃料的固体生物质
按密度分	高密度	密度＞1 100 kg/m³
	中密度	密度介于700～1 100 kg/m³之间
	低密度	密度＜700 kg/m³

表4.2　生物质燃料的指标

项　目	标　准	项　目	标　准
主要原料	木屑、秸秆、谷壳、甘蔗渣、稻草等	密度	1.05~1.25 t/m³
		灰分	＜8%
		排烟黑度	≤1级
成型工艺	干成型	废气排放标准	GB 13271—2014
黏接剂	无	包装质量	50\600 kg
直径	10~12 mm	挥发分	82.40%
长度	15~50 mm	燃烧率	≥95%
水分	＜8.5%	含水量	8~12%
热值	3 950~4 850 kcal/kg	含硫量	＜0.11%

2. 生物质燃料特点

① 绿色能源，清洁环保：燃烧无烟无味、清洁环保，其含硫量、灰分、含氮量等远低于煤炭、石油等，二氧化碳零排放，是一种环保清洁能源，享有"绿煤"美誉。

② 成本低廉，附加值高：热值高，使用成本远低于石油能源，是国家大力倡导的代油清洁能源，有广阔的市场空间。

③ 密度增大，储运方便：成型后的成型燃料体积小，比重大，密度大，便于加工转换、储存、运输与连续使用。

④ 高效节能，挥发分高：碳活性高，灰分只有煤的 1/20，灰渣中余热极低，燃烧率可达 98% 以上。

⑤ 应用广泛，适用性强：成型燃料可广泛应用于工农业生产，如发电、供热取暖、烧锅炉、做饭，单位家庭也适用该燃料。

3. 生物质燃料燃烧特性

不同材料的燃烧特性不同，具体见表4.3。

表4.3　不同燃料燃烧特性

项目	木质颗粒燃料	木片燃料	秸秆块状燃料
原料	锯末	林木剪枝等	玉米秸、豆秸、花生壳等
热值	4 300 kcal/kg	4 100 kcal/kg	3 800 kcal/kg
含水率	≤8%	≤20%	≤12%
灰分	≤ 0.3%	≤ 1%	3~5%
密度	1.1~1.3 t/m³	≥0.4 t/m³	1.1~1.3 t/m³
直径	6 mm、8 mm	截面面积6~20 cm²；长度5~8 cm	32 mm × 32 mm × (30~50) mm
用途	生物质工业锅炉、民用高档采暖锅炉	生物质工业锅炉、民用炊事、采暖炉和电站锅炉等燃料	民用炊事炉、民用采暖炉、电站锅炉等燃料

4. 生物质成型燃料的经济效益

生物质固体燃料产品可以替代油、煤等不可再生能源，对于我国解决能源危机，建立可持续发展的能源系统将起到一定的推动作用，有力地推动国内生物质能源的技术创新和科技进步，生物质燃料与其他染料效益对比见表 4.4。

表4.4　生物质固体燃料的效益对比表

燃料项目	单位	生物质燃料	柴油	重油	天然气	标准煤
锅炉热效率	%	80	90	90	90	70
热值	cal/kg cal/Nm³	4 000	10 000	9 600	8 500	7 000
含硫量	%	≤0.11%	0.2%~0.3%	1.4%~2.8%	≤0.15%	0.5%~4%
价格	元/t、元/Nm³	1 150	7 600	4 100	4	1 000
每吨蒸汽耗用量	吨、Nm³	0.188	0.067	0.069	78.431	0.122
燃料成本	元	215.6	506.7	284.7	313.7	122.4
人工费用	元	7	4.5	4.5	4.5	7

续表

燃料项目	单位	生物质燃料	柴油	重油	天然气	标准煤
水费	元	3	1	1	1	3
电费	元	8	4.5	4.5	4.5	4.5
除硫费用	元	0	10	15	0	25
合计						
每吨蒸汽成本	元/吨汽	234	527	310	324	162
生物质燃料对比	元/吨汽		−293	−76	−90	72
下降			−55.64%	−24.57%	−27.83%	44.26%
每吨80%干燥至40%所需蒸汽量	吨汽/吨	0.87	0.87	0.87	0.87	0.87
每吨80%干燥至40%成本	元/吨	203	458	269	282	141

4.2 生物质固化成型技术

4.2.1 生物质固化成型原理

各种农林废弃物主要由纤维素、半纤维素和木质素组成，木质素为光合作用形成的天然聚合体，具有复杂的三维结构，属于高分子化合物，它在植物中的含量一般为 15% ~ 30%。木质素不是晶体，没有熔点但有软化点，当温度为 70 ~ 110 ℃时开始软化，木质素有一定的黏度；在 200 ~ 300 ℃呈熔融状、黏度高，此时施加一定的压力，增强分子间的内聚力，可将它与纤维素紧密黏结并与相邻颗粒互相黏结，使植物体变得致密均匀，体积大幅度减少，密度显著增加。当取消外部压力后，由于非弹性的纤维分子之间的相互缠绕，一般不能恢复原来的结构和形状。在冷却以后强度增加，成为成型燃料。压缩时如果对植物质原料进行加热，有利于减少成型时的挤压力。

对于木质素含量较低的原料，在压缩成型过程中，可掺入少量的黏结剂，使成型燃料保持给定形状。可供选择的黏结剂包括黏土、淀粉、糖蜜、植物油等。

1. 压缩过程中生物质的粒子状态变化

生物质压缩成型分成两个阶段：第一阶段，在压缩初期，较低的压力传递至生物质颗粒中，使原先松散堆积的固体颗粒排列结构开始改变，生物质内部空隙率减少；第二阶段，当压力逐渐增大时，生物质大颗粒在压力作用下破裂，变成更加细小的粒子，并发生变形或塑性流动，粒子开始充填空隙，粒子间更加紧密地接触而互相啮合，一部分残余应力贮存于成型块内部，使粒子间结合更牢固。

2. 压缩过程的影响粒子变化的因素

（1）含水率

生物机体内适量的结合水和自由水是一种润滑剂，使粒子间的内摩擦变小、流动性增强，从而促进粒子在压力作用下滑动而嵌合。

（2）颗粒尺寸

构成成型块的粒子越细小，粒子间充填程度则越高，接触越紧密；当粒子的粒度小到一定程度（几百至几微米）后，成型块内部的结合力方式和主次甚至会发生变化，粒子间的分子引力、静电引力和液相附着力（毛细管力）开始上升为主导地位。

3. 压缩成型过程中生物质的化学成分变化

（1）木质素

木质素是生物质固有的最好的内在黏接剂。木质素 100 ℃才开始软化，160 ℃开始熔融形成胶体物质。在压缩成型过程中，木质素在温度与压力的共同作用下发挥黏结剂功能，黏附和聚合生物质颗粒，提高了成型物的结合强度和耐久性。

（2）水分

水分是一种必不可少的自由基。水分流动于生物质团粒间，在压力作用下，与果胶质或糖类混合形成胶体，起黏结的作用。水分还有降低木质素的玻变（熔融）温度的作用，使生物质在较低加热温度下成型。

（3）半纤维素与纤维素

半纤维素水解转化为木糖，也可起到黏结剂的作用。纤维素分子连接形成的纤丝，在黏聚体内发挥了类似于混凝土中"钢筋"的加强作用，成为提高成型块强度的"骨架"。

（4）其他化学成分

生物质所含的腐殖质、树脂、蜡质等对压力和温度比较敏感。当采用适宜的温度和压力时，也有助于在压缩成型过程中发挥黏结作用。

生物质中的纤维素、半纤维素和木质素在不同的高温下，都能受热分解转化为液态、固态和气态产物。将生物质热解技术与压缩成型工艺结合，利用热解反应产生的热解油或木焦油作为黏结剂，有利于提高粒子间的黏聚作用，提高成型燃料的品位和热值。

4.2.2　生物质压缩成型工艺

生物质压缩成型技术主要有热压缩成型技术、冷压缩成型技术和炭化成型技术。

"热压缩"颗粒成型技术是把粉碎后的生物质在 220 ～ 280 ℃高温及高压下压缩成 1 t/m³ 左右的高密度成型燃料。"热压缩"技术的工艺由粉碎、干燥、加热、压缩、冷却过程组成。对成型前粉料含水率有严格要求，必须控制在 8% ～ 12%。

"冷压缩"颗粒成型技术也称湿压成型工艺技术。对原料含水率要求不高。其成型机理是在常温下，通过特殊的挤压方式，使粉碎的生物质纤维结构互相镶嵌包裹而形成颗粒。因为颗粒成型机理的不同，"冷压缩"技术的工艺只需粉碎和压缩 2 个环节。"冷压缩"技术与"热压缩"技术相比，具有原料适用性广，设备系统简单、体积小、质量轻、价格低、可移动性强、颗粒成型能耗低、成本低等优点。

炭化成型技术根据工艺流程分为两类：先成型后炭化、先炭化后成型。先成型后炭化工艺是先用压缩成型机将生物质物料压缩成具有一定密度和形状的棒料，然后在炭化炉内炭化成为木炭。先炭化后成型工艺是先将生物质原料炭化或部分炭化，然后加入一定量的黏结剂压缩成型。炭化成型技术的特点是炭化过程高分子组分受热裂解转化成炭，并释放出挥发分，因而其挤压加工性能得到改善，功率消耗也明显下降。炭化后的原料在挤压成型后维持既定形状的能力较差，故成型时一般都要加入一定量的黏结剂。

4.2.3 生物质成型的影响因素

影响生物质成型的因素有成型压力、原料含水率、原料颗粒度、原料种类、湿度和黏结剂等。

（1）成型压力

压力的主要作用是破坏原生物质的物相结构，组成新的物相结构；加强分子间的凝聚力，提高成型体的强度和刚度；为生物质在模具成型提供必要的动力。当压力较小时，密度随压力增加而增加的幅度较大，当压力增加到一定值以后，成型物密度的增加就变得缓慢。成型压力与模具的形状尺寸也有密切的关系。

（2）原料含水率

当原料水分过高时，加热过程中产生的蒸气不能顺利地从燃料中心孔排出，造成表面开裂，严重时会伴有爆鸣。若含水率过低，成型也很困难，因为微量水分对木质素的软化、塑化有促进作用。如对于颗粒成型燃料，一般要求原料的含水率在 15% ~ 25%；对于棒状成型燃料，则要求原料的含水率不大于 10%。

（3）原料颗粒度

在相同的压力及实验条件下，原料粒径越小，越易成型。当成型方式已定，原料粒度应不大于成型料尺寸。如对于直径 6 mm 的颗粒燃料，其原料粒度应小于 5。原料粒度还影响成型机的效率及成型物的质量。原料粒度较大时，能耗大，产量小。原料粒度形态差异较大时，成型物表面易产生裂纹。但对有些成型方式，如冲压成型时，要求原料有较大的尺寸或较长的纤维。

（4）原料种类

不同种类原料的压缩成型特性差异很大。原料的种类不但影响成型质量，而且影响成型机的产量及动力消耗。在不加热条件下，木材废料一般较难压缩，而纤维状植物秸秆和树皮等容易压缩。但在加热条件下，木材废料反而容易成型，而植物秸秆和树皮等不易成型。

（5）温度

温度影响原料成型，而且影响成型机的工作效率。一般控制在 150 ~ 300 ℃，可根据原料形态进行调整。加热的作用主要有：使原料中含有的木质素软化，起到黏结剂的作用，使原料本身变软，变得容易压缩。加热温度过低，不但原料不能成型，而且功耗增加；加热温度过高，电机功耗减小，但成型压力变小，颗粒挤压不实，密度变小，容易断裂破损，且燃料表面过热，容易烧焦，烟气较大。

（6）黏结剂

对于黏结剂的要求主要有必须能够保证成型炭块具有足够的强度和抗潮解性，而且在燃烧时不产生烟尘和异味，最好黏结剂本身能够燃烧。常用的黏结剂有水泥、黏土、水玻璃等无机黏结剂；焦油、沥青、树脂、淀粉等有机黏结剂；废纸浆、水解纤维等纤维类黏结剂。

4.2.4　生物质成型工艺流程与设备

1. 工艺流程

生物质成型工艺流程如图 4.3 所示。

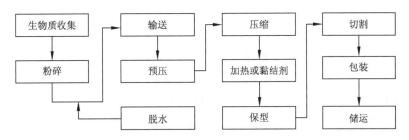

图4.3　生物质压缩成型工艺流程

生物质收集方面主要涉及三个问题：加工厂的服务半径、农户供给加工厂的原料形式以及原料状况。

物料粉碎主要是对木块、树皮、植物秸秆等尺寸较大的原料要实行粉碎，粉碎作业尽量在粉碎机上完成；锯末、稻壳等只需清除尺寸较大的异物，无需粉碎。对颗粒成型燃料，一般需要将 90% 左右的原料粉碎到 2 mm 以下，必要时原料需进行二次甚至三次粉碎。常用粉碎机械是锤片式粉碎机。

生物质压缩成型对干燥的要求很高，主要是因为如果水分含量超过经验值上限，当加工过程中温度升高时，体积会突然膨胀，易发生爆炸造成事故；水分含量过低时，会使范德华力降低，物料难以成型。物料湿度一般要求在 10% ~ 15% 之间，间歇式或低速压缩工艺中可适当放宽。常用干燥机有回转圆筒干燥机和立式气流干燥机。

为了提高生产率，一般在推进器进刀前先把松散的物料预压一下，然后再推入成型模具。多采用螺旋推进器、液压推进器。

压缩的基本原理如图 4.4 所示，影响 F_1 大小的是 F_2 和料块的密度、直径等，影响 F_2 大小的是 α 和模具的温度。α 是成型模设计的关键因素，它随着料块的直径、密度、原料类型而有不同的要求。α 的确定需要经过试验，一般从 3° 开始，用插入法进行调试。模具设计有内模和外模，外模是不变的，内模可以调换。

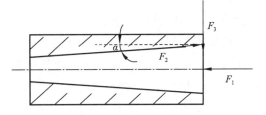

图4.4　压缩原理图
F_1—机器主推力，F_2—摩擦力，F_3—模具壁的向心反作用压力，α—模具内壁的倾斜夹角

棒形成型机的加热温度一般在 150~300 ℃之间，颗粒成型机没有外热源加热，但成型过程中原料与机器工作部件之间的摩擦作用可将原料加热到 100 ℃左右。加热的主要方式有电阻丝加热和导热油加热。添加黏结剂的目的主要有两个方面：一是通过加入 10%~20% 的煤粉或炭粉增加压块的热值，同时增大黏结力。在掺入煤粉或者碳粉过程中应当注意添加均匀，

避免因相对密度不同造成不均匀聚结；二是减少动力输入。

保型的主要目的是使已成型的生物质棒消除部分应力，使料块形状固定下来。保型是在生物质成型后的那段套筒内进行。此段套筒内径略大于压缩成型的最小部位直径，成型料进入后适量膨胀，消除部分应力。保型套筒端部有开口，用以调整保型套筒的保型能力。若保型筒直径过大，生物质会迅速膨胀，容易产生裂纹；直径过小，应力得不到消除，出品后会因温度突然下降发生崩裂或粉碎。

2. 主要设备

生物质成型设备按成型原理主要有三大类：螺旋挤压生产棒状成型设备；机械和活塞式挤压制得圆柱块状成型设备；压辊辗压颗粒状成型设备。

螺旋挤压式成型设备是生产生物质成型燃料常采用的设备。用于燃料成型的螺旋挤压机分为锥形螺杆、双螺杆等大型纯压缩型和小型外部加热成型 3 种。西欧和美国一般都采用前 2 种大型压块机，东南亚、中国和日本多采用小型外部加热成型机。螺旋挤压式成型机是最早研制开发的生物质热压成型机，主要包括驱动机、传动部件、进料机构、压缩螺杆、成型套筒和电加热等。工作过程是将粉碎后的生物质经干燥后，从料斗中加入，螺旋推挤进入成型套筒中，并经螺杆压成 7 L 的棒状成品，连续从成型套筒中挤出。成型温度一般维持 150 ~ 300 ℃，原料的含水率控制在 8% ~ 12%，原料粒度 <40 mm，螺旋挤压机的生产能力多在 100 ~ 200 kg/h，单位能耗为 70 ~ 120 (kW·h)/t，产品成型密度一般在 1 100 ~ 1 400 kg/m³，成型燃料形状通常为直径 50 ~ 60 mm 的空心棒。

螺旋挤压成型机的优点：运行平稳，生产连续。缺点：①单位产品能耗高，螺旋式成型机主要是靠螺旋杆的转动推进生物质逐层成型的，螺旋杆的前段和头部在整个推挤过程中与生物质之间作高速相对运动，增加了单位产品的能耗（一般为 100 ~ 125 kW·h/t）；②成型部件寿命短，螺旋杆的端部摩擦使温度升高，磨损速度加快，其平均寿命仅有 60 ~ 80 h。因此，螺旋式成型机成型生产过程的维修或故障状态就比较长，运行效率降低；③产品成本较高，以当前设备生产的成本价格计算，固定成本在 280 元/t 以上；④由于原料含水率难以控制，设备配套性能差、管理自动化程度较低等问题的存在，导致该挤压式成型机难以形成规模效益，不能满足商业化利用的需要。

活塞冲压式成型设备是采用飞轮或液压驱动的间断式的冲压方式，生物质原料的成型是靠活塞的往复运动实现的。该类成型机可分为机械驱动活塞式成型机和液压驱动活塞式成型机。液压活塞式秸秆成型设备的突出特点是增加了进料预压机构，物料先经垂直和水平 2 次预压，再推进成型套筒内挤压成型。我国河南农业大学先后设计研制出 HPB-I、HPB-11、HPB-IH 型液压活塞式秸秆成型机。活塞冲压成型设备的优点：改善了成型部件磨损严重的问题，原料不需要加热烘干，产品成本较低。缺点：①产品质量不太稳定，产品为实心燃料棒或燃料块，密度稍低，为 0.8 ~ 1.1 g/cm³，容易松散；②机器运行稳定性差，噪音较大，润滑油污染严重，成型模腔容易磨损，一般使用 100 h 就要修 1 次，而且其造价高达 10 万元/台。

压辊辗压成型设备是压辊碾压过穿 7 L 的表面，将物料压入模具内而成型，大多用于生产颗粒状的成型燃料，一般不需要外部加热，但需要在原料中加入一定量的黏结剂。压辊辗压设备分为环模压辊式成型机和平模辗压成型机。环模压辊式颗粒成型机是目前使用最为广泛的压制机机型，主要有齿轮传动和皮带传动2种方式。与螺旋挤压式和活塞冲压式成型技术相比较，压辊辗式成型技术不要求原料含水率，无需加温和添加剂，生产率较高，可产业化、规模化发展。缺点：产品的耐湿性较差，遇水容易松散，设备的能耗较高，模具磨损较为严重。图4.5为环模压辊式成型示意图。

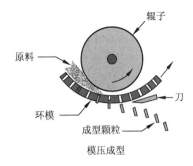

图4.5　环模压辊式成型示意图

4.3　生物质柴油技术

4.3.1　生物质柴油定义

生物柴油是指由动植物油脂（脂肪酸甘油三酯）与醇（甲醇或乙醇）经酯交换反应得到的脂肪酸单烷基酯，最典型的是脂肪酸甲酯。与传统的石化能源相比，其硫及芳烃含量低、闪点高、十六烷值高、具有良好的润滑性，可部分添加到石化柴油中。

4.3.2　生物质柴油制备方法

1. 生物柴油来源

生物柴油的来源主要分为用来制备生物柴油的原料来源广泛，如蓖麻油、茶油、桐油、亚麻油、棕榈油、菜籽油、棉籽油、橄榄油、大豆油、花生油、玉米油、鱼油、猪油、牛油、藻类油脂、餐饮业废油脂等。

2. 生物质柴油制备方法

生物柴油的制备方法有物理法和化学法。物理法包括直接使用法、混合法和微乳液法；化学法包括高温热裂解法和酯交换法。

（1）直接使用法即直接使用植物油作燃料。

（2）微乳液法有两种：一是将动植物油与甲醇、乙醇等溶剂混合成微乳状液，来解决动植物油的高黏度。但在实验室规模的耐久性试验中，发现注射器针经常黏住，积碳严重，燃烧也不完全。另一种是将生物柴油与溶剂形成微乳液，所得燃料的完全燃烧性能得到了很大提高。但微乳液在低温下并不稳定，微乳液中的醇具有一定的吸水性。

（3）高温热裂解法是在热或热和催化剂共同作用下，在空气或氮气流中将化学键断裂而产生小分子。

（4）目前工业生产生物柴油的主要方法是酯交换法，即用各种动物和植物油脂与甲醇、乙醇、丙醇、丁醇等低碳醇在催化剂作用下反应而成。因甲醇价格低廉，故常用甲醇。酯交换法包括酸或碱催化法、生物酶法、工程微藻法和超临界甲醇法。

酸或碱催化法是目前普遍使用的方法，油脂在酸或碱的催化条件下与甲醇进行转酯化反应，反应后分去下层粗甘油，粗甘油经回收后具有较高的附加值；上层经洗涤、干燥即得生物柴油。

酸催化酯交换适用于脂肪酸和水含量高的油脂（主要是废弃油）制备生物柴油，产率较高，但反应速率慢，酸耗大，分离难，且设备易腐蚀，易产生三废。碱催化法可在低温下获得较高产率，反应速率快，但它对原料中游离脂肪酸和水的含量有较高要求。

生物酶法是动植物油脂和低碳醇通过脂肪酶进行转酯化反应。用于催化的脂肪酶主要是酵母脂肪酶。生物酶法的优点在于条件温和、醇用量小、游离脂肪酸和水的含量对反应无影响、无污染排放。但脂肪酶在有机溶剂中易聚集，不易分散，因而催化效率较低。此外因脂肪酶价格昂贵，故成本较高。

工程微藻法是先通过基因工程技术建构的微藻生产油脂，再进行酯交换反应。美国国家可更新能源实验室（NREI）通过现代生物技术建成"工程微藻"（藻类的一种"工程小环藻"），在实验室条件下可使脂质含量增加到 60% 以上。工程微藻法的优越性在于微藻生产能力高，比陆生植物单产油脂高出几十倍；用海水作为天然培养基，节省了农业资源；生产的生物柴油不含硫；可被微生物降解，不污染环境。因此，发展富含油酯的"工程微藻"是发展生物柴油的一大趋势。

超临界法是在超临界流体参与下的化学反应，超临界流体既可以作为反应介质，又可以参与反应。在超临界状态下，甲醇和油脂成为均相，反应速率大，反应时间短。另外，由于在反应中不使用催化剂，因此反应后续分离工艺简单，不排放废碱或酸液，不污染环境，生产成本大幅降低。但是超临界甲醇法反应条件非常苛刻，需要高温高压下进行。

4.3.3　生物质柴油的品质控制和质量标准

生物质柴油品质德国及我国标准分别如表 4.5 和表 4.6 所示。

表4.5　德国DIN V 51606生物柴油标准

内　　容		标　准　值	检　验　方　法
15 ℃时的密度/（g·mL^{-1}）		0.875～0.900	DIN EN ISO3675
40 ℃时的动力粘度/（mm^2·s^{-1}）		3.5～5.0	DIN EN ISO3104
按Pensky-Martens法		≥110	DIN EN ISO22719
在密闭杯中的闪点/℃			
冷滤点（CFPP）/℃			DIN EN 116
全年	4月15日～9月30日	≤0	
	10月1日～11月15日	≤-10	
	11月16日～2月28日	≤-20	
	3月1日～4月14日	≤-10	
硫含量（质量分数），%		≤0.01	DIN EN ISO14596
残炭（质量分数），%		≤0.05	DIN EN ISO10370
十六烷值		≥49	DIN51773
灰分（质量分数），%		≤0.03	DIN51575
水份/（mg·kg^{-1}）		≤300	DIN51777-1
总杂质/（mg·kg^{-1}）		≤20	DIN51419
对铜的腐蚀效能		1	DIN EN ISO2160

内　　　容	标　准　值	检　验　方　法
（在50 ℃时3 h腐蚀程度）		
氧化稳定性，诱导期/h	未给出	IP306
中和值（KOH）/（mg·kg⁻¹）	≤0.5	DIN51558-1
甲醇含量（质量分数），%	≤0.3	
碘值/[g·(100g)⁻¹]	≤115	DIN53241-1
磷含量/（mg·kg⁻¹）	≤10	DIN51440-1
碱含量（Na+K）/（mg.kg⁻¹）	≤5	依据DIN51797-3，增加钾

表4.6　柴油机燃料调和用生物柴油（BD100）GB/T20828—2007

项　　　目	质量指标		试验方法
	S500	S50	
密度（20℃）（kg·mm⁻²）	820~900		GB/T2540
运动黏度（40℃）（mm²）	1.9~6.0		GB/T 265
闪点（闭口）/℃　不低于	130		GB/T 261
冷滤点/℃	报告		GB/T 0248
硫含量（质量分数）/%　不大于	0.05	0.005	GB/T 0689
10%蒸余物残炭（质量分数）/%　不大于	0.3		GB/T 17144
硫盐酸灰分（质量分数）/%　不大于	0.020		GB/T 2433
水含量（质量分数）/%　不大于	0.05		GB/T 0246
机械杂质	无		GB/T 511
铜片腐蚀（50℃，3 h）/级　不大于	1		GB/T 5096
十六烷值　不小于	49		GB/T 386
氧气安定性（110℃）/小时不小于	6.0		GB/T 14112
酸值/（mgKOH/g）不大于	0.80		GB/T 264 / GB/T 5530
游离甘油含量（质量分数）/%　不大于	0.020		ASTMD 6584
总甘油含量（质量分数）/%　不大于	0.240		ASTMD 6584
90%回收温度/℃　　不高于	360		GB/T 6536

4.4　生物质沼气技术

4.4.1　沼气的基本概念

　　沼气是一种可燃气体，是生物质在厌氧和其他适宜条件下，经微生物分解代谢，产生甲烷和二氧化碳为主体的混合气体。生物质是地表植被在光合作用下的产物，因此从光合作用的角度来说，沼气是生物质能，是一种可再生能源。沼气是一种混合气体，其主要成分为甲烷 CH_4（55%~70%），二氧化碳 CO_2（25%~45%），少量 N_2、H_2、O_2、NH_3、H_2S 和 CO 等气体。CH_4、H_2 和 CO 是可以燃烧的气体，主要是利用这部分气体的燃烧获得能量。表 4.7 是甲烷与沼气的主要物化性质。

表4.7　甲烷与沼气的主要物化性质

特　　性	CH₄	标准沼气（含CH₄60%，CO₂<40%）
体积分数/%	54～80	100
热值/（kJ·L⁻¹）	35.82	21.52
爆炸范围（与空气混合的体积分数）/%	5～15	8.33～25
密度（g·L⁻¹）	0.72	1.22
相对密度	0.55	0.94
临界温度/℃	−82.5	−25.7～48.42
临界压力/MPa	4.64	5.935～5.393
气味	无	微臭

4.4.2　沼气发酵原理

1. 厌氧发酵概述

在断绝与空气接触的条件下，依赖兼性厌氧菌和专性厌氧菌的生物化学作用，对有机物进行生物降解的过程，称为厌氧生物处理法或厌氧消化法。厌氧生物处理法的处理对象是高浓度有机工业废水、城镇污水的污泥、动植物残体及粪便等。厌氧发酵的过程如图4.6所示。厌氧生物处理的方法和基本功能：①酸发酵的目的是为了进一步进行生物处理，提供易生物降解的基质；②甲烷发酵的目的是进一步降解有机物和生产气体燃料。

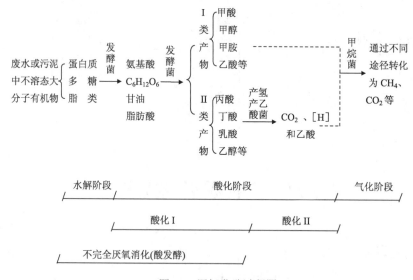

图4.6　厌氧发酵过程图

2. 厌氧发酵原理

（1）厌氧发酵的生化阶段

复杂有机物的厌氧消化过程要经历数个阶段，由不同的细菌群接替完成。根据复杂有机物在此过程中的物态及物性变化，可分三个阶段，如表4.8所示。

表4.8　厌氧发酵的三个阶段

生化阶段		I	II		III
物态变化		液化（水解）	酸化（1）	酸化（2）	气化
生化过程		大分子不溶态有机物转化为小分子溶解态有机物	小分子溶解态有机物转化为（H_2+CO_2）及A、B两类产物	B类产物转化为（H_2+CO_2）及乙酸等	CH_4、CO_2等
菌群		发酵细菌		产氢产乙酸细菌	甲烷细菌
发酵工艺	甲烷发酵	→————————————————————————————→		→————————→	→————→
	酸发酵	→————————————————————————→			——————

（2）发酵的控制条件

发酵的控制条件主要有以下几个方面。

废水、污泥及废料中的有机物种类繁多，只要未达到抑制浓度，都可连续进行厌氧生物处理。对生物可降解性有机物的浓度并无严格限制，但若浓度太低，比耗热量高，经济上不合算；水力停留时间短，生物污泥易流失，难以实现稳定的运行。一般要求化学需氧量（Chemical Oxygen Demand，COD）大于1 000 mg/L。COD：N：P=200：5：1。高温厌氧消化系统适宜的氧化还原电位为 -500~-600 mV；中温厌氧消化系统及浮动温度厌氧消化系统要求的氧化还原电位应低于 -300~-380 mV。产酸细菌对氧化还原电位的要求不甚严格，甚至可在 +100~-100 mV 的兼性条件下生长繁殖；甲烷细菌最适宜的氧化还原电位为 -350 mV 或更低。

温度是影响微生物生命活动过程的重要因素之一。温度主要影响微生物的生化反应速度，因而与有机物的分解速率有关。工程上中温消化温度为 30~38 ℃（以 33~35 ℃为多）；高温消化温度为 50~55 ℃。厌氧消化对温度的突变也十分敏感，要求日变化小于 ±2 ℃。温度突变幅度太大，会导致系统停止产气。

由于发酵系统中的 CO_2 分压很高（20.3~40.5 kPa），发酵液的实际 pH 值比在大气条件下的实测值为低。一般认为，实测值应在 7.2~7.4 之间为好。

各种反应器要求的污泥浓度不尽相同，一般介于 10~30 gVSS/L 之间。为了保持反应器生物量不致因流失而减少，可采用多种措施，如安装三相分离器、设置挂膜介质、降低水流速度和回流污泥量等。

负荷率是表示消化装置处理能力的一个参数。负荷率有三种表示方法：容积负荷率、污泥负荷率、投配率。反应器单位有效容积在单位时间内接纳的有机物量称为容积负荷率，单位为 kg/（$m^3 \cdot d$）或 g/（L·d）。有机物量可用化学需氧量（Chemical Oxygen Demand，COD）、生化需氧量或生化耗氧量（（Biochemical Oxygen Demand，BOD）、悬浮物含量（Suspended Solids，SS）和总悬浮物含量（Total Suspended Solids，TSS）表示。反应器内单位重量的污泥在单位时间内接纳的有机物量称为污泥负荷率，单位为 kg/（kg·d）或 g/（g·d）。每天向单位有效容积投加的新料的体积称为投配率，单位为 m^3/（$m^3 \cdot d$）。投配率的倒数为平均停留时间或消化时间，单位为 d。投配率有时也用百分数表示，例如，0.07 m^3/（$m^3 \cdot d$）的投配率也可表示为 7%。

第4章　生物质能

确定厌氧消化装置的负荷率的一个重要原则是：在两个转化（酸化和气化）速率保持稳定平衡的条件下，求得最大的处理目标（最大处理量或最大产气量）。一般而言，厌氧消化微生物进行酸化转化的能力强，速率快，对环境条件的适应能力也强；而进行气化转化的能力相对较弱，速率也较慢，对环境的适应能力也较脆弱。这种前强后弱的特征使两个转化速率保持稳定平衡颇为困难，因而形成了三种发酵状态。当有机物负荷率很高时，由于供给产酸菌的食物相当充分，致使作为其代谢产物的有机物酸产量很大，超过了甲烷细菌的吸收利用能力，导致有机酸在消化液中的积累和 pH 值（以下均指大气压条件下的实测值）下降，其结果是使消化液显酸性（pH<7）。这种在酸性条件下进行的厌氧消化过程称为酸性发酵状态，它是一种低效而又不稳定的发酵状态，应尽量避免。当有机负荷率适中时，产酸细菌代谢产物中的有机酸基本上能被甲烷细菌及时吸收利用，并转化为沼气，溶液中残存的有机酸量一般为每升数百毫克。此时消化液中 pH 值维持在 7~7.5 之间，溶液呈弱碱性。这种在弱碱性条件下进行的厌氧消化过程称为弱碱性发酵状态，它是一种高效而又稳定的发酵状态，最佳负荷率应达此状态。当有机物负荷率偏小时，供给产酸细菌的食物不足，产酸量偏少，不能满足甲烷细菌的需要。此时，消化液中的有机酸残存量很少，pH 值偏高，在 pH 值偏高（大于 7.5）的条件下进行的厌氧消化过程称为碱性发酵状态。如前所述，由于负荷偏低，因而是一种虽稳定但低效的厌氧消化状态。

为把料液控制到要求的发酵温度，则必须加热。据估算，去除 8 000 mg/L 的 COD 所产生的沼气，能使 1 L 水升温 10 ℃。

如果料液会导致反应器内液体的 pH 值低于 6.5 或高于 8.0 时，则应对料液预先中和。当有机酸的积累而使反应液的 pH 值低于 6.8~7 时，应适当减小有机物负荷或毒物负荷，使 pH 值恢复到 7.0 以上（最好为 7.2~7.4）。若 pH 低于 6.5，应停止加料，并及时投加石灰中和。

3. 发酵的主要构筑物及工艺

（1）早期用于处理废水的厌氧消化构筑物是化粪池和双层沉淀池。化粪池是一个矩形密闭的池子，用隔墙分为两室或三室，各室之间用水下连接管接通。废水由一端进入，通过各室后由另一端排出。悬浮物沉于池底后进行缓慢的厌氧发酵。各室的顶盖上设有入孔，可定期（数月）将消化后的污泥挖出，供作农肥。这种处理构筑物通常设于独立的居住或公共建筑物的下水管道上，用于初步处理粪便废水。双层沉淀池上部有一个流槽，槽底呈 V 形。废水沿槽缓慢流过时，悬浮物便沉降下来，并从 V 形槽底缝滑落于大圆形池底，在那里进行厌氧消化。这两种处理构筑物仅起截留和降解有机悬浮物的功用，产生的沼气难以收集利用。

普通消化池，主要用于处理城市污水的沉淀污泥。普通消化池多建成加顶盖的筒状。生污泥从池顶进入，通过搅拌与池内污泥混合，进行厌氧消化。分解后的污泥从池底排出。产生的生物气从池顶收集。普通消化池需要加热，以维持高的生化速率。这种处理构筑物通常是每天加排料各 1 ~ 2 次，与此同时进行数小时的搅拌混合。厌氧池结构如图 4.7 所示。

（2）普通消化池用于处理高浓度有机废水时，为了强化有机物与池内厌氧污泥的充分接触，必须连续搅拌；同时为了提高处理效率，必须改间断进水排水为连续进水排水。但这样一来，会造成厌氧污泥的大量流失。为了克服这一缺点，可在消化池后串联一个沉淀池，将沉淀下的污泥又送回消化池，因此组成了厌氧接触系统。厌氧接触系统如图4.8所示。

（3）上流式厌氧污泥床反应器（UASB）是目前应用最为广泛的一种厌氧生物处理装置，如图4.9所示。待处理的废水被引入UASB反应器的底部，向上流过由絮状或颗粒状厌氧污泥的污泥床。随着污水与污泥相接触而发生厌氧反应，产生沼气引起污泥床的扰动。在污泥床产生的沼气有一部分附着在污泥颗粒上，自由气泡和附着在污泥颗粒上的气泡上升至反应器的上部。在反应器上部三相分离器实现气、液、固的分离。UASB反应器的特点在于可维持较高的污泥浓度，较高的进水容积负荷率，从而大大提高了厌氧反应器单位体积的处理能力。

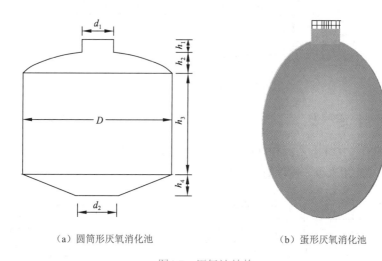

（a）圆筒形厌氧消化池   （b）蛋形厌氧消化池

图4.7 厌氧池结构

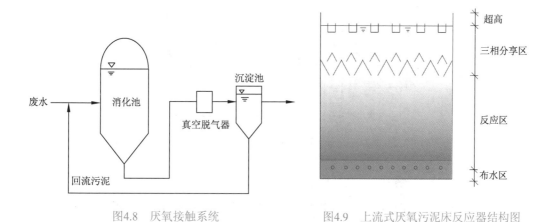

图4.8 厌氧接触系统   图4.9 上流式厌氧污泥床反应器结构图

4.4.3 小型沼气池发酵工艺类型

小型沼气池发酵工艺类型主要有以下几个工艺：半连续投料沼气发酵、分层满装料沼气发酵、批量投料沼气发酵、干发酵工艺、两步发酵工艺。

1. 半连续投料沼气发酵

半连续投料沼气发酵工艺流程如图4.10所示。工艺特点：启动时，一次投入较多原料，产气→用气，经过一段时间，当产气量下降时，开始定期添加新料和排出旧料，以维持较稳定的产气率。

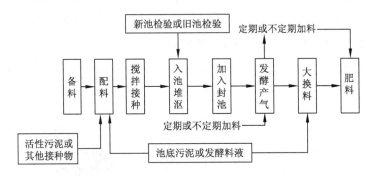

图4.10　半连续投料发酵工艺

2. 分层满装料沼气发酵

分层满装料沼气发酵工艺流程如图4.11所示，特点：混合原料，分层装满，池内堆沤，干湿发酵结合，启动用水少，操作简单，节省劳力。

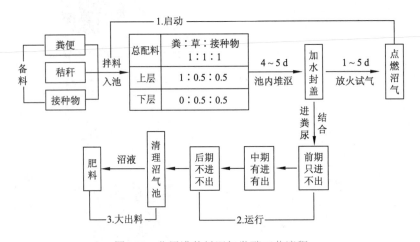

图4.11　分层满装料沼气发酵工艺流程

3. 批量投料沼气发酵

批量投料沼气发酵工艺特点：一次性投料，发酵周期结束后，取出旧料，再投入下一批新料。

4. 干发酵工艺

干发酵工艺也属于批量投料发酵，特点：秸秆：粪便＝3：1，发酵原料总固体含量(>20%)，省水，池容产气率高，适宜于习惯用固体肥料的农村和干旱地区。设备：铁罐式沼气池，如图4.12所示。

5. 两步发酵工艺

两步发酵工艺的特点是酸阶段和产甲烷阶段分别在两个池子里进行，符合沼气微生物活动特点，实现了沼气发酵过程最优化。设备工艺如图 4.13 所示。

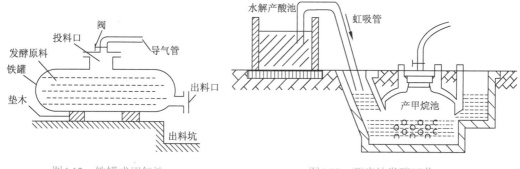

图4.12　铁罐式沼气池　　　　　　　　　图4.13　两步法发酵工艺

4.4.4　大中型沼气工程

1. 沼气工程规模划分

沼气工程规模划分如表 4.9 所示。

表4.9　沼气工程规模划分表/m³

规　　模	单体容积	单体容积之和	日产气量
小型	<50	<50	<50
中型	50~1 000	50~1 000	50~1 000
大型	>1 000	>1 000	>1 000

2. 大中型沼气工程实例

大中型沼气工程项目的主要工艺流程如图 4.14 所示。

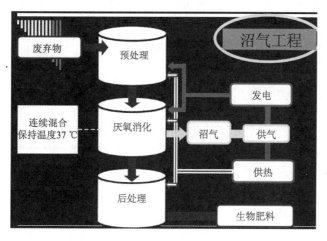

图4.14　大中型沼气工程

主要工程有：集约化禽畜厂沼气工程。工程实例：万头育肥猪场，日产粪水 60 m³，设计池容 500 m³，产气率为 0.39 m³/m³·d，总投资为 175 万元年产沼气 10 万立方米，固体有机肥 540 t。 收益＝沼气＋有机肥＋避免排污罚款＋畜禽发病率减少避免的损失。集约化禽畜厂沼气工程如图 4.15 所示。

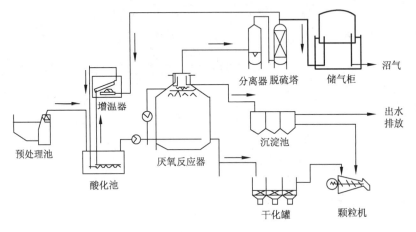

图4.15 集约化禽畜厂沼气工程

4.5 生物质发电技术

4.5.1 生物质发电原理

生物质发电分为：生物质燃烧发电、生物质气化发电和生物质厌氧消化发电。

1. 生物质燃烧发电原理

生物质燃烧发电是将生物质与过量的空气在锅炉中燃烧，产生的热烟气和锅炉的热交换部件换热，产生的高温高压蒸汽在燃气轮机中膨胀做功发出电能。在生物质燃烧发电过程中，一般要将原料进行处理再进行燃烧以提高燃烧效率。例如，燃烧秸秆发电时，秸秆入炉有多种方式：可以将秸秆打包后输送入炉；也可以将秸秆粉碎造粒（压块）后入炉或与其他的燃料混合后一起入炉。

生物质直接燃烧发电工艺流程如图 4.16 所示。

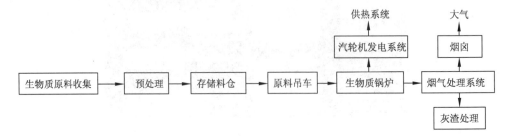

图4.16 生物质直接燃烧发电工艺流程

2. 生物质气化发电原理

经处理的（符合不同气化炉的要求）生物质原料经气化过程转化为可燃气体（气化气），气化气经冷却及净化系统，除去灰分、固体颗粒、焦油及冷凝物，然后利用净化的气体燃烧后推动发电设备（通常采用蒸汽轮机、燃气轮机及内燃机）进行发电。

生物质气化发电有 3 种方式，如图 4.17 所示。

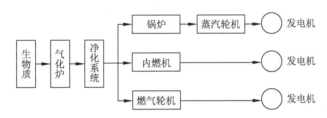

图4.17　生物质气化发电形式

① 作为蒸汽锅炉的燃料燃烧生产蒸汽带动蒸汽轮机发电。这种方式对气体要求不很严格，直接在锅炉内燃烧气化气。气化气经过旋风分离器除去杂质和灰分即可使用，不需冷却。燃烧器在气体成分和热值有变化时，能够保持稳定的燃烧状态，排放物污染少。

② 在燃气轮机内燃烧带动发电机发电。这种利用方式要求气化压力 $10 \sim 30 \ \text{kg/cm}^2$，气化气也不需冷却，但有灰尘、杂质等污染的问题。

③ 在内燃机内燃烧带动发电机发电。这种方式应用广泛，而且效率较高。但该种方式对气体要求严格，气化气必须净化及冷却。

3. 生物质厌氧消化发电原理

生物质厌氧消化发电也就是传统的沼气发电。沼气燃烧发电是随着沼气综合利用的不断发展而出现的一项沼气利用技术，它将沼气用于发电机上，并装有综合发电装置，以产生电能和热能。沼气发电具有高效、节能、安全和环保等特点，是一种分布广泛且廉价的分布式能源，是有效利用沼气的一种重要方式。沼气发电的工艺流程如图 4.18 所示。

禽畜粪便加农作物下料的沼气发电供热工程

图4.18　沼气发电工艺流程图

4. 生物质直接燃烧技术与生物质气化技术的比较

生物质直接用来燃烧简化了环节和设备，减少了投资，但利用率还比较低，利用的范围还不是很广。中国生物质分布分散是大规模利用生物质直接燃烧技术发电的较大障碍。然而秸秆类生物质因为含有较多的 K、Cl 等无机物质，在燃烧过程中很容易出现严重的积灰、结渣、聚团和受热面腐蚀等碱金属问题，碱金属问题是秸秆大规模燃烧利用面临的严峻挑战，这些还需要进一步研究解决问题的方法。生物质气化技术能够一定程度上缓解中国对气体燃料的需求，生物质被气化后利用的途径也得到相应的扩展，提高了利用率。

4.5.2 生物质发电装备

1. 燃烧发电装备

生物质在适合生物质燃烧的特定锅炉中直接燃烧，产生蒸汽驱动汽轮发电机发电。包括生物质锅炉直接燃烧发电和生物质—煤混合燃烧发电。生物质发电装备中锅炉是关键设备。世界上生物质燃烧发电发达的几个国家目前均使用的是振动炉排锅炉，技术较为成熟，热效率也很高，达到 91% 以上。炉排炉的核心部件是炉排，通过可移动、可调节的炉排控制生物质在炉中的移动，并使炉排炉的一次空气量可调节，达到调节燃烧进程的目的。

2. 气化发电装备

生物质气化发电技术的基本原理是把生物质转化为可燃气，再利用可燃气推动燃气发电设备进行发电。气化发电工艺包括 3 个过程，一是生物质气化，把固体生物质转化为气体燃料；二是气体净化，气化出来的燃气都带有一定的杂质，包括灰分、焦炭和焦油等，需经过净化系统把杂质除去，以保证燃气发电设备的正常运行；三是燃气发电，利用燃气轮机或燃气内燃机进行发电。有的工艺为了提高发电效率，发电过程可以增加余热锅炉和蒸气轮机。气化炉类型分为固定床气化炉和流化床气化炉。

（1）固定床气化炉

固定床气化炉中气化反应在一个相对静止的床层中进行，依次完成干燥、热解、氧化和还原反应过程，将生物质原料转变成可燃气体。根据气流方向的不同，固定床气化器又分为上吸式气化炉和下吸式气化炉，如图 4.19 所示。

上吸式气化炉，原料从上部加入，然后依靠重力向下移动；空气从下部进入，向上经过各反应层，燃气从上部排出。原料移动方向与气流方向相反，又称逆流式气化炉。刚进入气化炉，原料遇到下方上升的热气流，首先脱除水分，但温度提高到 250 ℃ 以上时，发生热解反应，析出挥发分，余下的木炭再与空气发生氧化和还原反应。空气进入气化炉后首先与木炭发生氧化反应，温度迅速升高到 1 000 ℃ 以上，然后通过还原层转变成含一氧化碳和氢等可燃气体后，进入热解层，与热解层析出的挥发分合成为粗燃气，该粗燃气也是气化器的产品。

下吸式气化炉，作为气化剂的空气从气化炉侧壁空气喷嘴吹入，产出气的流动方向与物料下落的方向一致，故下吸式气化炉也称为顺流式气化炉。

吹入的空气与物料混合燃烧的区域称为氧化区。氧化区温度为 900 ~ 1 200 ℃，产生的热量用于支持热解区裂解反应和还原区还原反应的进行；氧化区的上部为热解区，温度约为 300～700 ℃，在这一区域，生物质中的挥发分（裂解气、焦油以及水分）被分离出来；热解区的上部为干燥区，物料在此区域被预热；氧化区的下部为还原区，氧化区产生的 CO、炭和水蒸气在这一区域进行还原反应，同时残余的焦油在此区域发生裂解反应，产生以 CO 和 H_2 为主的产出气，这一区域的温度为 700～900 ℃。来自热解区富含焦油的气体须经过高温氧化区和以炽热焦炭为主的还原区，其中的焦油在高温下被裂解，从而使产出气中的焦油大为减少。

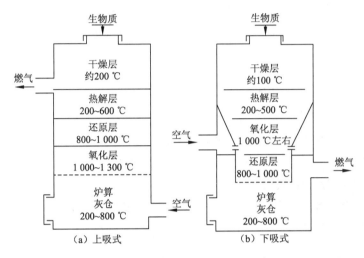

图4.19　上吸式及下吸式固定床生物质气化炉工作原理示意图

（2）流化床气化炉

流化床燃烧是一种先进的燃烧技术，应用于生物质燃烧上已获得了成功，但用于生物质气化仍是一个新课题。与固定床相比，流化床没有炉栅，一个简单的流化床由燃烧室、布风板组成，气化剂通过布风板进入流化床反应器中。按气固流动特性不同，将流化床分为鼓泡流化床和循环流化床。流化床气化炉如图 4.20 所示。鼓泡流化床气化炉中气流速率相对较低，几乎没有固体颗粒从流化床中逸出，比较适合于颗粒较大的生物质原料，而且一般必须增加热载体。而循环流化床气化炉中流化速率相对较高，从流化床中携带出的大量固体颗粒在通过旋风分离器收集后重新送入炉内进行气化反应。

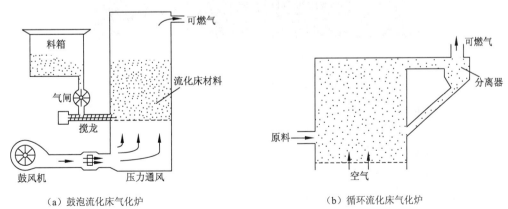

图4.20　流化床气化炉

在生物质气化过程中，流化床首先通过外加热达到运行温度，床料吸收并贮存热量。鼓入气化炉的适量空气经布风板均匀分布后将床料流化，床料的湍流流动和混合使整个流化床保持一个恒定的温度。当合适粒度的生物质燃料经供料装置加入到流化床中时，与高温床料迅速混合，在布风板以上的一定空间内激烈翻滚，在常压条件下迅速完成干燥、热解、燃烧及气化反应过程，使之在等温条件下实现了能量转化，从而生产出需要的燃气。通过控制运行参数可使流化床床温保持在结渣温度以下，床层只要保持均匀流化就可使床层保持等温，这样可避免局部燃烧高温。流化床气化炉良好的混合特性和较高的气固反应速率使其非常适合于大型的工业供气系统。因此，流化床反应炉是生物质气化转化的一种较佳选择，特别是对于灰熔点较低的生物质。

3. 厌氧消化发电（沼气发电）装备

（1）单燃料沼气发电机组工作原理及优点

将"空气沼气"的混合物在气缸内压缩，用火花塞使其燃烧，通过火塞的往复运动得到动力，然后连接发电机发电，如图4.21所示。该机组具有以下优点：

① 不需要辅助燃料油及其供给设备。

② 燃料为一个系统，在控制方面比可烧两种燃料的发电机组简单。

③ 发电机组价格较低。

图4.21 单燃料沼气发电机组

（2）双燃料沼气-柴油发电机组工作原理及优点

将"空气燃烧气体"的混合物在气缸内压缩，用点火燃料使其燃烧，通过火塞的往复运动得到动力，然后连接发电机发电。该机组具备以下优点：

① 用液体燃料或气体燃料都可工作。

② 对沼气的产量和甲烷浓度的变化能够适应。

③ 如由用气体燃料转为用柴油燃料再停止工作，发电机组内不残留未燃烧的气体。

习　题

1. 生物质能有哪些特点、利用方式和原理？
2. 生物质固化成型技术的基本原理、工艺过程和技术关键是什么？
3. 生物质柴油利用方式和原理、最先工艺方法有哪些？
4. 生物质沼气的利用形式有哪些？
5. 生物质发电的基本原理、工艺过程和关键设备有哪些？

第5章

→ 其他新能源

学习目标

（1）了解氢能的特点及其应用领域；

（2）掌握氢能制备和储存的常用方式；

（3）熟悉核能的优缺点及其利用方式；

（4）了解核发电基本原理和主要流程；

（5）熟悉潮汐能发电技术及应用前景；

（6）熟悉地热资源分布及应用。

本章简介

本章介绍了氢能、核能、潮汐能以及地热能等新能源。较为系统地介绍了氢能的特点，氢能的制备和储存方式；核能的优缺点及利用的方式；重点讲解了核发电技术、潮汐发电技术及应用前景；地热资源分布情况及利用方式。通过这一系列地介绍，能够帮助人们快速认识氢能、核能、潮汐能和地热能等新能源，熟悉每一种能源的特点及开发应用情况。

5.1 氢 能

5.1.1 氢能概述

氢能被认为是 21 世纪最为清洁的能源之一，因其燃烧后的产物主要为水且不含二氧化碳、二氧化硫、氮氧化物以及粉尘等对环境有害的物质而备受各国人们青睐。氢能是人类可从自然界获取的储量最丰富且高效清洁的能源，作为能源，具有无可比拟的潜在开发价值，氢能具有众多优点。

（1）氢是自然界存在最普遍的元素。据估计氢构成了宇宙质量的 75%，氢及其同位素占到了太阳总质量的 84%，地球上除空气中含有氢气外，它主要以化合物的形态贮存于水中，而水是地球上含量最广泛的物质，所以氢资源非常丰富。

（2）氢的放热效率高。除核燃料外，氢的发热值是所有化石燃料、化工燃料和生物燃料中最高的，达 142.351 kJ/kg，每千克氢燃烧后的热量，约为汽油的 3 倍，酒精的 3.9 倍，焦炭的 4.5 倍。

（3）所有元素中，氢质量最轻。众所周知，氢通常的单质形态是氢气（H_2），它是无色无味，极易燃烧的双原子的气体；在标准状态下，它的密度为 0.089 9 g/L，仅相当于同体积空气质量的 2/29；氢气的质量轻、密度小、便于运送和携带，容易储藏；氢可以以气态、液态或固态的金属氢化物形式出现，能适应贮运及各种应用环境的不同要求，与难储存的电相比，优越性更为显著。

（4）氢燃烧性能好，点燃快，与空气混合时有较广的可燃范围，而且燃点高，燃烧速度快。

（5）氢本身无毒，燃烧产物无害。与其他燃料相比，氢燃烧时最为清洁，除生成水和少量氮化氢外不会产生诸如一氧化碳、二氧化碳、碳氢化合物、铅化物和粉尘颗粒等对环境有害的污染物质，少量的氮化氢经过适当处理也不会污染环境，而且燃烧生成的水还可继续制氢，反复循环使用。

（6）氢能利用形式多样。既可以通过燃烧产生热能，在热力发动机中产生机械功，又可以作为能源材料用于燃料电池，或转换成固态氢用作结构材料。用氢代替煤和石油，不需对现有的技术装备作重大的改造，现在的内燃机稍加改装即可使用。

（7）所有气体中，氢气的导热性最好。氢比大多数气体的导热系数高出 10 倍，因此氢除用作燃料外，在能源工业中氢也是极好的传热载体。

由以上特点可以看出氢是一种非常理想的清洁能源。目前液氢已广泛用作航天动力的燃料，但氢能大规模的商业化应用还需解决以下两个关键问题：

（1）廉价的制氢技术。因为氢是一种二次能源，它的制取不但需要消耗大量的能量，而且目前制氢效率很低，因此寻求大规模的廉价的制氢技术是各国科学家共同关心的问题。

（2）安全可靠的贮氢和输氢方法。由于氢极易气化、着火、爆炸，因此如何妥善解决氢能的贮存和运输问题也就成为开发氢能的关键。

5.1.2　氢的制备

氢的制备工艺多种多样，具体分类如下：

1. 从含烃的化石燃料中制氢

从含烃的化石燃料中制氢是过去以及现在采用最多的一种方法，它是以煤、石油或天然气等化石燃料作原料来制取氢气。自从天然气大规模开采后，传统制氢的工业中有96%都是以天然气为原料。天然气和煤都是宝贵的燃料和化工原料，其储量有限，且制氢过程会对环境造成污染，用它们来制氢显然摆脱不了人们对常规能源的依赖和对自然环境的破坏。

2. 电解水制氢

这种方法是基于氢氧可逆反应分解水来实现的。为了提高制氢效率，电解通常在高压下进行，采用的压力多为 3.0 ~ 5.0 MPa。目前电解效率为 50% ~ 70%。由于电解水需消耗大量的电能且整体效率不高，因此利用常规能源生产的电能来进行大规模的电解水制氢显然是不划算的。

3. 光解水制氢

光解水制氢技术始于 1972 年，由日本东京大学 Fujishima A 和 Honda K 两位教授首次报

告发现 TiO_2 单晶电极光催化分解水产生氢气这一现象，从而揭示了利用太阳能直接分解水制氢的可能性，开辟了利用太阳能光解水制氢的研究道路。光解水的原理为：光辐射在半导体材料上，当辐射的能量大于或等于半导体的禁带宽度时，半导体内电子受激发从价带跃迁到导带，而空穴则留在价带，使电子和空穴发生分离，然后分别在半导体的不同位置将水还原成氢气或者将水氧化成氧气。一般来说，光催化分解水制氢材料需要满足：高稳定性，不产生光腐蚀；价格便宜；能够满足分解水的热力学要求；能够吸收太阳光。

4. 生物制氢

生物制氢是人工模仿植物光合作用分解水制取氢气，即以生物活性酶为催化剂，利用含氢有机物和水将生物能和太阳能转化为高能量密度的氢气。与传统制氢工业相比，生物制氢技术的优越性体现在：所使用的原料极为广泛且成本低廉，包括一切植物、微生物材料，工业有机物和水；在生物酶的作用下，反应条件为温和的常温常压，操作费用十分低廉；产氢所转化的能量来自生物质能和太阳能，完全脱离了常规的化石燃料；反应产物为二氧化碳，氢气和氧气，二氧化碳经过处理仍是有用的化工产品，是可实现零排放的绿色无污染环保工程。由此可见，发展生物制氢技术符合国家对环保和能源发展的中长期政策，前景光明。目前，美国、英国用 1 g 叶绿素每小时可产生 1 L 的氢气，它的转化效率高达 75%。

（1）微生物制氢

利用微生物在常温常压下进行酶催化反应可制得氢气。这方面的最初探索大概在 1942 年前后。科学家们首先发现一些藻类的完整细胞，可以利用阳光产生氢气流。7 年之后，又有科学家通过试验证明某些具有光合作用的菌类也能产生氢气。此后，许多科学工作者从不同角度展开了利用微生物产生氢气的研究。近年来，已查明在常温常压下以含氢元素物质（包括植物淀粉、纤维素、糖等有机物及水）为底物进行生物酶催化反应来制得氢气的微生物可分为 5 个种类，即：异养型厌氧菌、固氮菌、光合厌氧细菌、蓝细胞和真核藻类。其中蓝细胞和真核藻类产氢所利用的还原性含氢物质是水；异养型厌氧菌、固氮菌、光合厌氧细菌所利用的还原性含氢物质则是有机物。按氢能转化的能量来源来分，异养型厌氧菌，固氮菌依靠分解有机物产生腺苷三磷酸（Adenosine Triphsphate，ATP）来产氢；真核藻类、蓝细胞、光合厌氧细菌则能通光合作用将太阳能转化为氢能。

（2）生物质制氢

在生物技术领域，生物质又称生物量，是指所有通过光合作用转化太阳能生长的有机物，包括高等植物、农作物及秸秆、藻类及水生植物等。利用生物质制氢是指用某种化学或物理方式把生物质转化成氢气的过程。降低生物制氢成本的有效方法是应用廉价的原料，常用的有富含有机物的有机废水，城市垃圾等，利用生物质制氢同样能够大大降低生产成本，而且能够改善自然界的物质循环，很好地保护生态环境。

5.1.3 氢能的储备

目前储氢技术主要分为物理法和化学法两大类。前者主要包括液化储氢、压缩储氢、碳质材料吸附、玻璃微球储氢等；后者主要包括金属氢化物储氢、无机物储氢、有机液态氢化物储氢等。传统的高压气瓶或以液态、固态储氢都不经济也不安全，而使用储氢材料储氢能很好地解决这些问题。目前所用的储氢材料主要有合金、碳材料、有机液体以及络合物等。

1. 金属氢化物储氢材料

金属氢化物是氢和金属的化合物。氢原子进入金属价键结构形成氢化物。金属氢化物在较低的压力 100 MPa 下具有较高的储氢能力，可达到每立方米 100 kg 以上，但由于金属密度很大，导致氢的质量百分含量很低，只有 5% 左右。

储氢合金是目前最常用的储氢材料，不仅具有安全可靠、储氢能耗低、单位体积储氢密度高等优点，还有将氢气纯化、压缩的功能。按储氢合金材料的主要金属元素区分，可分为稀土系、钙系、钛系、锆系、镁系、钒系等。

（1）稀土系储氢合金

LaNi 是较早开发的稀土储氢合金，它的优点是活化容易、分解氢压适中、吸放氢平衡压差小、动力学性能优良、不易中毒。但它在吸氢后会发生晶格膨胀，合金易粉碎。

（2）镁系储氢材料

镁系储氢合金具有较高的储氢容量，而且吸放氢平台好、资源丰富、价格低廉，应用前景十分诱人。但其吸放氢速度较慢、氢化物稳定导致释放氢温度过高、表面容易形成一层致密的氧化膜等缺点，使其实用化进程受到限制。镁具有吸氢量大（MgH_2，含氢的质量分数为 7.6）、质量轻、价格低等优点，但放氢温度高且吸放氢速度慢。通过合金化可改善镁氢化物的热力学和动力学特性，从而出现实用的镁系储氢合金。

（3）钛系储氢合金

钛系储氢合金最大的优点是放氢温度低（-30 ℃）、价格适中，缺点是不易活化、易中毒、滞后现象比较严重。近年来对于 Ti-V-Mn 系储氢合金的研究开发十分活跃，通过亚稳态分解形成的具有纳米结构的储氢合金吸氢质量分数可达百分之二以上。

（4）钒系固溶体型储氢合金

钒可与氢生成 VH 氢化物。钒基固溶体型储氢合金的特点是可逆储氢量大、可常温下实现吸放氢、反应速率大，但合金表面易生成氧化膜，增大激活难度。金属氢化物储氢具有较高的容积效率，使用也比较安全，但质量效率较低。如果质量效率能够被有效提高的话，这种储氢方式将是很有希望的交通燃料的储存方式。

2. 碳质储氢材料

在吸附储氢的材料中，碳质材料是最好的吸附剂，它对少数的气体杂质不敏感，且可反复使用。碳质储氢材料主要是高比表面积活性炭、石墨纳米纤维（GNF）和碳纳米管（CNT）。

（1）超级活性炭吸附储氢

超级活性炭储氢始于 20 世纪 70 年代末，是在中低温（77 ~ 273 K）、中高压（1 ~ 10 MPa）下利用超高比表面积的活性炭作吸附剂的吸附储氢技术。与其他储氢技术相比，超级活性炭储氢具有经济、储氢量高、解吸快、循环使用寿命长和容易实现规模化生产等优点，是一种很具潜力的储氢方法。

（2）碳纳米管/纳米碳纤维吸附储氢

从微观结构上来看，碳纳米管是由一层或多层同轴中空管状石墨烯构成，可以简单地分为单壁碳纳米管、多壁碳纳米管以及由单壁碳纳米管束形成的复合管，管直径通常为纳米级，长度在微米到毫米级。石墨纳米纤维的储氢能力取决于其纤维结构的独特排布。氢气在碳纳米管中的吸附储存机理比较复杂。根据吸附过程中吸附质与吸附剂分子之间相互作用的区别，以及吸附质状态的变化，可分为物理吸附和化学吸附。

3. 络合物储氢材料

络合物用来储氢起源于硼氢化络合物的高含氢量，日本的科研人员首先开发了氢化硼钠和氢化硼钾等络合物储氢材料，它们通过加水分解反应可产生比其自身含氢量还多的氢气。后来有人研制了一种被称之为氢化铝络合物（Aranate）的新型储氢材料。这些络合物加热分解可放出总量高达 7.4（质量分数）的氢。氢化硼和氢化铝络合物是很有发展前景的新型储氢材料，但为了使其能得到实际应用，人们还需探索新的催化剂或将现有的钛、锆、铁催化剂进行优化组合以改善 NaAlH 等材料的低温放氢性能，而且对于这类材料的回收再生循环利用也须进一步深入研究。

4. 有机物储氢材料

有机液体氢化物储氢技术是 20 世纪 80 年代国外开发的一种新型储氢技术，其原理是借助不饱和液体有机物与氢的一对可逆反应，即加氢反应和脱氢反应实现的。烯烃、炔烃和芳烃等不饱和有机物均可作为储氢材料，但从储氢过程的能耗、储氢量、储氢剂和物理性质等方面考虑，以芳烃特别是单环芳烃为佳。目前研究表明，只有苯、甲苯的脱氢过程可逆且储氢量大，是比较理想的有机储氢材料。有机物储氢的特点是：①储氢量大；②便于储存和运输；③可多次循环使用；④加氢反应放出大量热可供利用。

5.1.4 氢能的应用

氢能的应用非常广泛，主要应用在以下几个方面：

1. 航天领域

氢应用在航天领域已经有较长的历史。早在二战期间，氢即用作 A-2 火箭液体推进剂。1970 年美国"阿波罗"登月飞船使用的起飞火箭也是采用液氢作燃料。目前科学家们设想了一种"固态氢"宇宙飞船。利用固态氢作为飞船的结构材料，同时也是飞船的动力燃料。在飞行期间，飞船上所有的非重要零部件都可作为能源消耗掉，这样可使飞船飞行更长的时间。

2. 交通领域

在超音速飞机和远程洲际客机上以氢作为动力燃料的研究已进行多年，目前已经进入样机和试飞阶段。德国戴姆勒－奔驰航空航天公司以及俄罗斯航天公司从 1996 年开始试验，其进展证实，在配备有双发动机的喷气机中使用液态氢，其安全性有足够保证。

美国、德国、法国等国家采用金属氢化物贮氢，而日本则采用液氢作燃料组装的燃料电池示范汽车，已进行了上百万千米的道路运行试验，其经济性、适应性和安全性均较好。美国和加拿大计划从加拿大西部到东部的大铁路上采用液氢和液氧为燃料的机车。

3. 民用领域

除了在汽车行业外，燃料电池发电系统在民用方面的应用也很广泛。氢能发电、氢介质储能与输送，以及氢能空调、氢能冰箱等，有的已经实现，有的正在开发，有的尚在探索中。燃料电池发电系统的开发目前也开发的如火如荼，以质子交换膜燃料电池（PEMFC）为能量转换装置的小型电站系统和以 SOFC 为主的大型电站等均在开发中。

4. 其他领域

以氢能为原料的燃料电池系统除了在汽车、民用发电等方面的应用外，在军事方面的应用也显得尤为重要，德国、美国均已开发出了以 PEMFC 为动力系统的核潜艇，该类型潜艇具有续航能力强，隐蔽性好，无噪声等优点，受到各国的青睐。

5.2 核 能

5.2.1 核能概述

核能作为一种经济、可靠、清洁的新能源，在缓解能源危机中起着极其重要的作用。现代社会中，除了煤炭、石油、天然气、水力资源外，还有许多可利用的能源，如风能、太阳能、潮汐能、地热能等，但是由于技术问题和开发成本等因素，这些能源很难在近期内实现大规模的工业生产和利用。同各种化石能源相比起来，合理利用核能对环境和人类健康的危害更小，这些明显的优势使核能成为新世纪可以大规模使用的安全经济的工业能源，开发利用核能已成为能源危机下人类做出的理性选择。从 20 世纪 50 年代以来，前苏联、美国、法国、德国、日本等发达国家建造了大量的核电站，由于核电具有巨大的发展潜能和广阔的利用前景，和平发展利用核能将成为未来较长一段时期内能源产业的发展方向。

核能是人类历史上的一项伟大发现。我们身边的一切物质都是由原子构成的，核能就是由小小的原子核发生某种变化而释放出来的。核能的获得主要有两种形式：一种是来自核反应堆中可裂变材料（核燃料）进行裂变反应所释放的裂变能；另一种来自于高温下（几百万度以上）两个质量较小的原子核结合成质量较大的新核时放出的聚变能。核能具备以下方面的优缺点。

1. 核能的优点

（1）核能发电不像化石燃料发电那样排放巨量的污染物质到大气中，因此核能发电不会造成空气污染。核能发电不会产生二氧化碳，避免了一系列诸如温室效应等打破自然调节能力的不良效应。核能的清洁性是其被广泛使用的前提。在全球限制二氧化碳排放的大环境下，发展核能几乎被认为兼顾发展经济和减少温室气体排放的重要途径，可有效地削减主要污染

物排放量，改善当地的环境空气质量，为人民群众创造良好的生产生活环境。

（2）核能发电所使用的铀燃料，除了发电外，几乎没有其他的用途。

世界上有比较丰富的核资源，核燃料有铀、钍、氘、锂、硼等等，世界上铀的储量约为417万吨。地球上可供开发的核燃料资源，可提供的能量是矿石燃料的十多万倍。核能应用作为缓和世界能源危机的一种经济有效的措施有许多优点，其一就是核燃料具有许多优点，如体积小而能量大，核能比化学能大几百万倍。

（3）核燃料能量密度比化石燃料高几百万倍，故核能电厂所使用的燃料体积小，运核船舶或核潜艇中，通常两年才换料一次。相反，烧重油或烧煤设备需庞大的储存罐，占地很大。

煤里含有少量铀、钍和镭等放射性物质，燃煤电站中的这些放射性物质会随着烟尘飘落到火电站的周围，污染环境。而核电站设置了层层屏障，基本上不排放污染环境的物质，其放射性污染也比燃煤电站少得多。

（4）核能发电的成本中，燃料费用所占的比例较低，核能发电的成本不易受到国际经济情势影响，故发电成本较其他发电方法稳定。电厂每度电的成本是由建造折旧费、燃料费和运行费这三部分组成。主要是建造折旧费和燃料费，核电厂由于特别考究安全和质量，建造费高于火电厂，一般要高出 30%～50%，但燃料费则比火电厂低得多。据测算，火电厂的燃料费约占发电成本的 40%～60%，而核电厂的燃料费则只占 20%～30%。经验证明，核电厂的发电成本要比火电厂低 15%～50%。

2. 核能的缺点

（1）要产生核能必须完成核裂变链式反应。核裂变一旦失去控制，就会产生对人体和环境有巨大危害的中子和放射性物质。全球已经发生了数起核泄漏事故，对生态及民众造成了巨大伤害。有些环保人士认为，和其他可再生能源相比，核能并不是一种十分安全的能源。

1979 年 3 月，美国三哩岛核电站二号堆发生了一次严重的失水事故，幸好二号堆的事故冷却紧急注水装置和安全壳等设施发挥了作用，使排放到环境中的放射性物质含量极小，虽然并没有造成大的人员伤亡，但在经济上却造成了 10~18 亿美元的损失，事故的危害尚在进一步观测调查中。1984 年 4 月，前苏联基辅附近的切尔诺贝利核电站发生事故，造成大量的放射性物质泄漏，30 km 范围内的居民被迫撤离，欧洲不少国家也受到轻微的核污染，这次事件引起了强烈的国际反响。据报道，有 31 人死亡，203 人受伤，135 000 人被疏散。2011 年日本大地震以及伴随的超强海啸，导致日本福岛核电站核泄漏，不同程度的污染几乎散播全球。

（2）使用过的核燃料，虽然所占体积不大，却具有极强放射性，一旦处理不当，就很可能对环境生命产生致命的影响。刚从核反应堆出来的核废料可在不到一分钟的时间内使人致死。核废料的放射性不是一般的物理、化学或生物方法可以消除的，只能靠其中放射性核素自身的衰变而减小。而这些放射性核素的半衰期长达几万甚至几百万年，所以这个过程是非常漫长的。随着全球核电站的数量不断增加，核废料对自然环境的威胁越来越大。如何安全永久地处理核废料将是全球科学工作者面临的重要课题。

（3）核能电厂投资成本太大，电力公司的财务风险较高。另外，核能的发热效率是很高的，但是能被人类有效吸收加以利用的部分却较少，核能发电效率较低，因而它比一般化石燃料电厂排放更多废热到环境中，造成了资源的浪费，进而带来了较为严重的的热污染。

（4）兴建核电厂较易引发政治歧见纷争，由于核能的使用本身就具有争议性，对于国内来说，容易引起人们对政府的不满以及增加人们的恐慌，核电站的兴建有时要求人们背井离乡，不得不离开自己的家园，还会导致环保人士和政客之间的分歧。对于国际形势来说，还会导致各国之间的关系的紧张。

（5）核武器巨大的杀伤力让人不寒而栗。这就对那些没有核武器的国家产生了巨大的威胁，对全人类的和平发展产生了巨大的威胁。朝鲜目前进行的核试验使得朝鲜半岛的平衡局势被打破。除此以外，南亚是另外一处核战争的火药桶。印度、巴基斯坦双方事实上存在"安全两难"困境，使得南亚地区仍可能因为对抗失控，引发核战争。另外核武器试验的沉降物也是放射性污染的重要来源。

5.2.2 核能的利用形式

核能的利用形式多种多样，主要体现在以下几个方面：

（1）发电

核能的主要运用是核能发电，是利用核反应堆中核裂变所释放出的热能进行发电的一种方式。它与火力发电极其相似，只是以核反应堆及蒸汽发生器来代替火力发电的锅炉，以核裂变能代替矿物燃料的化学能。除沸水堆外，其他类型的动力堆都是通过堆心加热一回路的冷却剂，在蒸汽发生器中将热量传给二回路或三回路的水，然后形成蒸汽推动汽轮发电机。沸水堆则是通过堆心加热一回路的冷却剂变成 70 个大气压左右的饱和蒸汽，经汽水分离并干燥后直接推动汽轮发电机。

核能发电的能量来自核反应堆中可裂变材料（核燃料）进行裂变反应所释放的裂变能。裂变反应指铀 -235、钚 -239、铀 -233 等重元素在中子作用下分裂为两个碎片，同时放出中子和大量能量的过程。反应中，可裂变物的原子核吸收一个中子后发生裂变并放出两三个中子。若这些中子除去消耗，至少有一个中子能引起另一个原子核裂变，使裂变自持地进行，则这种反应称为链式裂变反应。实现链式反应是核能发电的前提。表 5.1 为 ^{235}U 裂变释放的能量。

表5.1　^{235}U裂变释放的能量

能 量 形 式	能 量/MeV
裂变碎片的动能	168
裂变中子的动能	5
瞬发 γ 能量	7
裂变产物 γ 衰变—缓发 γ 能量	7
裂变产物 β 衰变—缓发 β 能量	8
中微子能量	12
总共	207

注：1 eV=1.6×10^{-19} J。

（2）核武器

核武器是利用核反应的光热辐射、冲击波和感生放射性造成杀伤和破坏作用，以及造成大面积放射性污染，阻止对方军事行动以达到战略目的的大杀伤力武器。主要包括裂变武器（第一代核武，通常称为原子弹）和聚变武器（亦称为氢弹，分为两级和三级式）。也有些还在武器内部放入具有感生放射的轻元素，以增大辐射强度扩大污染，或加强中子放射以杀伤人员（如中子弹）。核武器也称核子武器或原子武器。

核武器爆炸，不仅释放的能量巨大，而且核反应过程非常迅速，微秒级的时间内即可完成。因此，在核武器爆炸周围不大的范围内形成极高的温度，加热并压缩周围空气使之急速膨胀，产生高压冲击波。地面和空中核爆炸，还会在周围空气中形成火球，发出很强的光辐射。核反应还产生各种射线和放射性物质碎片；向外辐射的强脉冲射线与周围物质相互作用，造成电流的增长和消失，其结果又产生电磁脉冲。这些不同于化学炸药爆炸的特征，使核武器具备特有的强冲击波、光辐射、早期核辐射、放射性沾染和核电磁脉冲等杀伤破坏作用。核武器的出现，对现代战争的战略战术产生了重大影响。

（3）核动力

核动力是利用可控核反应来获取能量，从而得到动力、热量和电能。因为核辐射问题和现在人类还只能控制核裂变，所以核能暂时未能得到大规模的利用。利用核反应来获取能量的原理是：当裂变材料（例如铀 -235）在受人为控制的条件下发生核裂变时，核能就会以热的形式被释放出来，这些热量会被用来驱动蒸汽机。蒸汽机可以直接提供动力，也可以连接发电机来产生电能。世界各国军队中的大部分潜艇及航空母舰都以核能为动力。

5.2.3 核发电技术

目前商用化的核电站都是通过核裂变工作的。随着电力需求量的迅速增长和由此引起的能源不足，核能已经成了一种重要的替代能源，目前可以作为反应堆核燃料的易裂变同位素有 ^{235}U、^{239}Pu 和 ^{233}U 三种。其中只有 ^{235}U 是在自然界中天然存在的，但天然铀中只含 0.71% 的 ^{235}U。因此单纯以 ^{235}U 作为燃料很快就会使天然铀资源耗尽。

幸运的是，我们可以把天然铀中 99% 以上的 ^{238}U 或 ^{232}Th 转换成人工易裂变同位素 ^{239}Pu 或 ^{233}U，这一过程称为转换或增殖，反应过程如下：

$$^{238}U(n,\gamma)^{239}U \xrightarrow[23\ min]{\beta-} {}^{239}Np \xrightarrow[2.3\ d]{\beta-} {}^{239}Pu$$

$$^{232}Th(n,\gamma)^{235}Th \xrightarrow[22\ min]{\beta-} {}^{233}Pa \xrightarrow[27\ d]{\beta-} {}^{233}U$$

当然这是一个复杂的过程，需要经过化学、物理、机械加工等复杂而又严格的过程，制成形状和品质各异的元件，才能供各种反应堆作为燃料来使用，我国进行核燃料加工和乏燃料处理的主要是中核 404 厂，四川广元的 821 厂也从事相关工作。核电站流程如图 5.1 所示。

如果把核燃料比作石油，核反应堆就相当于发动机的气缸，反应堆是把核能转化为热能的装置。核燃料裂变产生大量热能，用循环水（或其他物质）导出热量使水变成水蒸气，推动气轮机发电，这就是核能发电的原理。

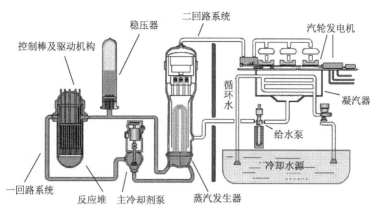

图5.1 核电站流程图

发动机光有气缸是不能正常工作的，必须有装置将能量输出。这点同反应堆一样，反应堆把核能转化为热能，热能并不能直接用来发电，因此我们需要另一个关键设备——蒸汽发生器。蒸汽发生器为反应堆冷却剂系统和二回路系统间的传热设备，它将反应堆冷却剂的热量传给两侧的水，此两侧的水蒸发后形成汽水混合物，经汽水分离干燥后的饱和蒸汽作为驱动汽轮机的工质。

反应堆冷却剂泵（主泵）功能类似于发动机水泵，是用来输送反应堆冷却剂，使冷却剂在反应堆、主管道和蒸发器所组成的密闭环路中循环，以便将反应堆产生的热量传递给二回路介质。

如果说以上装置是"发动机"，那么核电站中汽轮发电机组就相当于汽车能量输出的终端——轮子，汽轮发电机组是通过蒸气推动汽轮机高速转动，带动发电机工作，从而产生电能的装置，这也是我们建核电站的终极目标。

按反应堆冷却剂和中子慢化剂的不同反应堆可分很多种，目前核电站的反应堆型主要是压水堆、沸水堆、重水堆、改进型气冷堆、压力管式石墨沸水堆和快中子增殖堆。

5.2.4　核能的发展前景

核能作为一种安全、可靠、清洁、经济的能源，目前已成为一些发达国家的首选，也成为我国能源发展的趋势。

（1）目前我国的核电仅占全国能源总量的2%，为配合国家能源结构调整，中国首先要发展的就是核电。我国核电发展的最新目标是：2020年前要新建核电站31座，在运行核电装机容量4 000万kW；在建核电装机容量1 800万kW。达到这一目标将意味着，国家今后每年需新开工建设两个百万千瓦级核电机组，需要总投资5 000多亿元。

（2）近年来，根据世界各国经济建设和社会发展形势预测，由于能源资源缺乏和温室效应使全球变暖的威胁，加上核动力所具有的有益于环境保护的明显优势，将使核电事业蓬勃发展。核能作为先进能源的一种，必将在满足未来能源的需求中起到重要的作用。第三世界经济起飞国家，常规能源生产不能满足经济发展的要求，发电能力需要核电来补充。而工业发达国家20世纪60～70年代建设的核电站已即将寿终，需要有新的核电来接替。

（3）可持续发展战略已为世界许多国家组织和大多数国家所接受，正为防治污染和保护生态环境积极采取措施。例如现正在研究和制订限制二氧化碳等温室气体排放的国际公约措施。由于核能具有经济性、安全性、无污染性三大优势，发展核能的替代碳基燃料是实施可持续发展战略、防治污染和保护生态环境的现实和有效的措施之一。

(4) 未来的核能必须是公众可接受的。其公众的接受程度，将成为决定核能发展规模的重要因素之一。核能从 20 世纪 60 ～ 70 年代的高潮时期转入到低潮，除了由于世界经济由高速发展阶段转入平稳发展，对能源、电力需求增长速度大大下降之外，核能发展中发生了三哩岛和切尔诺贝利两大核事故，公众对此产生了疑虑。公众接受问题，成为核能发展的重大障碍，也是影响核能发展的重要原因之一。

总之，核电的开发和利用给生态资源、环境保护、社会生活以及经济发展带来巨大利益，也对人类的安全和可持续发展形成潜在威胁。只有加强核安全和辐射安全的管理，处理好放射性核废料，合理科学地利用核能，才能保证核能安全的开发利用。

5.3 潮 汐 能

5.3.1 潮汐能概述

海洋占地球面积的 71%，浩瀚的大海蕴藏着巨大的可再生能源，包括波浪能、海流能、潮汐能、温差能、盐差能等。根据联合国科教文组织提供材料表明，全世界海洋能的可再生量从理论上说近 800 亿 kW。在诸多形式的海洋能中，其中海洋潮汐能量含量巨大，目前开发技术比较成熟、开发历史较长和开发规模较大者当属潮汐能。

潮汐是由于太阳、月球和地球相对位置不断改变及地球自转在一昼夜中地表各处受太阳、月球引力的合力不断改变，导致海水周期性地涨落的现象。潮汐导致海水平面周期性地升降，因海水涨落及潮水流动所产生的能量称为潮汐能。

海洋的潮汐中蕴藏着巨大的能量。在涨潮的过程中，汹涌而来的海水具有很大的动能，而随着海水水位的升高，就把海水的巨大动能转化为势能；在落潮的过程中，海水奔腾而去，水位逐渐降低，势能又转化为动能。潮汐能的能量与潮量和潮差成正比，或者说，与潮差的平方和水库的面积成正比。和水利发电相比，潮汐能的能量密度低，相当于微水头发电的水平。世界上潮差的较大值约为 13 ～ 15 m，但一般说来，平均潮差在 3 m 以上就有实际应用价值。潮汐能是因地而异的，不同的地区常常有不同的潮汐系统，它们都是从深海潮波获取能量，但具有各自独特的特征。尽管潮汐很复杂，但对于任何地方的潮汐都可以进行准确预报。

潮汐能的利用方式主要是发电。潮汐发电是利用海湾、河口等有利地形，建筑水堤，形成水库，以便于大量蓄积海水，并在坝中或坝旁建造水利发电厂房，通过水轮发电机组进行发电。只有出现大潮，能量集中时，并且在地理条件适于建造潮汐电站的地方，从潮汐中提取能量才有可能。虽然这样的场所并不是到处都有，但世界各国都已选定了相当数量的适宜开发潮汐电站的站址。

发展像潮汐能这样的新能源，可以间接使大气中的 CO_2 含量的增加速度减慢。潮汐是一种世界性的海平面周期性变化的现象，由于受月亮和太阳这两个万有引力源的作用，海平面每昼夜有两次涨落。潮汐作为一种自然现象，为人类的航海、捕捞和晒盐提供了方便，更值得指出的是，它还可以转变成电能，给人带来光明和动力。

5.3.2 潮汐能发电技术

1. 潮汐发电原理

潮汐发电与普通水利发电原理类似，通过出水库，在涨潮时将海水储存在水库内，以势能的形式保存，然后，在落潮时放出海水，利用高、低潮位之间的落差，推动水轮机旋转，带动发电机发电。潮汐发电与普通水利发电的差别在于海水与河水不同，蓄积的海水落差不大，但流量较大，并且呈间歇性，因此潮汐发电的水轮机结构具有适合低水头、大流量的特点。潮汐发电示意图如图 5.2 所示。

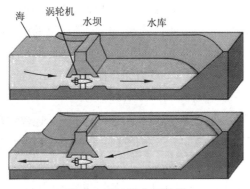

图5.2 潮汐发电示意图

2. 潮汐发电形式

由于潮水的流动与河水的流动不同，它是不断变换方向的，如图 5.3 所示，潮汐发电有以下三种形式：

（a）单库单向型　　　　（b）单库双向型　　　　（b）双库单向型

图5.3 三种不同形式的潮汐发电示意图

（1）单库单向电站

即只筑一道堤坝和一个水库，仅在涨潮（或落潮）时推动水轮发电机组发电，因而不能连续发电。我国浙江省温岭市沙山潮汐电站就是这种类型。

（2）单库双向电站

只用一个水库，但利用水库的特殊设计和水闸的作用既可涨潮时发电，又可在落潮时运行，只是在水库内外水位相同的平潮时才不能发电。广东省东莞市的镇口潮汐电站及浙江省温岭市江厦潮汐电站就属于这种形式。

（3）双库双向电站

它是用两个相邻的水库，使一个水库在涨潮时进水，另一个水库在落潮时放水，这样前一个水库的水位总比后一个水库的水位高，故前者称为上水库，后者称为下水库。水轮发电机组放在两水库之间的隔坝内，两水库始终保持着水位差，故可以全天发电。

3. 潮汐发电的优点

（1）能源清洁可靠，可以经久不息地利用，且不受气候条件的影响。

（2）虽然有周期性间歇，但有准确规律，可用电子计算机预报，并有计划纳入电网运行。

（3）一般离用电中心近，不必远距离送电。

（4）潮汐电站兴建后的最高库水位总是低于建站前最高潮水位，因此潮汐电站库区不但不淹没土地，还可以促淤围垦，发展水产养殖。以浙江江厦潮汐试验电站为例，电站年上网电量 500 万 kW·h，按 0.5 元 /（kW·h）电价计，年售电收入扣除税收后约 200 万元。但水库围垦了 366 hm² 农田，年收入超过 1 000 万元，提供 1.37 km² 面积的海产品养殖区域，年产值在 1500 万元以上。

（5）潮汐电站的主要部分建在水下，不污染环境，而且还美化环境，提高旅游效益。如法国朗思潮汐电站建成后，高水位比天然潮位降低了 0.5~1.0 m，原波涛汹涌的朗斯河三角湾变成了平静的湖泊，成了人们旅游休闲场所。此外，通过 700 m 长的坝顶公路连接城市，使城市之间的距离缩短了 30 km，每年从坝上通过的汽车达 50 万辆。

（6）潮汐电站的建成可使自然条件得以改善。电站库区削弱了风暴作用，为休闲旅游创造了良好的环境。由于水库内的水位更为稳定，通航条件得到了改善。潮汐电站的建立减小了风浪、流速，加快泥沙和悬浮生物沉淀，增加光合作用的深度，优化了海洋养殖环境。

4. 潮汐发电的缺点

（1）潮差和水头在一日内经常变化，在无特殊调节措施时，出力有间歇性，给用户带来不便。但可按潮汐预报提前制定运行计划，与大电网并网运行，以克服其间歇性。

（2）潮汐存在半月变化，潮差可相差二倍，故保证出力、装机的年利用小时数也低。

（3）潮汐电站建在港湾海口，通常水深坝长，施工、地基处理及防淤等问题较困难。故土建和机电投资大，造价较高。

（4）潮汐电站是低水头、大流量的发电形式。涨落潮水流方向相反，故水轮机体积大，耗钢量多，进出水建筑物结构复杂。而且因浸泡在海水中，海水、海生物对金属结构物和海工建筑物有腐蚀和沾污，故需作特殊的防腐和防海生物黏附处理。

（5）潮汐变化周期为太阴日（24 h 50 min），月循环约为 14 d，每天高潮落后约 50 min，故与按太阳日给出的日需电负荷图配合较差。

（6）潮汐电站通常不会造成现有陆地面积的淹没，但会减小纳潮面积，从而造成海底生物栖息区的变化。潮汐电站也会影响鱼类的叫游。此外，对于海洋哺乳动物的活动来说，潮汐挡水建筑物也是一个障碍。

潮汐发电虽然存在以上不足之处，但随着现代技术水平的不断提高，是可以得到改善的。如采用双向或多水库发电、利用抽水蓄能、纳入电网调节等措施，可以弥补第一个缺点；采用现代化浮运沉箱进行施工，可以节约土建投资；应用不锈钢制作机组，选用乙烯树脂系列涂料，再采用阴极保护，可克服海水的腐蚀及海生物的黏附。

5.3.3 潮汐能应用前景

1. 国外的发展情况

1913 年德国在北海海岸建立了第一座潮汐发电站。1966 年法国建成的朗斯潮汐电站，装机容量为 24 万 kW，年均发电量为 5.44 亿 kW·h，是当时最大的电站。目前，潮汐能开发的趋势是偏向大型化，如俄罗斯计划的美晋潮汐电站设计能力为 1 500 万 kW，英国塞汶电站为 720 万 kW，加拿大芬地湾电站为 380 万 kW。预计到 2030 年，世界潮汐电站的年发电总量将达 600 亿 kW·h。

2. 国内的发展情况

我国是世界建造潮汐电站最多的国家，在 20 世纪 50~70 年代先后建造了近 50 座。但据 20 世纪 80 年代统计，只有 8 座尚在工作，总装机 6 120 kW，其中最大的是浙江江厦潮汐试验电站，为 3 900 kW。单机容量 500 kW 和 700 kW 的灯泡贯流式水轮发电机组全由我国自己研制。近 50 年来，工程技术人员一直致力于将潮汐发电形成工业规模的研究，在机组可靠性、水库泥沙防淤、连续供电、防腐和防污、浮运法施工、操作系统自动化和优化调度等方面取得了显著成果。2002 年提出利用近海浅滩人工筑库的潮汐电站，可以不占用宝贵的港湾、河口，不干扰海洋自然环境，英国威尔士已有三处在论证。我国沿海大陆架宽广，有大片倾斜平缓的浅滩，又有具有研发价值的潮差，也可以考虑此种方法开发潮汐能。

1957 年我国在山东建成了第一座潮汐发电站。1978 年 8 月 1 日山东乳山县白沙口潮汐电站开始发电，年发电量 230 万 kW·h。1980 年 8 月 4 日我国第一座"单库双向"式潮汐电站——江厦潮汐试验电站正式发电，装机容量为 3 000 kW，年平均发电 1 070 万 kW·h，其规模仅次于法国朗斯潮汐电站（装机容量为 24 万 kW，年发电 5.4 亿 kW·h），是当时世界第二大潮汐发电站。

3. 各国潮汐能开发实例

（1）俄罗斯。俄罗斯现实的潮汐能总蕴藏量为每年几千亿 kW·h，位于西伯利亚东北部的鄂霍次克海（Okhotsk Sea）的潮汐潜能最大，可实现向中国和日本供电。关于沿北方海岸线利用潮汐能的可能性还没有进行充分的研究，但对于莫斯科以北 1 000 km 的梅津湾（Mezen）的一个具有吸引力的潮汐电站的站址已进行了详细的研究，并用将来可能采用的机组进行了

试验。在梅津湾站址，一个装有容量为 8 GW 的正交式直流机组的电站，其年供电量可以超过 350 亿 kW·h。水库面积为 2 000 km²，建设堤防长度需达 80 km，平均潮差接近 5.5 m。通过在近岸陆地或离岸建筑一座高水库，利用抽水电能，在未来某一阶段会很有意义，并可减少向莫斯科或者圣彼得堡输电线路的费用。

（2）法国。法国潮汐能的理论蕴藏量每年超过 1 万亿 kW·h。成本核算的年供电量为 1 000 亿 kW·h，相当于法国电力需求的 1/5。位于乔瑟岛（Chausy）的潮汐电站的地理位置可能是最好的，这里拥有 1 200 km² 的水库，潮差为 7.5m，55 km 长的堤防，以及理想的地基和海水深度。采用正交式机组，总装机容量为 12~15 GW，年均供电能力可达 500 亿 kW·h（相当于全部现有的法国水电站供电量，或风电计划量）。

该座巨型电站位于旅游胜地，由于堤防离海岸线 25 km，因此从现有的海滩可能很难看到它，采用单一水库双向运行可保持库内水位和潮流量接近天然状态。利用建于潮汐水库北部的高水库，通过配置抽水装置可实施蓄能。

另一座位于迪耶普（Dieppe）和布洛涅（US Boulogne）之间的潮汐电站，水库面积为 1 500 km²，潮差为 6.5 m，年供电量可超过 400 亿 kW·h。

（3）英国。在英国，关于潮汐电站的大多数研究工作是在河口内完成的［主要是在赛文（Severn）河口］，试验研究以灯泡贯流式机组从单一的高水库向外海单向运行的概念为基础。沿着海岸线布置其他大型电站大概也是可行的。对于所有项目而言，采用正交式机组双向运行，可以降低造价和维持天然水位及流量。在赛文（Severn）河口，要得到年供电量大于 300 亿 kW·h 的潮汐能，有许多方案好像都是可行的。沿着赛文河的北岸配置蓄能设施进行蓄能似乎也是可行的。英国过去对风电实施了蓄能。沿着泽西岛（Jersey）东海岸线布置一个成本核算的、年供电量为几十亿 kW·h 的潮汐电站似乎是可行的。

（4）印度。印度有 3 处适合建设潮汐电站的站址。对艾哈迈德阿巴德（Ahmadabad）南面 100 km 的卡尔帕萨（Kalpasar）海域开展研究工作已有 10 多年，在这里有一块面积为 700 km²，潮差为 6.5 m 的感潮域可用于建设潮汐电站，可安装正交式水轮机和修建较短的堤防，按 DESS 方案运行。该电站每年可提供 200 亿 kW·h 电能，但是设计相对复杂，主要是因为潮汐水库必须与一片淡水水库相联。卡奇（Kutch）沼泽地是比较有开发价值的，这片区域可安装大型的太阳能电站，沿着卡奇海湾，可通过建设抽水蓄能电站来完成电能存储。在孟加拉，可建设一些大型工程利用潮汐和波浪来发电，对于受台风或全球海平面上升影响的一些大型居住区，这些工程会在防洪中起到重要作用。

（5）加拿大。在加拿大，最适合建设潮汐电站的是芬迪（Fundy）湾，对于该区域是否适合作为潮汐电站站址的研究已有很长一段时间。该区域潮差比较高，堤防无需太长。一些初步考虑的电厂可建在两座水库之间。在赫德森海湾（Hudson Bay）和温哥华（Vancouver）北部存在大力发展潮汐电站的可能性。

（6）中国。在中国，成本核算的潮汐能蕴藏量每年超过 1 000 亿 kW·h，许多适合建设潮汐电站的海湾均坐落于上海的南部。沿着平坦的海岸到上海北部，修建距海岸线 15 km 的堤防，用来围成潮汐水库，可以防止那些可能受不断上升的海平面影响的近海平坦地区被淹，同时也可以减轻淮河下游洪水的影响。

（7）韩国。韩国一直积极致力于潮汐电站的开发利用，如西赫瓦项目。但是总的来说，韩国开发潮汐电站的潜力不大。

（8）拉丁美洲。在拉丁美洲建设潮汐电站的可能性很高，比如墨西哥（加利福尼亚海湾）、智利、阿根廷。其中阿根廷有一些适合建设大型潮汐电站的场地。

（9）澳大利亚。在澳大利亚有很多地方可以建设潮汐电站。位于东部的潮汐电站，发电量可供本国使用，西北部的潮汐电站可在爪哇岛建造，并供电于爪哇岛。

4. 潮汐能应用的前景

全球潮汐能的理论蕴藏量大约在 20~30 万亿 kW·h/a，相当于所有河川水力发电总量，但可供开发程度比较低，不同国家情况不一。初期研究表明：全球经济型潮汐电站年供电能力在 1 万亿 kW·h 左右，最高为 2 万亿 kW·h，但这仅仅只占未来电力需求的一小部分。河川水力发电潜力较低，大约是 1 000 亿 kW·h/a。

据海洋学家计算，世界上潮汐能发电的资源量在 10 亿千瓦以上，这是一个天文数字。潮汐能普查计算的方法是，首先选定适于建潮汐电站的站址，再计算这些地点可开发的发电装机容量，叠加起来即为估算的资源量。

世界上适于建设潮汐电站的二十几处地方，都在研究、设计建设潮汐电站。其中包括：美国阿拉斯加州的库克湾、加拿大芬地湾、英国塞文河口、阿根廷圣约瑟湾、澳大利亚达尔文范迪门湾、印度坎贝河口、俄罗斯远东鄂霍茨克海品仁湾、韩国仁川湾等地。随着技术进步，潮汐发电成本的不断降低，进入 21 世纪后，将不断会有大型现代潮汐电站建成使用。

我国海岸线曲折漫长，北起中朝交界的鸭绿江口，南达中越相交的北仑河口，大陆岸线长超过 18 000 km，加上 6 500 多个海岛的岸线，岸线长度超过 32 000 km。以杭州湾为界，以北主要是平原型海岸（除辽东半岛、山东半岛外），由厚而松散的粉砂或淤泥组成，岸线平直，潮差较小，良好的潮汐发电港湾坝址较少；以南主要为基岩港湾形海岸，岸线曲折，海岸坡度陡，水深潮大，有优良的潮汐发电坝址。据对全国开发装机容量 200 kW 以上的 424 处港湾坝址的调查资料表明，我国的潮汐能蕴藏量为 1.1 亿 kW。

经过数十年的研究之后，美国科学界和工程界在种类繁多的潮汐发电技术中，筛选出"海底基座"式潮汐发电的技术。从长远来看，只有采用这种技术才能进行工业规模的生产，才能有其商业投资价值，并对环境、生态影响最小。这个结论，也已被各沿海的工业化国家所证实。所以，中国也完全可以按照这一思路，将有限的资金集中在改进"海底"发电技术的研究中和新建水底发电站的项目上。

在中国投资建设潮汐发电站，也需借鉴国外的模式：政府与民间的力量相结合。在供电紧张或需要作供电的电网调配的沿海沿河地区，主要使用民间的资金建设潮汐发电站，政府则尽可能地从资金、税务等政策方面协助。在建设电站的早期阶段，不妨直接引进西方的技术，在完成工程项目中，学习、领会、贯通该技术要领，在此基础上，再"发扬光大"，形成符合中国国情的自主技术。之后，就可以在所有合适的地点，大规模地兴建潮汐发电站，以使潮汐发电成为国家电网中不可或缺的供电主力。

第 **5** 章 其他新能源

5.4　地　热　能

5.4.1　地热能应用概述

1. 地热能概括

地热能（Geothermal Energy）是由地壳抽取的天然热能，这种能量来自地球内部的熔岩，并以热力形式存在，是导致火山爆发及地震的能量。地球内部的温度高达 7 000 ℃，而在 128~160 km 的深度处，温度会降至 650~1 200 ℃。透过地下水的流动和熔岩涌至离地面 1~5 km 的地壳，热力得以被转送至较接近地面的地方。地热能就是在当前技术经济条件和地质条件下，能够从地壳内科学、合理地开发出来的岩石热能量、地热流体热能量及其伴生的有用组分。地热能源既属于矿产资源，也是可再生能源。目前可利用的地热资源主要包括：天然露出的温泉、通过热泵技术开采利用的浅层地温能、通过人工钻井直接开采利用的地热流体以及干热岩体中的地热资源。在全球各国积极应对气候变化，努力减少碳排放的大背景下，开发利用地热能已引起越来越多的国家和企业的重视。

地热能大部分是来自地球深处的可再生性热能，它起于地球的熔融岩浆和放射性物质的衰变。还有一小部分能量来至太阳，大约占总的地热能的 5%，表面地热能大部分来至太阳。地下水的深处循环和来自极深处的岩浆侵入到地壳后，把热量从地下深处带至近表层。其储量比人们所利用能量的总量还要多，大部分集中分布在构造板块边缘一带，也是火山和地震多发区。它是无污染的清洁能源，如果热量提取速度不超过补充的速度，那么热能是可再生的。

人类很早以前就开始利用地热能，例如利用温泉沐浴、医疗，利用地下热水取暖、建造农作物温室、水产养殖及烘干谷物等。但真正认识地热资源并进行较大规模的开发利用却是始于 20 世纪中叶。

1904 年，意大利的皮也罗·吉诺尼·康蒂王子在拉德雷罗首次把天然的地热蒸气用于发电。地热发电是利用液压或爆破碎裂法把水注入岩层，产生高温蒸气，然后将其抽出地面推动涡轮机转动使发电机发电。在这过程中，将一部分没有利用到的水蒸气或者废气，经过冷凝器处理还原为水送回地下，这样循环往复。1990 年安装的发电能力达到 6 000 MW，直接利用地热资源的总量相当于 4.1 Mt 油当量。

地热能是一种新的洁净能源，在当今人们的环保意识日渐增强和能源日趋紧缺的情况下，对地热资源的合理开发利用已愈来愈受到人们的青睐。其中距地表 2 000 m 内储藏的地热能为 2 500 亿吨标准煤。我国地热可开采资源量为每年 68 亿 m^3，所含地热量为 973 万亿 kJ。在地热利用规模上，我国近些年来一直位居世界首位，并以每年近 10% 的速度稳步增长。除地热发电外，直接利用地热水进行建筑供暖、发展温室农业和温泉旅游等也得到较快发展。

2. 地热能分布

（1）全球地热能分布情况

全球地热储量十分巨大，理论上可供全人类使用上百亿年。据估计，即便只计算地球表层 10 km 厚这样薄薄的一层，全球地热储量也有约 1.45×10^{26} J，相当于 4.948×10^{15} t 标准煤，是地球全部煤炭、石油、天然气资源量的几百倍。世界上已知的地热资源集中地分布在以下五个主要地带：

① 环太平洋地热带。世界最大的太平洋板块与美洲、欧亚、印度板块的碰撞边界，即从美国的阿拉斯加、加利福尼亚到墨西哥、智利，从新西兰、印度尼西亚、菲律宾到中国沿海和日本。世界许多地热田都位于这个地热带，如美国的盖瑟斯地热田，墨西哥的普列托、新西兰的怀腊开、中国台湾的马槽和日本的松川、大岳等地热田。

② 地中海、喜马拉雅地热带。欧亚板块与非洲、印度板块的碰撞边界，从意大利直至中国的滇藏。如意大利的拉德瑞罗地热田、中国西藏的羊八井及中国云南的腾冲地热田均属这个地热带。

③ 大西洋中脊地热带。大西洋板块的开裂部位，包括冰岛和亚速尔群岛的一些地热田。

④ 红海、亚丁湾、东非大裂谷地热带。包括肯尼亚、乌干达、扎伊尔、埃塞俄比亚、吉布提等国的地热田。

⑤ 其他地热区。除板块边界形成的地热带外，在板块内部靠近边界的部位，在一定的地质条件下也有高热流区，可以蕴藏一些中低温地热，如中亚、东欧地区的一些地热田和中国的胶东、辽东半岛及华北平原的地热田。

（2）我国地热能分布情况

我国地热资源总量约占全球的 7.9%，可采储量相当于 4 626.5 亿 t 标准煤，是地热资源相对丰富的国家。我国的高温地热资源主要分布在藏南、滇西、川西以及台湾省。西藏高温热田主要集中在羊八井裂谷带，其中藏南西部、东部及中部约有 108 个高温热田，构成我国高温热田最富集的地带；云南是全国发现温泉最多的省，高温热田主要分布在怒江以西的腾冲 - 瑞丽地区，约 20 处；川西分布着 8 个高温地热区，为藏滇高温地热带的一部分。我国主要以中低温地热资源为主，中低温地热资源分布广泛，几乎遍布全国各地，主要分布于松辽平原、黄淮海平原、江汉平原、山东半岛和东南沿海地区，其主要热储层为厚度数百米至数千米第三系砂岩、砂砾岩，温度在 40 ~ 80 ℃ 左右。从温泉出露的情况来看，我国主要有四个水热活动密集带：藏南 - 川西 - 滇西水热活动密集带；台湾水热活动密集带；东南沿海地区水热活动密集带；胶东、辽东半岛水热活动密集带。

5.4.2 地热能的应用

地热资源按赋存形式可分热水型、地压地热能、干热岩地热能和岩浆热能四种类型；而根据地热水的温度，又可分为高温型（>150 ℃）、中温型（90 ~ 150 ℃）和低温型（<90 ℃）三大类。地热能的开发利用可分为发电和非发电两个方面，高温地热资源主要用于地热发电，中、低温地热资源主要是直接利用，多用于采暖、干燥、工业、农林牧副渔业、医疗、旅游及日常生活等方面。此外，对于 25 ℃ 以下的浅层地温，可利用地源热泵进行供暖、制冷。

1. 地热发电

地热发电是地热利用的最重要方式。地热发电和火力发电的原理是一样的，都是利用蒸汽的热能在汽轮机中转变为机械能，然后带动发电机发电。所不同的是，地热发电不像火力发电那样要装备庞大的锅炉，也不需要消耗燃料，它所用的能源就是地热能。地热发电的过程，就是把地下热能首先转变为机械能，然后再把机械能转变为电能的过程。

地热发电作为利用地下热水和蒸汽作为动力源的一种新型发电技术，有高温地热蒸汽发电和中低温热水发电两种方式，近几年，高温及中低温热发电增长迅速。中国产业信息网发布的《2015—2020年中国地热能利用市场供需预测及发展趋势研究报告》指出：截至2014年底，全球地热能发电累计装机容量达到12.7 GW，同比增长7.6%；2014年，全球地热能发电新增装机容量达到了创纪录的887 MW，同比增长了83.6%；2006—2014年全球地热发电新增及累计装机容量如表5.2所示。

表5.2　2006—2014年全球地热发电新增及累计装机容量

年份	2006	2007	2008	2009	2010	2011	2012	2013	2014
年累计装机容量/MW	667	366	344	377	308	182	411	483	887
全球累计装机容量/GW	9.3	9.7	10.1	10.4	10.7	10.8	11.3	11.8	12.7

我国地热发电起步相对较晚。1970年，中国科学院在广东省梅州市丰顺县汤坑镇邓屋村建起的发电量0.3 MW的地热发电站，是我国第一座地热发电站。但真正意义上地热发电主要集中在西藏羊八井。

（1）高温地热蒸汽发电

我国西藏南部经四川西部至云南西部，属于全球性地中海—喜马拉雅地热带的东段，带内有温泉1 000余处，其中高于当地沸点的有81处。目前开发用于发电的仅羊八井地热田1处，完成勘探评价的有羊易地热田1处，其余丰富的高温地热资源仅在青藏铁路沿线的谷露、董翁、续迈、吉达果等10余处进行过详细勘查，所有这些勘查过的地热田其地热发电潜力为13.75×10^4 kW。西藏地热资源普查估算的资源总量为2.99×10^8 kW。

20世纪70年代，我国开始利用高温地热资源发电，先后建成了西藏羊八井、那曲、郎久等7个地热发电站。由于种种原因，到2010年我国高温地热发电仅剩下羊八井电站。该电站维持总装机容量24.18 MW，占拉萨电网总装机容量的41.5%，自1977年投产至2010年，已持续稳定运行了33年，年运行时间4 500～6 000 h，平均利用率为68%，累计发电量已超过24亿kW·h，年发电量稳定在1亿kW·h左右，约占藏中电网的10%。

（2）中低温地热水发电

中低温地热水发电主要是利用地下热水加热某种低沸点的有机工质推动汽轮机发电。我国20世纪70年代的中低温地热水发电已具备相当水平，创造了67 ℃世界最低温度发电的实例。近些年来，我国还在研究开发另一种中低温地热水发电技术，称为螺杆膨胀动力机。这一技术在国外也属于探索性的创新技术。我国自20世纪80年代起开始研究，制成了5 kW的试验机组。1993年又作为国家"八五"攻关项目开始工业试验机的技术研究。

2008年，国电龙源电力集团在羊八井采用双螺杆膨胀动力机技术新建了一个小型地热电项目，可以将地热水全部引入到动力机膨胀做功，地热水在送入全流动力机前无需进行扩容和闪蒸等处理，能量的利用率有较大提高。该项目分两期建设，一期装机1 MW，于2009年8月投入运行，经一年多实际运行考验，到2010年底已累计发电量达560 kW·h。项目二期装机为 1 MW，已于 2010 年 5 月开工。我国中低温地热资源丰富，如果螺杆膨胀动力机技术取得进一步成功，前景将非常广阔。

2. 中低温地热水直接利用

地热直接利用是指不需进行热、电能量转换的地热利用，即地热非电利用。截止 2010 年，全球已有 78 个国家开展了地热直接利用活动，总设备容量为 50 583 MW·t，年利用热能 121 696 GW·h，平均利用系数 0.27。我国目前地热直接利用能量居世界首位（见表 5.3），随着我国社会经济的增长，对地热资源的开发仍将以 10% ~12% 的速度增长。

表5.3 地热直接利用排名前10的国家

国　　家	总生产能量/（GW·h·y^{-1}）	主要利用方式
中国	20 932	直接供热、地源热泵、洗浴
美国	15 710	地源热泵
瑞典	12 585	地源热泵
土耳其	10 247	直接供热
日本	7 139	洗浴
挪威	7 001	地源热泵

我国中低温地热直接利用主要在地热供暖、医疗保健与温泉洗浴、养殖、农业温室种植和灌溉、工业生产、矿泉水生产等方面。并逐步开发了地热资源梯级利用技术、地下含水层储能技术等。随着近年来地源热泵的兴起，地热直接利用在全球地热能开发利用中的比重大幅提高，已远远超过地热发电。

根据上海证券报报道，截至 2005 年底，在全国地热水利用方式中，供热采暖占 18.0%，医疗洗浴与娱乐健身占 65.2%，种植与养殖占 9.1%，其他占 7.7%。到 2010 年，我国地热资源直接利用量达 20 932 GW·h。浅层地温能供暖（制冷）面积达到 1.4 亿 m^2，地热直接供暖面积达到 3 500 万 m^2，洗浴和种植使用地热热量约合 50 万 t 标准煤；各类地热能总贡献量合计 500 万 t 标准煤。

（1）地热供暖

将地热能直接用于采暖、供热和供热水是仅次于地热发电的地热利用方式。地热供暖是将地下热水经过一定的处理后送入换热器，加热供暖系统中的水流，进而热水通过暖气片和地板对千家万户进行供暖。因为这种利用方式简单、经济性好，备受各国重视，特别是位于高寒地区的西方国家，其中冰岛开发利用得最好。该国早在 1928 年就在首都雷克雅未克建成了世界上第一个地热供热系统，现今这一供热系统已发展得非常完善，每小时可从地下抽取 7 740 t 的 80 ℃ 热水，供全市 11 万居民使用。由于没有高耸的烟囱，冰岛首都已被誉为"世界上最清洁无烟的城市"。此外利用地热给工厂供热，如用作干燥谷物和食品的热源，用作硅藻土生产、木材、造纸、制革、纺织、酿酒、制糖等生产过程的热源也是大有前途的。目前世界上最大两家地热应用工厂就是冰岛的硅藻土厂和新西兰的纸浆加工厂。

我国利用地热供暖和供热水发展也非常迅速，主要集中在北方的北京，天津，西安，郑州，鞍山等大中城市以及黑龙江大庆，河北霸州、固安、牛驼镇等油区城镇，利用热泵技术开发

第5章 其他新能源

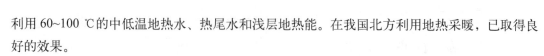

利用 60~100 ℃ 的中低温地热水、热尾水和浅层地热能。在我国北方利用地热采暖，已取得良好的效果。

天津市浅层地热能资源十分丰富，多数热井可产出 80~95 ℃ 的地热水，最高达 103 ℃，最深的地热井为 4 000 m²。据国土资源报 2011 年报道，在天津有供暖小区 140 个，地热供暖面积达到 1 200 万 m²，约占全市集中供暖总面积的 10%，占全国地热供暖总面积的 50%，是我国利用地热供暖规模最大的城市。

另外，陕西省的咸阳市和西安市，山东省的德州、东营、滨州、聊城等市，北京市以及河北省，辽宁省，黑龙江省等一些城市，也都有地热供暖利用。

（2）医疗保健与温泉洗浴

由于地热水从很深的地下提取到地面，除温度较高外，地热水常含有丰富的对人体健康有益的多种矿物质元素，具有较高的医疗保健价值。在我国利用温泉热水进行医疗保健的历史已经非常悠久。公元前 100 年汉代张衡的《温泉赋》中便记有"有疾疠兮，温泉治焉"。我国在 20 世纪 50 年代已建成上百座温泉疗养院（所），据不完全统计，在 2008 年之前我国就已建温泉地热水疗养院 200 余处，突出医疗利用的温泉浴疗有 430 处，而且每年都以 10% 的速度增长。除疗养院外，在已经开发利用的地热田中，全部或部分用于洗浴方面约占地热田总数的 60% 以上。全国现有公共温泉浴池和温泉游泳池 1 600 处。全国开发地热水用于洗浴的水量估计每年约 1.38 亿 m³，利用地热能 716.45 MW，即每年相当于节约或减少了 77.1 万 t 标准煤用量，为 6.88 亿人次提供了地热水洗浴。

我国藏南、滇西、川西及台湾一些高温温泉和沸泉区，不仅拥有高能位地热资源，同时还拥有绚丽多彩的地热景观。如：云南省腾冲是保存完好的火山温泉区，拥有火山、地热景观及珍贵的医疗矿泉水价值；台湾省的大屯火山温泉区也是温泉疗养和旅游观光胜地。

（3）养殖

地热养殖是指利用地热水进行鱼、虾等名贵水产和动物的亲本保种、苗种早繁越冬，延长生长期和冬季养殖。如利用利用地热水养鱼，在 28 ℃ 水温下可加速鱼的育肥，提高鱼的出产率。在我国将地热能直接用于养殖业日益广泛，如培养菌种，养殖非洲鲫鱼、鳗鱼、罗非鱼、罗氏沼虾等。

我国地热养殖在北京、天津、福建、广东等地起步较早，现已遍及 20 多个省（区、市）的 47 个地热田，建有养殖场约 300 处，鱼池面积约 445 万 m²。全国水产养殖耗水量约占地热水总用水量的 5.7% 左右。主要养殖非洲罗非鱼、鳗鱼、甲鱼、青虾、牛蛙等，每年成年鱼繁殖能力比在普通水域养殖的鱼大 100 多倍。大量的新鲜鱼类等畅销海内外，取得了显著的经济效益并提高了农民收入。如北京昌平小汤山地热田，由县畜牧水产局在该地建有两处水产养殖场，年产鱼 20 万 kg，启用 8 个地热井，年耗水 120 万 m³，亩平均年耗地热水 5 800 m³，产鱼每公斤耗地热水 6.0 m³。估计全国用于水产养殖所消耗的地热水 1 400 万 m³ 左右。

（4）农业温室种植和灌溉

地热在农业中的应用范围十分广阔，利用地热资源非常适合生物的反季节、异地养殖与种植。如利用温度适宜的地热水灌溉农田，可使农作物早熟增产；利用地热能可以为温室供暖，地热水中的矿物质还可以为生物提供所需的养分；利用地热给沼气池加温，提高沼气的产量等。

用于农业的地热水，主要为低矿化、低温（40 ℃以下）地热水，也有将高温地热水通过梯级利用后剩余的低温地热水。在我国北方，地热主要用于种植较高档的瓜果类、菜类、食用菌、花卉等反季节、异地养殖与种植植物。到 2011 年，全国共有地热温室和大棚 133 万 m²。我国温室种植开采利用地热资源每年折合标准煤 21.5 万 t，占地热资源年开采总量的 3.4%。

（5）工业生产

我国地热工业生产目前主要用于纺织印染、洗涤、制革、造纸与木材、粮食烘干等，部分地热水还可提取工业原料，如腾冲热海硫磺塘采用淘洗法取磺，洱源县九台温泉区挖取芒硝和自然硫。华北油田利用封存的油井深部奥陶系进行地热水伴热输油，完全替代了锅炉热水伴热输油，取得了明显的经济、社会效益。

（6）矿泉水生产

中国开发地热水生产饮用天然矿泉水始于 20 世纪 80 年代后期，有两种作法：一是利用地热水中某些微量元素（组分）达到饮用天然矿泉水标准，经过处理后生产饮用矿泉水；二是直接利用地热水生产饮用天然矿泉水。据统计，全国利用地热水生产或准备生产饮用天然矿泉水的有近 40 处，主要是北京、安徽、广东、广西、重庆、贵州、云南、陕西、青海等省（自治区、直辖市），以利用矿化度 0.6 g/L 以下、温度 50 ℃以下的地热水为主。

3. 地源热泵应用

地源热泵又称地源中央空调，可从土壤中吸收热量或提取冷量送入室内释放，达到空调的目的。用一套设备可以满足供热和制冷的要求，同时还可以提供生活热水。我国地源热泵自 2004 年以来发展迅速，2007 年增长了近 1 800 万 m²，2008 年增长了 2 400 万 m²，2009 年更增长了 3 870 万 m²，全国地源热泵总利用面积已达 1.007 亿 m²。2010 年，中国地源热泵在世界上的排名跃升至世界第二位。中国连续两年的年增长率都超过 60%，远高于同期世界平均发展速度（20%~22%）。据制冷快报报道，截至 2010 年 3 月，我国应用浅层地温能供暖制冷的建筑项目 2 236 个，地源热泵供暖面积达 1.4 亿 m²，80% 的项目集中在北京、天津、河北、辽宁、河南、山东等地区。在北京，利用浅层地温能供暖制冷的建筑约有 3 000 万 m²，沈阳则已超过 6 000 万 m²。

此外，我国已具备了比较完备的开发利用浅层地热能的地源热泵工程技术、设备、监测和控制系统。2010 年我国生产热泵机组的厂商已发展至超过 200 家，主要分布在山东、北京、深圳、大连、杭州、苏州、广州等地。产品以水－水系统的大机组为主，主流是螺杆式压缩机＋壳管式换热器，也有涡旋式压缩机＋板式换热器或套管式换热器的模块式机组，大型机能达 2 000~3 000 kW 制热（制冷）量，也有适应家庭使用的 10 kW 小型机，但以 50~2 000 kW 为主要产品。除热泵主机外，热泵相关配件和 PE 管线等生产厂家还有 100 多家。另外，国外知名品牌的热泵公司也陆续登陆中国，建立生产基地或寻找合资企业，产品就地供应中国市场。同时，设计和施工队伍也迅速扩大，目前全国该行业的设计和施工队伍超过 10 万人。

随着与地热利用相关的高新技术的发展，人们能更精确地查明更多的地热资源，并将其从地层深处取出，因此地热利用也必将进入一个飞速发展的阶段。

习　题

1. 当前制约氢能大规模商业化应用的主要因素有哪些？

2. 常用的氢能制备方式有哪几种？

3. 结合你对核能的认识，你认为核发电的前景如何？

4. 潮汐发电的主要形式有哪些？

5. 试简述地热能利用的主要方式？

智能微电网应用技术

学习目标

（1）掌握智能微电网的基本概念、组成及各个子系统的工作原理和功能；

（2）掌握光伏发电系统的整体及各个模块设计、选型、实施全过程步骤；

（3）掌握风电发电系统的整体及各个模块设计、选型、实施全过程步骤；

（4）掌握典型智能微电网系统运行过程。

本章简介

本章系统阐述了智能微电网系统的概念、国内外研究现状及发展历程，并以典型的智能微电网系统为模板，详细讲解了智能微电网系统中风、光等子系统的设计与安装过程，最后以智能微电网系统为主线详细讲解了智能微电网系统的运行过程。

6.1　智能微电网应用概述

6.1.1　智能微电网的发展历程

1. 智能微电网定义

智能微电网（简称"微电网"）是由分布式发电、负荷、储能装置及控制装置构成的一个单一可控的独立发电系统。微电网和储能装置并在一起，直接接在用户侧。对大电网来说，微电网可视为大电网的一个可控单元；对用户侧来说，微电网可满足用户侧的特定需求，如降低线损、增加本地供电可靠性。微电网是一个能够实现自我控制、保护和管理的自治系统，既可以与外部电网并网运行，也可以孤立运行。

微电网可以看作是小型的电力系统，它具备完整的发电、输电、配电功能，可以实现局部的功率平衡与能量优化，又可以认为是配电网中的一个"虚拟"的电源或负荷。微电网也可以由一个或者若干个小型的虚拟电厂组成，它可以满足一片电力负荷聚集区的能量需要，这种聚集区可以是重要的办公区和厂区，也可以是传统电力系统供电成本较高的远郊的居民区等。

2. 智能微电网的发展历程

2001 年，美国威斯康星大学麦迪逊分校的 R.H.Lasseter 教授首先提出了微电网的概念，随后美国电气可靠性技术解决方案协会和欧盟微电网项目组也相继给出了微电网的定义。

2003 年，威斯康星大学建成了一个小规模的微电网实验室，总容量为 80 kV·A，实验和测试了在微电网不同运行状态下的多种分布式电源控制；同年，世界各地相继建成了多个微电网示范化工程项目，如希腊在基斯诺斯岛建成 400 V 微电网工程；2004 年，意大利米兰建成了微电网测试项目；2005 年，英国伦敦建成了微电网测试项目，进行了配电网实验原型和试验符合。

2006 年开始，我国把微电网技术研究相继列入国家"863""973"计划。2006 年，清华大学开始对微电网领域进行探索研究，利用清华大学电机系电力系统和发电设备安全控制和仿真国家重点实验室的硬件条件，建设包含可再生能源发电、储能设备和负荷的微电网实验平台。

2008 年，国家电网公司在郑州建成"分布式光储联合微电网运行控制综合研究及工程应用"的示范工程项目，在西安建成"分布式发电 / 储能及微电网控制技术研究"的示范工程项目。

2013 年，中国科学院广州能源所与珠海兴业太阳能技术控股有限公司合作建设"海岛兆瓦级多能互补分布式发电微网"示范工程项目。

6.1.2　智能微电网国内外研究现状

1.　国内智能微电网研究现状

我国已将"分布式供能技术"列入 2006—2020 年中长期科学和技术发展规划纲要，在微电网相关领域的研究已取得了较大进展，并建成了很多微电网动态模拟实验室及示范工程。实验室包括浙江省电力公司微电网实验室、天津大学微电网实验室、合肥工业大学微电网实验室等。在示范工程方面，建成了浙江东极岛独立微电网示范工程、北京左安门微电网示范工程等。这些示范工程在一定程度上论证了技术上的可行性和运行的经济性，对未来微电网的管理模式进行了有益探索。

2.　国外智能微电网的现状

1999 年，美国可靠性技术解决方案协会（the Consortium for Electric Reliability Technology Solutions，CERTS）首次对微电网在可靠性、经济性及其对环境的影响等方面进行了研究。并在 2002 年明确提出了较为完整的 CERTS 微电网定义。随后，在威斯康辛麦迪逊分校建立了实验室规模的微电网平台，初步检验了其可行性理论研究成果。为对微电网进行全面检验，CERTS 与美国电力公司合作，在俄亥俄州 Columbus 的 Dolan 技术中心建立了大规模的微电网。CERTS 微电网涉及的技术主要包括：

① 运行模式间的自动无缝切换。

② 不依赖于高故障电流的继电保护方法。

③ 保持电压、频率稳定的控制策略，以基于电力电子技术的"对等控制"（peer to peer）和"即插即用"（plug and play）作为控制思想和设计理念。

由雅典国立技术大学领导，来自欧盟 7 个国家的 14 个组织和团体共同参与，投资 450 万欧元的欧盟第五框架计划（1998—2002）项目"The Microgrids: Large Scale Integration of Micro-Generation to Low Voltage Grids activity"，是欧盟第一个综合性微电网研究项目。该项目的研究目标如下：

① 研究可再生能源和其他分布式电源的渗透率对微电网的影响。

② 研究微电网并网与孤岛两种模式下的运行与管理方案。

③ 研究行之有效的微电网控制策略。

④ 研究合适的保护措施，使微电网具备完整的故障检测、隔离和孤岛运行能力。

⑤ 研究微电网运行与管理所需的硬件通信设施和通信协议。

⑥ 研究微电网的经济效益和环境效益。

⑦ 在实验微电网的规模上进行仿真与示范。

目前，日本在分布式发电并网和微电网示范工程建设等方面处于世界领先地位。NEDO是日本最大的分布式新能源研究与发展机构，其目标之一是解决分布式新能源并网运行时功率波动带来的诸如电能质量下降等问题，NEDO 已分别在 Aichi、Kyoto 和 Hachinohe 建立了三个微电网示范性工程。Aichi 的微电网示范项目中，分布式电源包括燃料电池、光伏电池和蓄电池储能系统，主要研究了微电网负荷跟踪能力。Kyoto 的微电网示范项目中，设计了能量管理系统，并且达到了在 5 min 内功率不平衡限制在 8% 以下的控制目标。Hachinohe 的微电网示范项目中，分布式电源包括 PV、小型风力机和生物能发电。控制策略主要包括三个方面：电能供需周计划、每 3 min 一次的经济调度和在连接点处每秒级的潮流控制。

3. 智能微电网的前景展望

基于先进的信息技术和通信技术，电力系统将向更灵活、清洁、安全及经济的"智能电网"的方向发展。智能电网以包括发电、输电、配电和用电各环节的电力系统为对象，通过不断研究新型的电网控制技术，并将其有机结合，实现从发电到用电所有环节信息的智能交互，系统地优化电力生产、输送和使用。在智能电网的发展过程中，配电网需要从被动式的电网向主动式的网络转变，这种网络利于分布式发电的参与，能更有效地连接发电侧和用户侧，使双方都能实时地参与电力系统的优化运行。微电网是实现主动式配电网的一种有效方式，微电网技术能够促进分布式发电的大规模接入，有利于传统电网向智能电网的过渡。

微电网中的各种分布式发电和储能装置的使用不仅实现了节能减排，也极大地推动了我国的可持续发展战略。与传统的集中式能源系统相比，以新能源为主的分布式发电向负荷供电，可以大大减少线损，节省输配电建设投资，又可与大电网集中供电相互补充，是综合利用现有资源和设备、为用户提供可靠和优质电能的理想方式，达到更高的能源综合利用效率，同时可以提高电网的安全性。微电网技术虽然引入我国不久，但其顺应了我国大力促进可再生能源发电、走可持续发展道路的要求，因此对其进行深入研究具有重要意义。

6.2　智能微电网应用案例

微电网是指将一定区域内分散的小型发电单元（分布式电源）、储能装置以及当地负荷组织起来形成的配用电系统。它可以与常规电网并网运行，也可以独立运行。本节以"智能微电网应用实训系统"为典型案例进行介绍，该系统契合目前新能源、新能源电子产业、智能电网、智能微电网等典型岗位用人需求的设计思路；基于对智能微电网应用系统的实现原理、性能特

第 6 章　智能微电网应用技术

性的深刻研究，整合分布式能源发电技术、传感技术、信息通信技术、自动控制技术和供配电技术高度集成；该系统由智能微电网环境模拟平台（ESP）、智能微电网管控平台（CSP）、能源互联网仿真规划平台（EISP）三个核心应用平台，以及智能微电网中心管控软件（CCS）、能源互联网仿真规划软件（EISS）两大管理软件模块构成。微电网实训平台外观效果如图6.1所示。

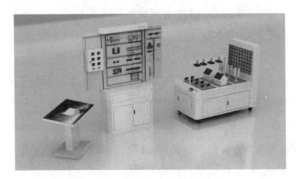

图6.1　微电网实训平台外观效果

6.2.1　光伏发电系统设计与安装

1.　单体太阳能电池组件参数

本系统采用的单体电池组件功率为 3 W，峰值电压为 6 V。

2.　电池组件串并联电路设计与测试

在生产电池组件之前，要对电池组件的外形尺寸、输出功率以及电池片的排列布局等进行设计，这种设计在业内称为光伏电池组件的板型设计。电池组件板型设计的过程是一个对电池组件的外形尺寸、输出功率、电池片排列布局等因素综合考虑的过程。设计者既要了解电池片的性能参数，又要了解电池组件的生产工艺过程和用户的使用需求，做到电池组件尺寸合理，电池片排布紧凑美观。

组件的板型设计一般从两个方向入手。一是根据现有电池片的功率和尺寸确定组件的功率和尺寸大小；二是根据组件尺寸和功率要求选择电池片的尺寸和功率。

电池组件不论功率大小，一般都是由 36 片、72 片、54 片和 60 片等几种串联形式组成。常见的排布方法有 4 片 ×9 片、6 片 ×6 片、6 片 ×12 片、6 片 ×9 片和 6 片 ×10 片等。下面以 36 串联形式的电池组件为例介绍电池组件的板型设计方法。例如，要生产一块 20 W 的太阳能电池组件，现在手头有单片功率为 2.2 ～ 2.3 W 的 125 mm×125 mm 单晶硅电池片，需要确定板型和组件尺寸。根据电池片情况，首先确定选用 2.3 W 的电池片 9 片（组件功率为 2.3 W×9=20.7 W，符合设计要求，设计时组件功率误差在 ±5% 以内可视为合格），并将其 4 等分切割成 36 小片，电池片排列可采用 4 片 ×9 片或 6 片 ×6 片的形式。

板型设计时要尽量选取较小的边距尺寸，以玻璃、EVA、TPT 及组件板型设计排布最佳，同时组件质量减小。另外，当用户没有特殊要求时，组件外形应该尽量设计成准正方形，因为同样面积下，正方形长度最短，做同样功率的电池组件，可少用边框铝型材。

当已经确定组件尺寸时，不同转换效率的电池片制作出的电池组件的功率不同。例如，外形尺寸为 1 200 mm×550 mm 的板型是用 36 片 125 mm×125 mm 电池片的常规板型，当用不同转换效率（功率）的电池片时，可以分别制作出 70 W、75 W、80 W 或 85 W 等不同功率的组件。除特殊要求外，生产厂家基本都是按照常规板型进行生产。

3. 光伏发电系统设计

（1）连接与测试地面光伏电站

步骤 1：先断开总电源、仪表、PLC、开关电源等开关。

步骤 2：选取地面光伏电池组件 4 块，将导线连接到汇流接线端子中，如图 6.2 所示。

图6.2　汇流接线端子

步骤 3：进行地面 4 块光伏电池组件的两串两并连接。

步骤 4：连接光伏控制器及蓄电池连接，光伏控制器连接方式如图 6.3 所示。

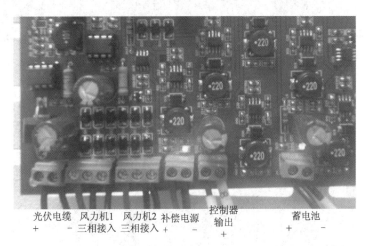

光伏电缆　风力机1　风力机2　补偿电源　控制器　　　蓄电池
　+　－　三相接入　三相接入　+　　－　输出　　+　　－
　　　　　　　　　　　　　　　　　　　+

图6.3　光伏控制器连接方式

光伏电缆接口为地面光伏电站两串两并后的总输出接入点。蓄电池接入点连接标称电压 12 V 蓄电池的正负极。

步骤 5：打开智能微电网管控平台，设置辐照角度和光源强度，设置方法与上述实训内容一致。

步骤 6：启动光源，打开模拟光源；固定太阳轨迹，设置为固定值，90°；导通光伏发电，将两串两并的地面光伏电站接入系统；打开蓄能，连接蓄电池。智能微电网管控平台设置如图 6.4 所示。

通过上述管控平台设置，相当于打开了如图 6.5 所示的实物继电器的连接。

步骤 7：运行平台，读取平台左侧电能表信息。智能微电网管控平台电能表分布如图 6.6 所示。

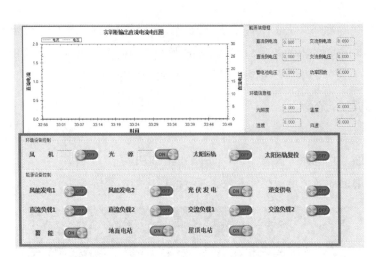

图6.4　智能微电网管控平台设置

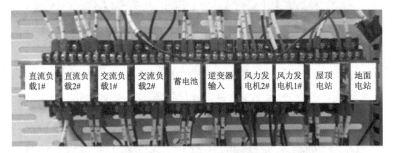

图6.5　实物继电器连接

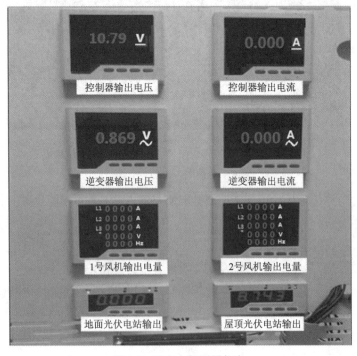

图6.6　平台电能测量仪表

结合实训要求，需要读取地面光伏电站电压、电力；光伏控制器输出电压、电流；此时控制器输出电压和电流为光伏电站给蓄电池提供的充电电压和电流。

步骤8：结合上述步骤，记录表6.1中的数据内容，并分析实训结果。

表6.1 地面光伏电站电性能参数

电性能	地面光伏电站电压	地面光伏电站电流	控制器输出电压	控制器输出电流	光伏电站输出功率	充电功率
参数值						

（2）连接与测试屋顶光伏电站

步骤1：先断开总电源、仪表、PLC、开关电源等开关。

步骤2：选取屋顶光伏电池组件4块，将导线连接到回流接线端子中，如图6.5所示。

步骤3：进行屋顶4块光伏电池组件的两串两并连接。

步骤4：连接光伏控制器及蓄电池连接；光伏控制器连接方式如图6.5所示。（排除地面电站）

步骤5：打开智能微电网管控平台，设置辐照角度和光源强度，设置方法与上述实训内容一致。

步骤6：启动光源，打开模拟光源；固定太阳轨迹，设置为固定值，90°；导通光伏发电，将两串两并的地面光伏电站接入系统；打开蓄能，连接蓄电池，如图6.5所示。

步骤7：运行平台，读取平台左侧电能表信息。屋顶光伏电站电性能参数如表6.2所示。

表6.2 屋顶光伏电站电性能参数

电性能	屋顶光伏电站电压	屋顶光伏电站电流	控制器输出电压	控制器输出电流	光伏电站输出功率	充电功率
参数值						

（3）连接与测试地面、屋顶光伏电站

步骤1：先断开总电源、仪表、PLC、开关电源等开关。

步骤2：选取屋顶光伏电池组件4块，将导线连接到回流接线端子中，如图6.5所示。

步骤3：进行屋顶4块光伏电池组件的两串两并连接。

步骤4：选取地面光伏电池组件4块，将导线连接到回流接线端子中，如图6.5所示。

步骤5：进行地面4块光伏电池组件的两串两并连接。

步骤6：连接光伏控制器及蓄电池连接；光伏控制器连接方式如图6.5所示。（排除地面电站）

步骤7：打开智能微电网管控平台，设置辐照角度和光源强度，设置方法与上述实训内容一致；

步骤8：启动光源，打开模拟光源；固定太阳轨迹，设置为固定值，90°；导通光伏发电，将两串两并的地面光伏电站接入系统；打开蓄能，连接蓄电池，如图6.5所示。

步骤9：运行平台，读取平台左侧电能表信息。智能微电网管控平台电表分布如表6.3所示。

表6.3　智能微电网管控平台电表分布

电性能	屋顶光伏电站电压	屋顶光伏电站电流	地面光伏电站电压	地面光伏电站电流	控制器输出电压	控制器输出电流	光伏电站输出功率	充电功率
参数值								

（4）RETScreen 获取最佳倾斜角

依据 RETScreen International 分析软件，可得光伏计算数据显示的结果，对于某一倾角固定安装的光伏阵列，所接受的太阳能辐射能与倾角有关，通过软件计算可简便地得到光伏阵列最佳倾角为 41°。

对于本系统，太阳能辐射数据与倾角 41°，在朝向正南安装时全年接受到的太阳能辐射量最大，比水平面数值高 20.37%，年发电总量为 3 391.5 MW·h，比其他角度发电量全高，故确定光伏阵列的安装倾角 41°。其计算效果如图 6.7 和图 6.8 所示。

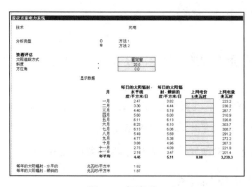

图6.7　倾角为20°

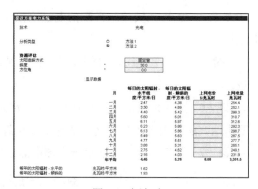

图6.8　倾角为30°

在没有计算机软件的情况下，也可以根据当地纬度由下列关系粗略确定固定太阳能电池方阵的倾角，为消除冬夏辐射量的差距，一般来讲纬度越高倾角也越大，光伏电池方阵倾斜角度见表 6.4。

表6.4　光伏电池方阵倾斜角度

纬　　度	太阳能电池方阵倾角	纬　　度	太阳能电池方阵倾角
0～25°	等于纬度	41°～55°	纬度 +10°～15°
26°～40°	纬度+5°～10°	>55°	纬度 +15°～20°

倾斜角确定好后，如果手头没有计算机软件，可以用水平面辐射量估算太阳能电池方阵面上的辐射量。一般来讲，固定倾角太阳能电池方阵面上的辐射量要比水平面辐射量高 5%～15%。直射分量越大、纬度越高，倾斜面比水平面增加的辐射量越大。

（5）直流接线箱的结构与选型

小型光伏发电系统一般不用直流接线箱，电池组件的输出线直接接到控制器的输入端子上。直流接线箱主要用于大中型太阳能光伏发电系统，作用是把太阳能电池组件方阵的多路输出电缆进行集中输入、分组连接，不仅使连线井然有序，而且便于分组检查、维护，当太阳能电池方阵局部发生故障时，可以局部分离检修，不影响整体发电系统的连续工作。

直流接线箱一般由逆变器生产厂家或专业厂家生产并提供成型产品。选用时主要根据光伏方阵的输出路数、最大工作电流和最大输出功率等参数进行选择。当没有成型产品提供或成品不符合系统要求时，就要根据实际需要自己进行设计制作了。

（6）避雷针

避雷针一般选用直径 12~16 mm 的圆钢，如果采用避雷带，则使用直径 8 mm 的圆钢或厚度 4 mm 的扁钢。避雷针高出被保护物的高度，应大于或等于避雷针到被保护物的水平距离，避雷针越高保护范围越广。

接地体宜采用热镀锌钢材，其规格一般为：直径为 50 mm 的钢管，壁厚不小于 3.5 mm，50 mm × 50 mm × 5 mm 角钢或 40 mm × 4 mm 的扁钢，长度一般为 1.5 ~ 2.5 m。接地体的埋设深度为上端离地面 0.7 m 以上。

引下线一般使用直径为 8 mm 的圆钢。要求较高的则使用截面积为 3 mm^2 的多股铜线。

4. 光伏电源系统的拆解与组装

该系统采用的是 6 W 便携光伏电源系统。控制器、逆变器和电池存储在控制箱。首先要求把该系统的光伏电池组件、控制器、蓄电池、逆变器 4 部分的线路进行分离，然后再完成组装、测试。

（1）光伏电池板的拆解

先用十字螺丝刀把太阳能电池板两端的固定螺钉旋出，再用吸盘把光伏组件吸起，然后用电烙铁把光伏组件的接线拆除。

（2）观察控制器、蓄电池、逆变器等的线路连接

拆除太阳能电池板后，仔细观察光伏电源系统各部件的线路是如何连接的并画出系统的连接图。

（3）拆解控制器、蓄电池、逆变器的连接线路

完成系统的连接图后，对各部件的连线进行拆解。

（4）光伏电源系统的组装

把拆除线路后的控制器、蓄电池、逆变器及太阳能电池板组装起来，安装后进行系统测试。

注意事项：仔细观察控制器、蓄电池、逆变器及太阳能电池板的连接线路，不要接错。

5. 阵列汇流与防雷接地

① 分析光伏阵列，设计电池阵列结构（串并联结构）。

② 将电池方阵进行两串两并接入汇流箱。

③ 测量光伏阵列电流电压相关参数，填写表 6.5 中的内容。

表6.5　光伏阵列电流电压相关参数

电　　池	阵列输出电压	阵列输出电流	汇流箱输出电压	汇流箱输出电压
1号组件				
2号组件				
3号组件				

续表

电池	阵列输出电压	阵列输出电流	汇流箱输出电压	汇流箱输出电压
4号组件				
1、2号串联				
3、4号串联				

6. 光伏供电装置组装与电气连接

① 将光线传感器安装在光伏电池方阵中央，然后将光伏电池方阵安装在水平方向和俯仰方向运动机构的支架上，再将光线传感控制盒装在底座支架上，要求紧固件不松动。

将水平方向和俯仰方向运动机构中的两个直流电动机分别接入 +24 V 电源，光伏电池方阵匀速做水平方向或俯仰方向的偏移运动。

② 将摆杆支架安装在摆杆减速箱的输出轴，然后将摆杆减速箱固定在底座支架上，再将 2 盏投射灯安装在摆杆支架上方的支架上，要求紧固件不松动。

③ 根据光伏供电主电路电气原理图和接插座图，焊接水平方向和俯仰方向运动机构、单相交流电动机、电容器、投射灯、光线传感器、光线传感控制盒、电容器、接近开关和微动开关的引出线。要求引出线的焊接要光滑、可靠，焊接端口使用热缩管绝缘。

④ 整理上述焊接好的引出线，将电源线、信号线和控制线接在相应的接插座中，接插座端的引出线使用管型端子和接线标号。

6.2.2 风力发电系统设计与安装

1. 垂直轴永磁同步风力发电机结构

风力发电机是一种将风能转换为电能的能量转换装置，由风力机和发电机两部分组成。空气流动的动能作用在风力机风轮叶片上，推动风轮旋转，将空气流动的动能转变成风轮旋转的机械能。风力机风轮的轮毂固定在风力发电机的机轴上，通过传动驱动发电机轴及转子旋转，发电机将机械能转变成电能。H 型垂直风力发电机结构简单，主要由风轮装置、发电机、制动装置、控制器和塔架等组成，其结构如图 6.9 所示。

① 风轮装置。风轮装置是把风能转换为机械能的重要部件。风轮装置的设计好坏，将直接决定整个风力发电机系统的成功与否。风轮装置主要由主轴组件、支持翼、叶片等零部件组成。

主轴组件是整个风力发电机组重要的承力构件，传递横向风荷载。主轴与塔架可靠连接，主轴外的套筒起传递扭矩的作用。若不采用该结构，直接将套筒与发电机转子相连，则当风轮承受很大的横向风荷载，发电机转子受弯扭组合荷载，同时处于交变应力状态，对其结构设计极为不利。采用如图 6.10 所示的承力结构形式可以极大地改善结构的受力情况，使得承力结构设计更加合理。

支持翼用来连接主轴和叶片，以形成具有一定刚性的 H 型框架结构，这样有利于叶片的结构设计及整体结构的安全性。

叶片是风力发电机的关键部件，叶片外形设计尤为重要，直接关系到能否获得所希望的功率。支持翼与叶片的连接采用如图 6.11 所示的叶片箍方式，以确保两者连接的可靠性。

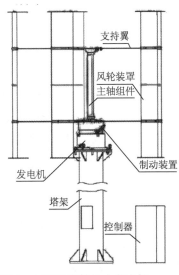

图6.9　H型垂直轴风力发电机

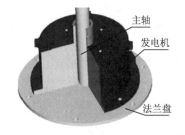

图6.10　主轴与发电机连接结构形式

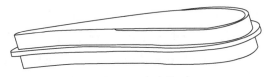

图6.11　叶片箍

② 发电机。发电机的结构形式为立式心轴通孔三相交流永磁同步发电机。发电机为结合 H型垂直轴风力发电机特点而专门设计的低转速发电机。

③ 制动装置。制动装置是风力发电机必须配备的安全控制机构。停机控制使风力发电机在需要进行维修、发生不正常运转或预计发生破坏性强风时，使风力发电机停止运转。制动装置由制动箍、制动蹄、制动带、转轴、摇臂、弹簧、制动绳等零件组成。

④ 控制器。控制器通过发电机输出负荷或蓄能装置提供稳定的电能输出。

⑤ 塔架。塔架是用来支撑风力发电机的构件，该部分的设计对整个结构的安全运行起着重要的作用。

2. H型垂直轴风力发电机的结构设计

对 H型垂直轴风力发电机整机进行复杂的气动性能分析，以确定和优化整机的系统效率，使风力发电系统达到较高的效率。结构设计在气动分析后进行，结构设计必须对系统接受的外部荷载进行分析。作用在风力发电机上的荷载有静荷载和动荷载。在不同工况下系统所受的荷载情况不同，H型垂直轴风力发电机考虑的荷载主要包括：转速变化、风压变化、阵风效应、突然停机、停机遇最大阵风等。通过计算，确定将最危险的疲劳荷载和静荷载作为结构设计的依据。

在风力发电机的结构强度设计中要充分考虑到所用材料的疲劳特性。为了避免共振，一般应使结构自振频率避开转速频率的整数倍。风力发电机在停机工况下，作用最大风荷载通常比较容易计算。风力发电机在运行工况下，作用的荷载比较复杂，有惯性荷载、气动荷载、重力荷载等，这些荷载都随时间而变化，特别是气动荷载和风向变化的影响是随机的，因此要准确计算较为困难。

3. 300 W H 型垂直轴风力发电机参数

300 W H 型垂直轴风力发电机参数设置如下：风轮直径为 1.38 m，叶片高度为 1.1 m，叶片个数为 5 个，工作风速为 4 ~ 25 m/s，额定风速为 10 m/s，最高转速为 250 r/min，安全风速为 55 m/s。结构形式如图 6.9 所示。支持翼材料采用瓦楞状薄钢板，材料为普通碳素钢，叶片材料采用蜂窝状玻璃钢，主轴用 45 号钢。

4. 模拟风场

① 模拟风场由轴流风机、轴流风机框罩、测速仪、风场运动机构、风场运动机构箱、单相交流电动机、电容器、连杆、滚轮、万向轮、微动开关、护栏组成。

② 轴流风机安装在轴流风机框罩内，轴流风机框罩安装在风场运动机构上，轴流风机提供可变风源。

③ 风场运动机构由传动齿轮链机构组成，单相交流电动机和风场运动机构安装在风场运动机构箱中，风场运动机构箱与风力发电机塔架用连杆连接。当单相交流电动机旋转时，传动齿轮链机构带动滚轮运动，风场运动机构箱围绕风力发电机的塔架做圆周旋转运动。当轴流风机输送可变风量的风时，在风力发电机周围形成风向和风速可变的风场。

④ 测速仪安装在风力发电机与轴流风机框罩之间，用于检测模拟风场的风量。

⑤ 万向轮支撑风场运动机构。

⑥ 微动开关用于风场运动机构限位。

5. 操作步骤

① 分析 15 W 垂直轴风力发电机结构设计。

② 将发电机安装在机舱内。

③ 安装轮毂和风轮叶片。

④ 将基本成型的风力发电机安装在塔架上。

⑤ 将单相交流电动机、电容器安装在风场运动机构箱内，再将滚轮、万向轮安装在风场运动机构箱底部。

⑥ 用齿轮和链条连接单相交流电动机和滚轮。

⑦ 将轴流风机安装在轴流风机支架上，再将轴流风机和轴流风机支架安装在轴流风机框罩内，然后将轴流风机框罩安装在风场运动机构箱上，要求紧固件不松动。

⑧ 在风力发电机塔架座上安装 2 个微动开关。用连杆将风场运动机构箱与风力发电机塔架座连接起来。

⑨ 根据风力供电主电路电气原理图和接插座图，焊接轴流风机、单相交流电动机、电容器、微动开关的引出线，引出线的焊接要光滑、可靠，焊接端口使用热缩管绝缘。

整理上述焊接好的引出线，将电源线、信号线和控制线接在相应的接插座中，接插座端的引出线使用管型端子和接线标号。包括整理轴流风机、轴流风机支架、单相交流电动机、测速仪、测速仪支架、接近开关和微动开关的电源线、信号线和控制线，根据 CON9、CON11 和 CON12 接插座图，将电源线、信号线和控制线接在相应的接插座中。

6.2.3 智能微电网系统的运行

1. 风光互补发电系统特性测试

风光互补发电系统主要由风力发电机组、太阳能光伏电池组、路灯控制器、蓄电池、逆变器、交流直流负载等部分组成，系统结构如图 6.12 所示。

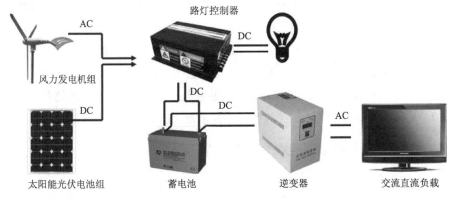

图6.12 风光互补发电系统图

① 风力发电部分是利用风力机将风能转换为机械能，通过风力发电机将机械能转换为电能，再通过控制器对蓄电池充电，经过逆变器对负载供电。

② 光伏发电部分利用光伏电池组件的光伏效应将光能转换为电能，然后对蓄电池充电，通过逆变器将直流电转换为交流电对负载进行供电。

③ 逆变系统由几台逆变器组成，把蓄电池中的直流电变成标准的 220 V 交流电，保证交流电负载设备的正常使用。同时还具有自动稳压功能，可改善风光互补发电系统的供电质量。

④ 控制部分根据日照强度、风力大小及负载的变化，不断对蓄电池组的工作状态进行切换和调节：一方面把调整后的电能直接送往直流或交流负载；另一方面把多余的电能送往蓄电池组存储。发电量不能满足负载需要时，控制器把蓄电池的电能送往负载，保证了整个系统工作的连续性和稳定性。

⑤ 蓄电池部分由多块蓄电池组成，在系统中同时起到能量调节和平衡负载两大作用。它将风力发电系统和光伏发电系统输出的电能转化为化学能储存起来，以备供电不足时使用。

风光互补发电系统根据风力和太阳辐射变化情况，可以在以下三种模式下运行：风力发电机组单独向负载供电；光伏发电系统单独向负载供电；风力发电机组和光伏发电系统联合向负载供电。

风光互补发电比单独风力发电或光伏发电有以下优点：

① 利用风能、太阳能的互补性，可以获得比较稳定的输出，系统有较高的稳定性和可靠性。

② 在保证同样供电的情况下，可大大减少储能蓄电池的容量。

第 6 章 智能微电网应用技术

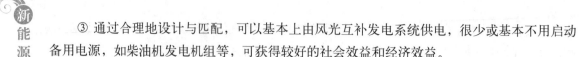

③ 通过合理地设计与匹配，可以基本上由风光互补发电系统供电，很少或基本不用启动备用电源，如柴油机发电机组等，可获得较好的社会效益和经济效益。

风光互补发电系统具体安装步骤如下：

步骤1：先断开总电源、仪表、PLC、开关电源等开关。

步骤2：选取地面光伏电池组件、屋顶光伏各4块组件，选取风力机1和风力机2，通过接线端子连接智能微电网实训平台中，见图6.2。

步骤3：在图6.2汇流接线端子中，进行地面光伏电池组件、屋顶光伏的两串两并连接。

步骤4：进行控制器输入、输出接线连接。输入包括地面光伏电站、屋顶光伏电站、风力机1和风力机2、蓄电池的连接。连接控制端见图6.3。

步骤5：打开智能微电网管控平台，设置辐照角度、光源强度和风力大小，设置方法与上述操作内容一致。

步骤6：启动光源，打开模拟光源；固定太阳轨迹，设置为固定值，90°；导通光伏发电，将两串两并的地面光伏电站接入系统；打开蓄能，连接蓄电池。管控平台设置见图6.4。

通过上述管控平台设置，相当于打开了实物继电器的连接。平台继电器连接见图6.5。

步骤7：通过平台运行，记录相关数据，分析风光互补发电系统工作原理。

2. 并网逆变器的防孤岛效应瞬间保护技术

（1）并网逆变器结构

并网逆变器是并网光伏发电系统的核心部件。与离网型光伏逆变器相比，并网逆变器不仅要将光伏组件发出的直流电转换为交流电，还要对交流电的电压、电流、频率、相位与同步等进行控制，还要解决对电网的电磁干扰、自我保护、单独运行和孤岛效应及最大功率跟踪等技术问题，因此对并网逆变器要有更高的技术要求。图6.13是并网光伏逆变系统结构示意图。

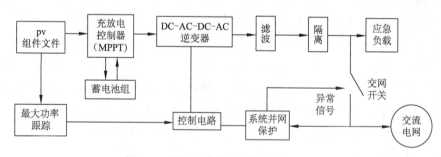

图6.13　并网光伏逆变系统结构示意图

（2）并网逆变器单独运行的检测与防止孤岛效应

在光伏并网发电过程中，由于光伏发电系统与电力系统并网运行，所以当电力系统由于某种原因发生异常而停电时，如果光伏发电系统不能随之停止工作或与电力系统脱开，则其会向电力输电线路继续供电，这种运行状态被形象地称为"孤岛效应"。特别是当光伏发电系统的发电功率与负载用电功率平衡时，即使电力系统断电，光伏发电系统输出端的电压和频率等参数也不会快速随之变化，这样使光伏发电系统无法正确判断电力系统是否发生故障或中断供电，因而极易导致"孤岛效应"现象的发生。

"孤岛效应"的发生会产生严重的后果。当电力系统电网发生故障或中断供电后，由于光伏发电系统仍然继续给电网供电，会威胁到电力供电线路的修复及维修作业人员及设备的安全，造成触电事故。不仅妨碍了停电故障的检修和正常运行的尽快恢复，而且有可能给配电系统及一些负载设备造成损害。因此为了确保维修作业人员的安全和电力供电的及时恢复，当电力系统停电时，必须使光伏系统停止运行或与电力系统自动分离（此时光伏系统自动切换成独立供电系统，还将继续运行为一些应急负载和必要负载供电）。

在逆变器电路中，检测出光伏系统单独运行状态的功能称为单独运行检测。检测出单独运行状态，并使光伏系统停止运行或与电力系统自动分离的功能称为单独运行停止或孤岛效应防止。

单独运行检测方式分为被动式检测和主动式检测两种方式。

① 被动式检测方式。被动式检测方式是通过实时监视电网系统的电压、频率、相位的变化，检测因电网电力系统停电向单独运行过渡时的电压波动、相位跳动、频率变化等参数变化，进而检测出单独运行状态的一种方法。

被动式检测方式有电压相位跳跃检测法、频率变化率检测法、电压谐波检测法、输出功率变化率检测法等。其中，电压相位跳跃检测法较为常用。

② 主动式检测方式。主动式检测方式是指由逆变器的输出端主动向系统发出电压、频率或输出功率等变化量的扰动信号，并观察电网是否受到影响，根据参数变化检测出是否处于单独运行状态的一种方法。

主动式检测方式有频率偏移方式、有功功率变动方式、无功功率变动方式以及负载变动方式等。较常用的是频率偏移方式。

（3）孤岛效应的危害

孤岛效应可能对整个配电系统设备及用户端的设备造成不利的影响，包括：危害电力维修人员的生命安全；影响配电系统上的保护开关动作程序；孤岛区域所发生的供电电压与频率的不稳定性会对用电设备带来破坏；当供电恢复时造成的电压相位不同步将会产生浪涌电流，可能会引起再次跳闸或对光伏系统、负载和供电系统带来损坏；光伏并网发电系统因单相供电而造成系统三相负载的欠相供电问题。

由此可见，作为一个安全可靠的并网逆变装置，必须能及时检测出孤岛效应并避免其带来的危害。

（4）操作过程

① 构建并网光伏发电系统（智能微电网系统）。

② 调节系统负载值，查看上位机采集数据，填写表6.6中的数据。

表6.6 调节负载采集的数据

序号	光伏电池输出电压	光伏电池输出电流	逆变器输出电压	逆变器输出电流
1				
2				
3				
4				

③ 用示波器测量逆变器输出电压波形。

④ 断开市电电网，调节负载，查看上位机采集数据，填写表6.7 中的数据。

表6.7　断开市电调节负载采集的数据

序号	光伏电池输出电压	光伏电池输出电流	逆变器输出电压	逆变器输出电流
1				
2				
3				
4				

3. RS-485气象数据采集组网通信

（1）RS-485 工作特性

波仕的 485TC（见图 6.14）和 485TA 转换器外形都为 DB-9/DB-9 转接盒大小，其中 DB-9（孔座）一端直接插在 9 芯 RS-232 插座（针座）上。PC 的 RS-232 串行口的 DB-9 芯连接器引脚分配如下：2 为 RXD（收），3 为 TXD（发），5 为 GND（地）。产品均无需任何初始化设置，只用到 RXD（收）、TXD（发）、GND（地）信号，加上独有的内部零延时自动收发转换技术，确保适合所有软件。RS-485 为半双工通信方式。

（2）典型的 RS-485 总线式通信方式

最典型的 RS-485 多机通信就是总线式的通信（见图 6.15）：所有 RS-485 结点全部挂在一对 RS-485 总线上。实际上还有一根 GND 线。注意 RS-485 总线不能够开叉，但可以转弯。

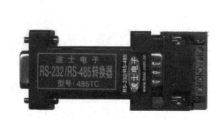

图6.14　波仕的485TC

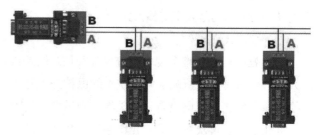

图6.15　典型的RS-485多机通信

RS-422 是全双工通信方式，也就是说发送（Y、Z）与接收（A、B）是分开的，所以能够同时收发。RS-422 有时也称为"全双工的 RS-485"或"RS-485 的全双工方式"。总线式的全双工多机通信图如图 6.16 所示。注意不是所有的 RS-422 都支持全双工多机通信的。波仕的 485TC 系列转换器是少有的能够支持全双工多机通信的，而且全双工半双工通用的转换器。

（3）星形 RS-485 多机通信方式

要实现 RS-485 的星形组网（见图 6.17），必须采用 RS-485 的集线器（HUB）。波仕的 RS-485 光隔 1 拖 4 口 HUB（型号 HUB 4485G）用于组成 RS-485 星形网。HUB 4485G 还实现 RS-485 的上、下位机之间的光电隔离。HUB 4485G 有 1 个上位机 RS-485 口和 4 个下位机 RS-485 口。HUB 4485G 的下位机侧的 4 个 RS-485 口可以分别接 4 路 RS-485 总线。

当 4 路下位机 RS-485 总线中有一个、两个甚至三个 RS-485 短路或者烧坏时，HUB 4485G

的上位机 RS-485 仍然可以与剩余的正常的 RS-485 总线通信。使用 HUB 4485G 组网后，保证某一路或多路 RS-485 总线损坏后不影响其他总线的正常通信。

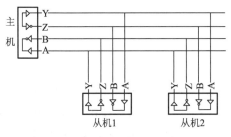

图6.16　总线式的全双工多机通信图

图6.17　星形RS-485多机通信方式

4. 操作过程

① 用导线将主台体上的 +15 V、GND 对应连接到显示与键盘模块，+5 V、GND 连接到 MSP430 单片机开发模块（连线之前确保电源开关处于关闭状态）。

② 按照图 6.18 将显示与键盘模块与 MSP430 单片机开发模块相连。

③ 选取其中一个 MSP430 单片机开发模块作为主机，使用串口线将 COM3 与 PC 的串口相连，并连接 MSP430 仿真器。

④ 打开台体电源和连接仿真器的 MSP430 单片机开发模块，打开"RS485 组网通信"→"主机"→ RS484.eww，配置开发环境，编译下载。下载成功后，关闭 MSP430 模块电源，拔下仿真器。

⑤ MSP430 仿真器连接另一块 MSP430 单片机模块，打开该模块电源，打开"RS485 组网通信"→"从机"→ RS484.eww，修改程序中

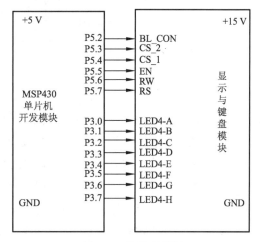

图6.18　连线示意图

的宏定义"SlaverID"的值（目前程序支持 2~32，修改过程中值不能重复），编译成功后下载程序，下载成功后，关闭 MSP430 模块电源，拔下仿真器。

⑥ 重复操作步骤⑤直到所有准备组网的模块均成功下载程序位置。

⑦ 关闭所有电源，将 RS-485 总线分别与 MSP430 单片机开发模块中的 COM1 相连，主机所有的 A 连接在一起，所有的 B 连接在一起。

⑧ 确认连线无误后，打开上位机串口调试助手，设置串口号为"COM1"，波特率 9 600，其他保持不变，然后打开台体和所有模块的电源，观察实验现象。

⑨ 操作完毕后，关闭所有电源开关并整理好设备。

5. 实验注意事项

① 实验操作中不要带电插拔导线，熟悉原理后，按照接线示意图接线，检查无误后，方可打开电源进行实验。

第 6 章　智能微电网应用技术

151

② 实验中严禁将 5 V 信号线与 MSP430 单片机 I/O 口直接连接。

③ 严禁电源对地短路和模块间共地。

④ 从机地址为 2~30，同一个网络中从机的地址不能相同。

6. 信捷PLCXC3编程软件基础应用

（1）PLC 简介

可编程控制器（PLC）是一种数字运算操作的电子系统，专为工业环境应用而设计。它采用一类可编程序的存储器，用于内部存储程序，执行定时、计数、逻辑运算、顺序控制与算术操作等面向用户的指令，并通过模拟或数字式输入/输出，控制各类型机械生产过程。PLC 的结构框图如图 6.19 所示。

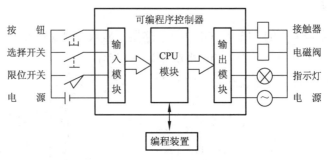

图6.19　PLC的结构框图

① CPU 模块：CPU 模块又称中央处理单元或控制器，它主要由微处理器（CPU）和存储器组成。它用以运行用户程序、监控输入/输出接口状态、作出逻辑判断和进行数据处理，即读取输入变量、完成用户指令规定的各种操作，将结果送到输出端，并响应外围设备（如编程器、计算机、打印机等）的请求以及进行各种内部判断等。PLC 的内部存储器有两类，一类是系统程序存储器，主要存放系统管理和监控程序及对用户程序作编译处理的程序，系统程序已由厂家固定，用户不能更改；另一类是用户程序及数据存储器，主要存放用户编制的应用程序及各种暂存数据和中间结果。

② I/O 模块：I/O 模块是系统的眼、耳、手、脚，是联系外部现场和 CPU 模块的桥梁。输入模块用来接收和采集输入信号。输入信号有两类：一类是从按钮、选择开关、数字拨码开关、限位开关、接近开关、光电开关、压力继电器等来的开关量输入信号；另一类是由电位器、热电偶、测速发电机、各种变送器提供的连续变化的模拟输入信号。

③ 电源：可编程控制器一般使用 220 V 交流电源。可编程控制器内部的直流稳压电源为各模块内的元件提供直流电压。

④ 编程器：编程器是 PLC 的外部编程设备，用户可通过编程器输入、检查、修改、调试程序或监示 PLC 的工作情况。也可以通过专用的编程电缆线将 PLC 与计算机连接起来，并利用编程软件进行计算机编程和监控。

⑤ I/O 扩展接口：I/O 扩展接口用于将扩充外部 I/O 端子数的扩展单元与基本单元(即主机)连接在一起。

⑥ 外围设备接口：此接口可将编程器、打印机、条码扫描仪，变频器等外围设备与主机相连，以完成相应的操作。

（2）信捷 XC3PLC

高性能 PLC 的运行速度是普通 XC3 系列的 3 倍,浮点数指令运算速度更快。5 路高速计数、5 路高速脉冲输出支持运动控制指令晶体管输出，PNP 或 NPN 型输入 AC 220 V 或 DC 24 V 电源可扩展模块和 BD 板，支持 MODBUS 通信。

（3）操作思路

① 安装或卸载信捷 XC 系列 PLC 编程软件 XCPPro。

② 安装或卸载信捷 TP 系列触摸屏编程软件 TouchWin。

③ 安装或卸载信捷 OP 系列文本屏画面设置工具。

④ 编写简单 PLC 程序并下载至 PLC。

⑤ 上载 PLC 程序。

⑥ 编写简单控制画面并下载至 TP 触摸屏。

⑦ 编写最简单控制画面并下载至 OP 文本屏。

（4）操作步骤

① 编写一个简单的 PLC 程序并实践：输入点 X0 通则 Y0 通，输入点 X1 通则 Y1 通……输入点 X10 通则 Y10 通。

② 编写一个简单的 PLC 与触摸屏程序并实践：通过触摸屏上的按键可以控制 Y0 的通断。

③ 编写一个简单的 PLC 与文本屏程序并实践：通过文本屏上的数据寄存器设定可以控制 PLC 输出点的通断，D0=0，则 Y0 通，D0=1，则 Y1 通……D0=10，则 Y10 通。

7. PLC控制器步进电动机

（1）步进电动机基础操作

① 仔细阅读步进驱动器手册，可编程控制器手册（脉冲输出部分内容），深刻理解相关内容。

② 在正确连接各种设备的基础上，通过可编程控制器内部程序的编写，实现步进电动机正转、反转、停止等功能，其对应输入端子分别为 X1，X2，X3。同时输出端子分配如下：Y0 为脉冲输出端子，Y1 为脉冲方向输出端子。

③ 要求通过不同脉冲输出指令实现以上功能，并比较相互之间的区别。

（2）步进电动机正反转实验

通过可编程控制器的脉冲输出功能，实现步进电动机的正反转功能，具体要求如下：

① 当按下启动按钮（即按钮 1，绿色）时，步进电动机先正转 4 周，再反转 6 周，最后正转 2 周停止，再按启动按钮重复动作（见图 6.20）。

② 1 在运行过程中，倘若按下停止按钮（即按钮 3，红色），步进电动机停止运行，当按下继续按钮（即按钮 2，黄色）时，步进电动机走完剩下的行程，要求最终位置回到起点，无偏差。

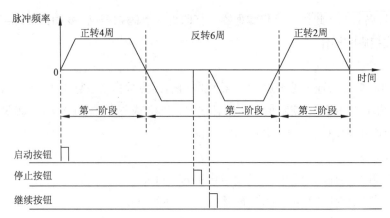

图6.20　正反转过程

③ PLC 输入输出端口分配见表 6.8。

表6.8　输入输出端口分配

输入控制设备	输入端子	输出控制	输出端子
启动按钮	X12	脉冲输出	Y0
停止按钮	X14	脉冲方向	Y1
继续按钮	X13	脱机控制	Y2

（3）操作步骤

① 阅读可编程控制器，步进电动机，步进驱动器相关内容。

② 正确连接 220 V 电源、24 V 电源、可编程控制器、步进驱动器等设备。

③ 编写 PLC 内相关程序，并下载至 PLC。

④ 将相关设备加电，进行程序调试，使其满足控制要求。

⑤ 做好实验数据记录。

8. 微电网分布式电源继电器控制

（1）智能微电网分布式电源继电器操作原理

在智能微电网实训平台中，地面光伏、屋顶光伏、风力机 1、风力机 2、蓄电池、直流负载 1、直流负载 2、交流负载 1、交流负载 2 都由继电器控制电路的导通。继电器的闭合由 PLC 控制。图 6.21 所示为微电网实训平台分布式电源及分布式负载继电器控制部件。

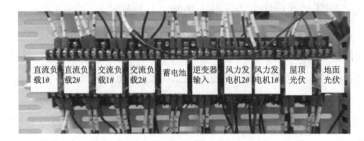

图6.21　分布式电源与分布式负载继电器控制部件

（2）操作步骤

步骤1：先断开总电源、仪表、PLC、开关电源等开关。

步骤2：进行地表光伏、屋顶光伏、直流负载、交流负载的链接。

步骤3：编写PLC内相关程序，并下载至PLC。

步骤4：将相关设备加电，进行程序调试，使其满足控制要求。

步骤5：做好实验数据记录。

9. 微电网模拟量数据采集

（1）模拟量输入/输出模块 XC-E4AD

XC-E4AD2DA（见图6.22）、XC-E4AD2DA-H模拟量输入/输出模块，将4路模拟输入数值转换成数字值，2路数字量转换成模拟量，并且把它们传输到PLC主单元，且与PLC主单元进行实时数据交互。

（2）模块特点

① 4通道模拟量输入：可以选择电压输入和电流输入两种模式。

② 2通道模拟量输出。

③ 14位的高精度模拟量输入。

④ 作为XC系列的特殊功能模块，最多可在PLC主单元右边连接7台模块。

⑤ 4通道A/D具有PID控制功能。

⑥ XC-E4AD2DA-H模拟、数字部分电源隔离处理；电流输出为拉电流。

（3）端子信号

端子信号如图6.23所示。

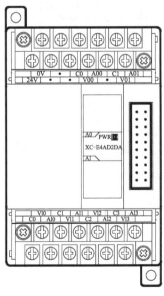

图6.22 XC-E4AD2DA

通道	端子名	信号名
CH0	AI0	电流模拟量输入
	VI0	电压模拟量输入
	C0	CH0模拟量输入公共端
CH1	AI1	电流模拟量输入
	VI1	电压模拟量输入
	C1	CH1模拟量输入公共端
CH2	AI2	电流模拟量输入
	VI2	电压模拟量输入
	C2	CH2模拟量输入公共端
CH3	AI3	电流模拟量输入
	VI3	电压模拟量输入
	C3	CH3模拟量输入公共端
CH0	AO0	电流模拟量输入
	VO0	电压模拟量输入
	C0	CH0模拟量输入公共端
CH1	AO1	电流模拟量输入
	VO1	电压模拟量输入
	C1	CH1模拟量输入公共端
—	24 V	+24 V 电源
	0 V	电源公共端

图6.23 端子信号

（4）外部连接

外部连接时，注意以下几个方面：

① 为避免干扰，请使用屏蔽线，并对屏蔽层单点接地。

② XC-E4AD2DA 外接 + 24 V 电源时，请使用 PLC 本体上的 24 V 电源，避免干扰。

③ XC-E4AD2DA 模块 0 ~ 20 mA 或 4 ~ 20 mA 输出需要由外部提供 24 V 电源，模块依据模拟量输出寄存器 QD 数值调节信号回路电流的大小，但是模块本身并不产生电流。

④ XC-E4AD2DA-H 模块输出 0 ~ 20 mA 或 4 ~ 20 mA 电流时，模块依据模拟量输出寄存器 QD 数值调节信号回路电流的大小，且电流输出为拉电流，无须外接 24 V 电源。

电压单端输入如图 6.24 所示，电压单端输出如图 6.25 所示、电流单端输入如图 6.26 所示、电流单端输出如图 6.27 所示。

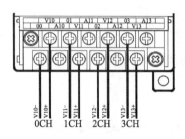

图6.24　电压单端输入

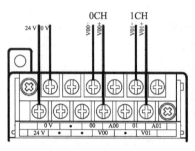

图6.25　电压单端输出

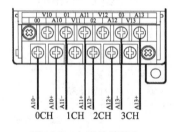

图6.26　电流单端输入

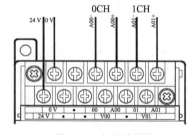

图6.27　电流单端输出

（5）模/数转换图

输入模拟量与转换的数字量关系如图 6.28 所示。

（6）编程举例

实时读取 4 个通道的数据，写入 2 个通道的数据（以第 1 个模块为例），如图 6.29 所示。

说明：

M8000 为常开线圈，在 PLC 运行期间一直为 ON 状态。

PLC 开始运行，不断将 1# 模块第 0 通道的数据写入数据寄存器 D0；

第 1 通道的数据写入数据寄存器 D1；

第 2 通道的数据写入数据寄存器 D2；

第 3 通道的数据写入数据寄存器 D3；

数据寄存器 D10 写入数据给输出第 0 通道；

数据寄存器 D11 写入数据给输出第 1 通道。

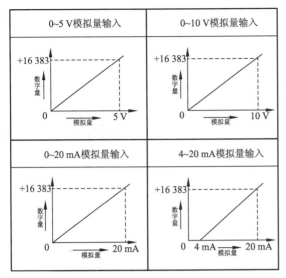

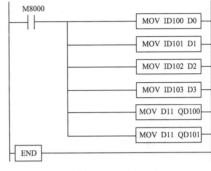

图6.28 模/数转换图	图6.29 梯形图

（7）操作步骤

步骤1：先断开总电源、仪表、PLC、开关电源等开关。

步骤2：进行实物连接，如图6.30所示。

图6.30 实物连接图

步骤3：编写PLC内相关程序，并下载至PLC。

步骤4：将相关设备加电，进行程序调试，使其满足控制要求。

步骤5：做好实验数据记录。

习   题

1. 简述智能微电网的概念。

2. 典型风光柴蓄微电网的组成部件有哪些？它们之间如何开展电力互补？

3. 简述智能微电网中风力发电与光伏发电的设计与安装工艺流程。

4. 智能微电网系统在运行过程中，如何实现电网系统的监控？

第7章

➡ 合同能源管理

学习目标

（1）熟悉合同能源管理的相关概念；

（2）掌握合同能源管理的完整过程；

（3）熟悉合同能源管理的政策；

（4）掌握合同能源管理合同制作流程。

本章简介

从我国实际情况出发，本章系统介绍了合同能源管理的基本概念及国内外发展状况；并以合同能源管理实施的全过程对合同能源管理进行详细的介绍，配备典型的企业案例，系统讲解了合同能源管理的合同制定与节能改造过程。

7.1 合同能源管理概述

7.1.1 合同能源管理简介

1. 合同能源管理的定义

合同能源管理，英文为 Energy Performance Contracting，简称 EPC（国内称为 EMC，为与国际接轨改称 EPC），它是 20 世纪 70 年代在西方发达国家发展起来的一种基于市场运作的全新的节能新机制，其实质就是以减少能源费用来支付节能项目全部成本的节能业务方式。这种节能投资方式允许客户用未来的节能收益为设备升级，以降低目前的运行成本；或节能服务公司以承诺节能项目的节能效益或以承包整体能源费用的方式为客户提供节能服务。

合同能源管理在实施节能用能公司（用户）与节能服务公司之间以节能为目标契约签订，它有助于推动节能项目的实施，是一种以节省的能源费来支付节能项目全部成本的节能投资方式。EPC 专业化管理不仅可以有效地减少项目成本，还通过分享节能项目实施后产生的节能效益来获得利润而不断发展壮大，并吸引其他用能单位和投资者组建更多的 EPC 项目，从而可以在全社会实施更多的节能项目，推动和促进全社会节能的良性发展和壮大。

2. 合同能源管理参与主体

合同能源管理（EPC）的参与主体一般有节能服务公司、能源的用能企业（用户）和能源投融资机构组成。

（1）节能服务公司

节能服务公司通常被称为 ESCO，它是一种基于"合同能源管理"机制运作的、以赢利为直接目的的专业化公司。节能服务公司与愿意进行节能改造的企业（客户）签订节能服务合同，向客户提供能源效率审计、节能项目设计、原材料和设备采购、施工、培训、运行维护、节能量监测等一条龙综合性服务，并通过与客户分享项目实施后产生的节能效益来赢利和滚动发展。

根据合同能源管理的模式不同，节能服务公司一般为项目提供相关资金支持（特殊的合同模式除外），提供项目全过程服务，并保证节能效果，按照双方合同约定，它可以取得相应的收益服务费用，如果合同项目未达到承诺的节能量或者节能效益，节能公司赔偿未达到的节能效益。节能服务公司有以下几种特征。

① 专业性与技术水平。

专业性与技术水平为项目成功运作提供前提。节能服务公司是专业公司，所以它有技术和技术人员的要求，专业技术人员需具有良好的专业水准和技术服务水平，在专业技术人员的指导下才能克服技术问题和降低风险，以便实现预期的节能效益。

② 行业经验。

项目是一个技术经济范畴的系统工程，成功的项目运作来源于经验的积累，公司必须拥有丰富的经验，能对项目做出预判和风险回避，才能更好的为项目服务。

③ 资金实力或融资能力

节能服务公司依法成立，具有注册资金，有进行项目运作的能力，有在违约条件下的赔偿能力，对于特殊的突发状况还有一定的融资能力。

④ 企业的信誉。

良好的信誉是公司开展节能服务的前提，是节能服务公司赖以生存的前提。只有具有良好的信誉，节能服务公司才能接到更多节能业务。

（2）能源改造的用能单位

用能单位一般指传统的用能量巨大的公司，包括国企，民企（如钢铁、煤炭等企业），也有社会公共服务单位（如热力公司、交通市政部门）。

（3）能源融投资机构

能源融投资公司主要是对能源管理或能源投资感兴趣的公司，可以是金融机构也可以是有资金风险投资公司，它们购买节能设备投资或者向专业公司提供资金贷款。

很多实施合同能源管理的项目，需要先垫付资金，随着实施项目的增多，资金压力不断加大，如果没有融资支持，节能服务公司发展就会难以维持。同时由于合同能源管理的投入产出周期长，大项目一般在投入几年以后才会有回报，后续投入面临很大的资金压力，必须要引入融投资的公司。

节能服务公司面向用能单位（客户）提供节能相关的服务，节能服务公司可以通过融资手段获得融资，融资公司可以向企业和节能服务公司提供资金和设备。它们三者的关系如图 7.1 所示。

3. 合同能源管理的分类及特点

"合同能源管理"根据客户的实际情况，为企业提供节能项目的能源审计、节能改造方案设计、能源管理合同的谈判与签署、原材料和设备采购、施工、运行、保养和维护的一条龙服务。按照合同约定内

图7.1　合同能源管理参与者之间关系图

容的不同可分为：节能效益分享模式、节能量保证支付模式、能源费用托管模式、改造工程施工模式、能源管理服务模式等。

（1）节能效益分享模式

节能改造工程的全部投入和风险由节能服务公司承担，在项目合同期内，公司向企业承诺某一比例的节能率，项目实施完毕，经双方共同确认节能率后，在项目合同期内，双方按比例分享节能效益。项目合同结束后，先进高效节能设备无偿移交给企业使用，以后所产生的节能收益全归企业所有。该模式适用于诚信度很高的用能企业。

节能效益分享模式是我国政府大力支持的模式类型，这种模式的实质是一种以减少的能源费用来支付节能项目全部成本的多赢投资方式，它允许用户使用未来的节能收益为设备升级换代，以便降低目前的运行成本。节能服务合同在实施节能项目的企业（用户）与专门的节能服务公司（ESCO）之间签订，它有助于推动节能项目的开展。

（2）节能量保证支付模式

节能服务公司向用户提供节能服务并承诺保证项目节能效益，在项目合同期内，公司向企业承诺某一比例的节能量，用于支付工程成本；项目实施完毕，经双方确认达到承诺的节能效益，一次性或分次向节能服务公司支付服务费，达不到承诺节能量的部分，差额部分由节能服务公司承担；超出承诺节能量的部分，双方分享；直到节能服务公司收回全部节能项目投资后，项目合同结束，先进高效节能设备无偿移交给企业使用，以后所产生的节能收益全归企业所有。该模式适用于诚信度较高、节能意识一般的企业。

注：节能量保证支付模式合同适用于实施周期短，能够快速支付节能效益的节能项目，合同中一般会约定固定的节能量价格。

（3）能源费用托管模式

用能公司购买设备或者融资集团出资购买租赁设备，节能服务公司负责改造企业的高用能设备，并管理其用能设备。在项目合同期内，双方按约定的能源费用和管理费用承包企业的能源消耗和维护。融资公司与用能企业共享节能效率，项目合同结束后，先进高效节能设备无偿移交给企业使用，以后所产生的节能收益全归企业所有。该模式适用于诚信度较低、没有节能意识的企业，一般不采用该模式。

（4）改造工程施工模式

企业委托公司做能源审计、节能整体方案设计、节能改造工程施工，按普通工程施工的方式，支付工程前的预付款、工程中的进度款和工程后的竣工款。该模式适用于节能意识强、熟悉节能技术与节能效益的企业。运用该模式运作的节能公司的效益是最低的，因为合同规定不能分享项目节能的巨大效益。

（5）能源管理服务模式

能源管理服务公司拥有一批熟练各种用能设备起停操作、运行管理、维护保养的技师，拥有先进成熟的能源管理技术与经验，拥有详细的设备操作、运行、保养手册，并制定了严格的能源管理规章制度和工作流程。能源管理服务公司不仅提供节能服务业务，还提供能源管理业务。对许多经营者而言，能源及其管理不是企业核心能力的一部分，自我管理和自我服务的方式是低效率、高成本的方式。通过使用公司提供的专业服务，实现企业能源管理的外包，将有助于企业聚焦到核心业务和核心竞争能力的提升。能源管理的服务模式有能源费用比例承包方式和用能设备分类收费方式两种形态。

目前只有节能效益分享的合同可以申请国家合同能源管理财政奖励和税收优惠，应当依据《合同能源管理技术通则》提供的参考合同来签订节能效益分享型的节能服务合同。

7.1.2 国内外合同能源管理发展状况

（1）国外发展状况

20 世纪 70 年代中期以来，一种基于市场的、全新的节能新机制——"合同能源管理"在市场经济国家中逐步发展起来，而基于这种节能新机制运作的专业化的"节能服务公司"的发展十分迅速，尤其是在美国、加拿大，合同能源管理已发展成为新兴的节能产业，并迅速形成了一个规模超千亿美元的市场。

从国际上的经验看，在 EPC 发展初期，政府都非常重视，制定一系列政策，协调使用单位、金融机构、中介服务单位、ESCO 等共同发展。美国在 20 世纪 80 年代发展的初期，由政府担保，首先对政府机构进行节能改造试点，在全社会取得了很好的带动作用；加拿大则由政府为主导，推动银行等金融机构大力支持 EPC 的发展，成绩卓著；欧洲的 EPC 推广的成绩主要体现在工业领域，西门子等公司在这方面积累了丰富的经验。

国外的合同能源管理机制的实质是一种以减少的能源费用来支付节能项目全部成本的节能投资方式。这样一种节能投资方式允许用户使用未来的节能收益为工厂和设备升级，以及降低运行成本。能源管理合同在实施节能项目投资的企业（用户）与专门的盈利性能源管理公司之间签订，它有助于推动节能项目的开展。在传统的节能投资方式下，节能项目的所有风险和所有盈利都由实施节能投资的企业承担；在合同能源管理方式中，一般不要求企业自身对节能项目进行大笔投资。

（2）国内发展状态

"十一五"期间，我国节能服务产业持续快速发展，不断走向成熟。在我国，上海等一些城市率先成立了合同能源管理办公室和节能服务中心，指导 EPC 的发展，取得了很好的效果，但总体来看还处于发展的初期阶段。从 2006 年到 2010 年，EPC 会员从 89 家递增到

第 7 章 合同能源管理

560 家，增长了 5 倍多；全国运用合同能源管理机制实施节能项目的节能服务公司从 76 家递增到 782 家，增长了 9 倍多；节能服务行业从业人员从 1.6 万人递增到 17.5 万人，增长了 10 倍多；节能服务产业规模从 47.3 亿元递增到 836.29 亿元，增长了 16 倍多；合同能源管理项目投资从 13.1 亿元递增到 287.51 亿元，增长了 20 倍多；合同能源管理项目形成年节约标准煤能力从 86.18 万吨递增到 1 064.85 万吨，实现二氧化碳减排量从 215.45 万吨递增到 2 662.13 万吨，增长了 11 倍多；在"十一五"期间，节能服务产业拉动社会资本投资累计超过 1 800 亿元。到 2015 年，专业化节能服务公司发展到 2 000 多家，其中年产值超过 10 亿元的约 20 家，节能服务业总产值突破 3 000 亿元,累计实现节能能力 6 000 万吨标准煤。此外，我国还建立全方位环保服务体系，积极培育具有系统设计、设备成套、工程施工、调试运行和维护管理一条龙服务能力的总承包公司，大力推进环保设施专业化、社会化运营，扶持环境咨询服务企业。到 2015 年，节能环保产业总产值达到 4.5 万亿元，其中节能服务产业总产值超过 3 000 亿元，年产值超过 10 亿元的企业超过 20 家。节能服务产业行业发展的同时也将带动节能技术研发创新、节能产品制造、节能工程设计、节能咨询评估等相关行业和机构的大力发展，形成以节能服务为核心的配套产业链，成为国家七大战略性新兴产业之首的节能环保产业中最具市场化、最具成长性、充满活力、特色鲜明的朝阳行业。合同能源管理产业在中国必然会有广阔的前景。

7.2　合同能源管理过程

7.2.1　能源管理合同的签署

　　一般来说合同能源管理过程有：用能单位进行接触、节能诊断节能审计、节能改造方案设计、能源管理合同谈判和部署、项目投资实施阶段、交付使用 6 个阶段组成,具体过程如图 7.2 所示。

图7.2　合同能源管理流程图

（1）用能单位双方接触

节能服务公司与用能单位进行初步接触，了解用能单位的经营现状和用能系统运行情况。

向用能单位介绍本公司的基本情况、节能技术解决方案、业务运作模式及可给用能单位带来的效益等。向用能单位指出系统具有节能潜力，解释合同能源管理模式的有关问题，初步确定改造意向。

（2）能源管理合同谈判与签署

客户双方在完成的节能改造方案基础上谈判，并对技术和经济方案进行反复修改，达成一致时即可签订节能服务合同。在通常情况下，由于 ESCO 为项目承担了大部分风险，因此合同期一般为 3 ~ 10 年左右，ESCO 分享项目的大部分的经济效益，小部分的经济效益留给用户。待合同期满，ESCO 不再和用户分享经济效益，所有经济效益全部归用户。

7.2.2 节能方案的设计与实施

能源管理合同在实施过程中，需要对节能方案进行设计、并根据设计方案落实项目，具体过程如下。

1. 节能诊断与节能审计

节能诊断与节能审计阶段包括能源诊断、节能潜力评估和节能措施的可行性研究报告，它是合同能源管理的重要基础。针对不同用户的具体情况，对各种用能设备和环节进行能耗评价，测定企业当前能耗水平。此阶段 ESCO 为用户提供服务的起点，由公司的专业人员对用户的能源状况进行测算，对所提出的节能改造的措施进行评估，并将结果与客户进行沟通。

节能公司一般有四个步骤组成：查清企业能源使用情况→分析能源使用中存在的问题→找出节能的潜力点，提出对应方案→对拟采用的节能措施进行可行性分析。

2. 节能改造方案设计

节能改造方案设计阶段是在节能诊断的基础上，由节能服务公司向用户提供节能改造方案的设计，这种方案不同于单个设备的置换、节能产品和技术的推销，其中包括项目实施方案和改造后节能效益的分析及预测，使用户做到"心中有数"，以充分了解节能改造的效果。

由 EPC 按照与客户商定的拟改造方案进行技术、经济方案设计。具体涉及改造的规模、实施地点、设备的选型、工艺改造技术、工期进度等内容。然后预测能达到的节能量和由该节能改造项目带来的经济效益。

3. 项目投资与实施

（1）项目投资

合同签定后，进入了节能改造项目的实际实施阶段。由于接受的是合同能源管理的节能服务新机制，用户在改造项目的实施过程中，不需要任何投资，公司根据项目设计负责原材料和设备的采购，其费用由 ESCO 支付。

投资按合同约定管理方式不同有所不同，主要分为以下几种类型：

① 节能效益分享型投资。由 ESCO 前期提供全部项目投资，当节能项目投入使用并满足合同约定的节能效益时，客户按合同约定分期向 EPC 支付效益款。

② 节能量保证型投资、能效益分享型投资。由节能服务公司先提前提供全部项目投资，

第 7 章 合同能源管理

当节能项目投入使用并满足合同约定的节能率时，客户按合同约定向节能公司支付节能红利。

③ 其他投资。由企业或者融资单位进行投资，节能服务公司只负责管理或者建设实施的服务。

（2）实施安装过程

合同签署后，节能服务公司提供项目设计、项目融资、原材料和设备采购、施工安装和调试、运行保养和维护、节能量测量与验证、人员培训、节能效果保证等全过程服务。节能改造项目的材料和设备采购，施工、设备安装调试均由节能服务公司负责组织完成，客户除有特定资金的规定外，需配合节能服务公司的施工，提供必要的场地，其他施工作业条件，确保节能改造顺利的完成。

（3）能耗基准、节能量监测

改造工程完工前后，ESCO 与用户共同按照合同约定的测试、验证方案对项目能耗基准和节能量、节能率等相关指标进行实际监测，有必要时可委托第三方机构完成节能量确认，节能量作为双方效益分享的主要依据。

（4）效益分享

由于对项目的全部投入（包括节能诊断、设计、原材料和设备的采购、土建、设备的安装与调试、培训和系统维护运行等）都是由 ESCO 提供的，因此在项目的合同期内，ESCO 对整个项目拥有所有权。用户将节能效益中应由 ESCO 分享的部分按月或季支付给 ESCO。

4. 交付使用

节能改造项目完成后进行验收，可通过实际检测结果以检验项目是否达到合同约定的技术要求，节能量是否达到合同约定。双方签署验收报告后，改造后的设备即交由客户使用，节能服务公司按合同约定向客户提供人员培训。

在交接前，应完成设备调试，ESCO 还将负责培训企业的相关人员，以确保能正确操作及保养、维护改造中所提供的先进的节能设备和系统。在效益分享期内客户按合同约定向节能服务公司支付效益款，企业按合同支付完成全部效益款后，设备所有权归客户，至此该项目结束。

7.2.3 合同能源管理带来的效益

推行合同能源管理，可以形成项目多赢局面，对社会、对用能单位和节能服务公司都有很大作用，主要体现在以下几个方面。

（1）对社会的作用

能减排并减少污染，一般来说合同能源管理的项目节能效率高，EPC 项目的节能率一般在 5%~40%，最高可达 50%；可解决"两型社会"建设中大量用户节能改造资金不足的问题，改善客户现金流，同时可促进内部管理科学化、规范化；对推动全社会节能也具有十分重要的意义，可大大推动和促进节能的产业化，加快全社会的节能降耗步伐。

（2）节能服务公司的影响

为节能服务公司提供直接的节能服务项目，获得节能项目收益。

由于节能服务公司提供能源诊断、改善方案评估、工程设计、工程施工、监造管理、资金与财务计划等全面服务，所以能够比一般技术机构提供更专业、更系统的节能技术；承担节能项目的主要风险，包括技术和工程风险。节能服务公司有着丰富的节能项目操作经验和对节能技术、设备的熟悉，使其能准确找到客户的节能潜力点并设计更合理的技术改造方案，选择高性价比的方案和丰富的项目运作经验，可有效降低实施节能项目的成本。

（3）对用能企业的影响

增加了企业的长期利润点，专业化的节能服务公司提供节能项目的全过程服务，免除企业在项目管理、技术、工程上的负担；降低企业资金投入、技术风险、财务风险、运行管理风险、节能效果风险；大大降低企业节能时遇到的各种风险，有利于企业将更多的资金投入到产品的研发和销售中去。同时，用能企业实施节能改进后，减少了用能成本支出，提高了产品竞争力。同时还因为节约了能源，改善了环境品质，建立了绿色企业形象，从而增强市场竞争优势。

7.3 合同能源管理政策

7.3.1 合同能源管理的政府补贴

国家支持和鼓励节能服务公司以合同能源管理机制开展节能服务，享受财政奖励、营业税免征、增值税免征和企业所得税免的三减三优惠政策。

1. 关于加快推行合同能源管理促进节能服务产业发展的意见

2010 年 4 月 2 日，国务院办公厅转发了由国家发展改革委、财政部、中国人民银行、税务总局联合发布的《关于加快推行合同能源管理促进节能服务产业发展的意见》（国办发 [2010]25 号，以下简称《意见》），该《意见》中明确要完善促进节能服务产业发展的政策措施，其中重要的一项措施是加大资金支持力度，将合同能源管理项目纳入中央预算内投资和中央财政节能减排专项资金支持范围，对节能服务公司采用合同能源管理方式实施的节能改造项目，符合相关规定的，给予资金补助或奖励。

2. 合同能源管理项目财政奖励资金管理暂行办法

2010 年 6 月 3 日财政部、国家发展改革委发布了《合同能源管理项目财政奖励资金管理暂行办法》（财建 [2010]249 号，以下简称《暂行办法》）。

它明确了申请奖励资金的项目需符合以下条件：（1）节能服务公司投资 70% 以上，并在合同中约定节能效益分享方式；（2）单个项目年节能量（指节能能力）在 10 000 吨标准煤以下、100 吨标准煤以上（含），其中工业项目年节能量在 500 吨标准煤以上（含）；（3）用能计量装置齐备，具备完善的能源统计和管理制度，节能量可计量、可监测、可核查。

根据《暂行办法》的规定，财政奖励资金由中央财政和省级财政共同负担，其中中央财政奖励标准为 240 元 / 吨标准煤，省级财政奖励标准不低于 60 元 / 吨标准煤。即节能服务公司每节省相当于 1 吨标准煤的能源，将至少获得 300 元的财政奖励。

为响应中央的节能减排政策，各省的奖励标准将陆续出台，具体项目需根据结合所在省的奖励政策计算可取得的奖励资金金额。

3. 上海市节能减排专项资金管理办法

以上海市为例，为了实现减排工作目标，加快推进合同能源管理工作在全市的开展，规范合同能源管理项目专项资金扶持使用，特制定《上海市节能减排专项资金管理办法》。它规定合同能源管理项目专项扶持资金在市节能减排专项资金中安排，并按照《上海市节能减排专项资金管理办法》要求实施管理。

对符合条件的合同能源管理项目的前期诊断费用进行专项扶持。对由合同能源服务公司进行投资运行的合同能源管理项目，可按实际节能量进行奖励。支持条件如下：

① 在上海市注册的、具有独立法人资格、经主管部门登记备案的合同能源服务公司。

② 合同能源服务公司在本市地域内开展的合同能源管理项目。

③ 项目合同金额高于 30 万元，且项目实施后年节能量超过 100 吨标准煤。

上海市节能减排专项资金管理办法支持标准和方式如下：

① 对符合本办法第四条规定条件的合同能源管理项目，其发生的项目前期诊断费用，由专项资金给予一次性资助，其中对合同金额高于 200 万元、项目实施后年节能量超过 500 吨标准煤的项目，给予一次性资助 5 万元；对其他项目给予一次性资助 2 万元。

② 对由合同能源服务公司进行全额投资运行的合同能源管理项目，根据项目实施后年实际节能量，按照每吨标准煤 300 元的标准对合同能源服务公司进行专项奖励；对由合同能源服务公司与项目实施单位共同投资的合同能源管理项目，根据项目实施后年实际节能量和合同能源服务公司的投资比例，按照每吨标准煤 300 元的标准对合同能源服务公司进行专项奖励。

部分省 / 直辖市 / 自治区合同能源管理中央、政府补贴、政策如表 7.1，其中西藏自治区、香港特别行政区、澳门特别行政区、台湾省，均无以上规定。

表7.1　中央奖励补贴政策汇总表

省/直辖市/自治区	中央奖励补贴明细/（元/t）			地方奖励补贴明细/（元/t）			单个项目支持资金总额（原则上）	实施时间
	国家	地方	合计	省市级财政奖励	投资额%	额外奖励		
北京	240	260	500	450	15~20		≤450万	2010年11月
天津	240	120	360					2011年3月
广西	240	60	300					2010年
河南	240	60	300					2010年
山东	240	60	300			节能突出贡献单位奖金100万元；重大节能成果每项奖金100万；优秀节能成果每项奖金5万元		2007年
江西	240	60	300					2011年
福建	240	60	300				≤300万	2008年
安徽	240	60	300					2010年
浙江	240	60	300					1999年

省/直辖市/自治区	中央奖励补贴明细/（元/t）			地方奖励补贴明细/（元/t）			单个项目支持资金总额（原则上）	实施时间
	国家	地方	合计	省市级财政奖励	投资额%	额外奖励		
江苏	240	60	300				≤200万	2011年
黑龙江	240	60	300			节能先进企业颁发荣誉证书和奖牌，并奖励5万元节能优秀成果奖颁发荣誉证书和奖牌，并奖励5万元		2010年
吉林	240	60	300					2010年
辽宁	240	60	300	150				2010年
山西	240	160	400	350		根据项目实施后年实际节能量，按照不超过400元/吨标准煤的标准进行专项奖励		2010年
河北	240	60	300					2011年
宁夏	240	60	300			对年度排名在前10名的企业给予奖励。其中，一等奖2名，各奖励100万元；二等奖3名，各奖励80万元；三等奖5名，各奖励50万元		2011年
广东	240	80	320				≤200万	2011年
甘肃	240	60	300					2010—2016年
海南	240	120	360	330			≤300万	2011年
贵州	240	60	300					2010年
湖南	240	60	300					2010—2015年
湖北	240	60	300					2010年
青海	240	60	300	100	50			2010年
上海	240	360	600		50		≤600万	2011年
四川	240	60	300					2010年
云南	240	60	300					2010年
内蒙古	240	150	390					2011年
陕西	240	60	300					2010年
重庆	240	120	360	200				2010年
新疆	240	60	300					2011年

　　需注意的是，奖励资金以节能量乘以吨标准煤作为计算单位。标准煤是将不同品种、不同含热量的能源按各自不同的含热量折合成一种标准含量的统一计算单位的能源。因能源的种类不同，计量单位也不同，为了求出不同的热值、不同计量单位的能源总量，必须进行综合计算。由于各种能源都具有含能的属性，在一定条件下都可以转化为热量，所以各种能源所含的热量作为核算的统一单位。即凡能产生 29.27 MJ 的热量（低位）的任何数量的燃料折合为 1 kg 标准煤。在国家发展改革委、财政部发布的《节能项目节能量审核指南》附表中，列明了各种能源折标准煤参考系数，其中电力（当量）折 0.122 9 kg 标准煤 /kW·h；热力（当量）折 0.034 12 kg 标准煤 /MJ。节能服务公司可根据自身情况参考上述内容，估算出具体的奖励金额。

第 7 章　合同能源管理

7.3.2 合同能源管理税收优惠政策

从 2011 年起，我国节能服务公司实施合同能源管理项目将享有增值税、营业税和企业所得税等多项税收优惠政策。为鼓励企业运用合同能源管理机制，加大节能减排技术改造工作力度，财政部、国家税务总局日前联合发布《关于促进节能服务产业发展增值税、营业税和企业所得税政策问题的通知》，明确了我国合同能源管理项目的具体税收优惠政策。两部门在通知中明确，对符合条件的节能服务公司实施合同能源管理项目，取得的营业税应税收入，暂免征收营业税。节能服务公司实施符合条件的合同能源管理项目，将项目中的增值税应税货物转让给用能企业，暂免征收增值税。

通知同时明确，要享有上述营业税和增值税优惠，节能服务公司实施合同能源管理项目的相关技术应符合国家质量监督检验检疫总局和国家标准化管理委员会发布的《合同能源管理技术通则》规定的技术要求；而且节能服务公司与用能企业签订《节能效益分享型》合同，其合同格式和内容应符合《合同法》和国家质量监督检验检疫总局和国家标准化管理委员会发布的《合同能源管理技术通则》等规定。

在企业所得税优惠方面，通知指出，如果节能服务公司同时满足注册资金不低于 100 万元、节能服务公司投资额不低于实施合同能源管理项目投资总额的 70%等多项条件，其实施的合同能源管理项目，凡是符合企业所得税税法有关规定的，自项目取得第一笔生产经营收入所属纳税年度起，第一年至第三年免征企业所得税，第四年至第六年按照 25%的法定税率减半征收企业所得税。

此外，节能服务公司以及与其签订节能效益分享型合同的用能企业，实施合同能源管理项目有关资产的企业所得税也享有优惠政策。

另外，对其无偿转让给用能单位的因实施合同能源管理项目形成的资产，免征增值税；节能服务公司实施合同能源管理项目，符合税收法律法规有关规定条件的，按照能源管理合同实际交付给节能服务公司的有关的合理的支出，均可以在计算当期应纳税所得额时扣除，不再区分服务费用和资产价款进行税务处理；合同期满，节能服务公司提供给用能单位的因实施合同能源管理项目形成的资产，按折旧或摊销期满的资产进行税务处理。

7.3.3 合同能源管理补贴政策的申请

1. 申请条件要求

欲申请财政专项奖励资金的节能服务公司需满足两方面的条件，一是节能服务公司的实体条件。根据《暂行办法》的规定欲申请财政奖励资金的公司需具备以下申请条件。

① 具有独立法人资格，以节能诊断、设计、改造、运营等节能服务为主营业务，并通过国家发展改革委、财政部审核备案。

② 注册资金 500 万元以上（含），具有较强的融资能力。

③ 经营状况和信用记录良好，财务管理制度健全。

④ 拥有匹配的专职技术人员和合同能源管理人才，具有保障项目顺利实施和稳定运行的能力。

二是申请的程序条件。节能服务公司应通过国家发展改革委、财政部审核备案。2010 年 8 月 31 日国家发展改革委、财政部公告了第一批节能服务公司备案名单，此次公告包括全国各省、市、自治区共 461 家节能服务公司名单及业务范围等信息。2011 年 3 月 3 日国家发展改革委、财政部 2011 年第 3 号国家发展改革委、财政部公告第二批节能服务公司备案名单。因此尚未申请备案的节能服务公司可关注相关部门的通知，根据要求，向当地节能主管部门申请备案。

2. 项目时间要求

根据《补充通知》，国家发展改革委、财政部审核备案名单内的节能服务公司，在 2010 年 6 月 1 日（含）以后签订并实施的符合规定条件的合同能源管理项目，可以申请财政奖励资金。第二批备案名单中的节能服务公司 2011 年 1 月 1 日以后签订合同并符合条件的合同能源管理项目，可以申请国家财政奖励资金。

3. 项目范围要求

哪些合同能源管理项目可以申请财政奖励资金，在《补充通知》中对具体项目进行了细化。此处要强调的是，并非所有采用合同能源管理方式实施的节能项目均可以申请财政奖励资金。财政奖励资金支持的项目包括：锅炉（窑炉）改造、余热余压利用、电机系统节能、能量系统优化、绿色照明改造、建筑节能改造等节能改造项目，且采用的技术、工艺、产品先进适用。

明确不予以支持项目包括：

① 新建、异地迁建项目。

② 以扩大产能为主的改造项目，或"上大压小"、等量淘汰类项目。

③ 改造所依附的主体装置不符合国家政策，已列入国家明令淘汰或按计划近期淘汰的目录。

④ 改造主体属违规审批或违规建设的项目。

⑤ 太阳能、风能利用类项目。

⑥ 以全烧或掺烧秸秆、稻壳和其他废弃生物质燃料，或以劣质能源替代优质能源类项目。

⑦ 煤矸石发电、煤层气发电、垃圾焚烧发电类项目。

⑧ 热电联产类项目。

⑨ 添加燃煤助燃剂类项目。

⑩ 2007 年 1 月 1 日以后建成投产的水泥生产线余热发电项目，以及 2007 年 1 月 1 日以后建成投产的钢铁企业高炉煤气、焦炉煤气、烧结余热余压发电项目。

⑪ 已获得国家其他相关补助的项目。

上述 11 类不予支持的项目中，部分并不是节能项目，比如第一类新建、异地迁建项目、第三类已列入国家淘汰目录的项目、第四类违规项目。如太阳能、风能等新能源项目国家有其他明确的财政奖励标准，也属于不予支持的范围。

根据《暂行办法》的要求，此次财政专项奖励资金仅支持的是采用节能效益分享型合同能源管理方式实施的节能改造项目，其他类型的项目暂时尚未纳入奖励资金的支持范围。

4. 申请补贴的受理单位

财政专项奖励资金申请受理部门为节能服务公司实施的合同能源管理项目所在地的省级财政部门、节能主管部门。全国各省、市、自治区根据上述政策出台地方具体申报要求，明确具体受理部门，例如浙江省要求由实施项目的节能服务公司向浙江省经济和信息化委员会和浙江省财政厅提出申请；厦门市要求节能服务公司向厦门市经济发展局提出申请。因此节能服务公司应根据项目所在地政府具体实施细则的要求进行申请。

7.4　合同能源管理案例和合同范本

7.4.1　某焦化企业合同能源管理节能改造

某大型煤炭焦化企业，生产线建造时间较久远，焦化过程使用的风机，长期处于低功率运转工作状态，耗电量巨大，单孔焦用电量 205.08 kW·h，全年用电量 1 953.8 万 kW·h，年耗电折标煤 6 642.92 t。由于焦化企业近来效益不好，资金缺乏，又对相关技术不是很熟悉，后引入节能服务公司对其生产线的节能进行改造。

（1）技术原理

风机是焦化行业中普遍使用的设备，在实际的使用过程中，因工艺需要，需经常调节风机的流量。目前大多数风机采用传统的挡板或阀门进行调节，即在需要降低流量时以增加阻力的方式部分关闭挡板或阀门，使大量能量消耗在挡板或阀门上。采用变频调速技术后可以随工艺的要求实现动态调节，保证风机、水泵高效运行，并节约富裕压力，大幅减少能耗，达到节电的目的。

（2）关键技术

将电机变频技术应用于焦炉除尘系统，将焦炉装煤控制系统、出焦控制系统与焦炉除尘系统自动或手动连锁运行，通过装煤或出焦开始和停止信号自动改变变频器的输出频率，从而改变除尘风机电机的转速，节约电耗，延长设备使用寿命，减少设备维护，保证焦炉除尘系统的稳定运行，减少环境污染。

（3）节能前的项目流程分析

该焦化厂主要生产工艺流程为：将原煤从储煤场经破碎、选洗、精煤备配，再经捣固机装煤推焦车推入炼焦炉炼焦，从焦炉中提取焦化副产品经鼓风冷凝产出焦油；经脱氨产出氨产品；从脱苯中产出粗苯；经增湿、冷却、洗净、干燥产出硫胺；煤焦化转化后，产出焦炭；焦炉煤气外供其他项目使用。这个过程中风机的应用最为频繁，只要改造该工序就能有效节约能源。

（4）提出节能设计方案

项目拟安装西门子变频器，该装置带有切换装置，当变频器有故障时，可切换至工频运行，保证用户生产运行不间断。变频控制柜固定在原启动柜旁，引原启动柜空开下口线接变频器进线端，变频器出线接电动机，操作人员直接在变频器控制面板上操作，也可将变频器控制面板引到操作室，便于工作人员操作。项目主要节能措施如下：

① 在 2 台 400 kW 和 2 台 710 kW 电机的控制室安装变频器及旁路柜。

② 高压柜到变频柜之间的电缆敷设。

③ 从变频柜到电机的电缆敷设。

④ 从 PLC 到变频柜之间的电缆敷设。

⑤ 原液力耦合器拆除。

⑥ PLC 程序的设定。

（5）项目投资及实施情况

节能服务公司于 2011 年 10 月已完成该合同能源管理项目的投资，完成实际投资额 706.2 万元。本项目由节能服务公司全额投资，涉及设备采购、施工、安装、调试、监测、管理以及人员培训费用。所用资金均为公司自有资金。

（6）双方效益的分享

按照节能服务公司和用能单位的合同约定，效益分享期为 5 年，合同签订时的能源价格为 0.45 元 /kW·h，预计节能效益为 503 万元 / 年。

节能服务公司负责项目的所有投资，无需用能单位投资。效益分享期满后设备无偿移交用能单位。效益分享期内，节能服务公司分享 30% 的项目节能效益，预计分享节能效益 151 万元 / 年。

具体节能效益按每月挂表方式进行计算，节能部分经双方认可，由用能单位分月电汇方式支付给节能服务公司。

（7）改造前后能耗情况

项目改造内容为焦化厂地面除尘站除尘风机电机变频改造，由于项目节能量只涉及改前改后除尘站风机电机耗电量，不存在能量的传递，因此，项目边界能源消耗确认为改造前后地面除尘站风机电机耗电量，改造前后能耗情况如表 7.2，由表可知该项目达到节能率 56.78%。

表7.2　改造前耗电量对比表

耗能情况	年单孔焦用电量/（kW·h）	年消耗电量/［万（kW·h）］	相当消耗标煤/t
项目改造前	205.08	1 953.8	6 642
项目改造后	88.64	844.48	2 871
总结	116.44	1 109.32	3 772
节能率	56.78%		

（8）项目审核结论以及获得的奖励

项目真实存在，合同真实有效，改造内容与合同一致，使用计量装置齐备；该项目节能服务公司投资比例为 100%；属于财政奖励资金支持的范围。

该项目年实际节能量为 3 772 t，由节能公司向政府申请奖励，获得国家和地方财政奖励资金共 1 508 800 元。

7.4.2　某节电合同能源管理合同简本

甲、乙双方经过友好协商，本着公平、协作的精神，依据《合同法》之有关规定，就甲乙双方进行合同能源管理节能改造，达成如下条款：

一、合作方式及期限

甲方将其生产的能之星变频节电器出租给乙方使用，并负责为乙方安装、调试。作为回报，乙方将节电器前期运行___五___年节省的电费，按下面的比例与甲方分成以作为设备租赁费。双方分成满五年后，设备全部归乙方所有，其后节能效益全部由乙方受益，具体操作如下：

1. 分成比例为：自验收投入运行之日起

第一年　年甲方 80 %，乙方 20 %；
第二年　年甲方 70 %，乙方 30 %；
第三年　年甲方 60 %，乙方 40 %；
第四年　年甲方 50 %，乙方 50 %；
第五年　年甲方 40 %，乙方 60 %。

2. 总平均节电率的计算

甲方在安装节电器前，由乙方提供合格的电度表，并协助甲方在所有的目标回路中安装到位。

$$总平均节电率 =（Q 前 - Q 后）÷ Q 前 ×100\% = 节电率$$

其中：Q 前 = 安装节电器前一周的照明系统用电量；

　　　Q 后 = 安装节电器后一周的照明系统用电量

在同一线路负载相同的条件下，安装节电器前一周的照明及动力系统用量和安装节电器后一周的照明及动力系统用电量数据，由乙方负责人员会同甲方相关人员共同抄表确认。

计算出实际的节电率后，所有参加抄表人员均需签名确认，并由双方公司盖章生效，作为合同附件。乙方若发现节电器节电效果有变化可以随时要求重新确认。

3. 设备月租费的计算

$$设备月租费 =（M 前 - M 后）× 当年甲方分成百分比$$

其中：M 前 = M 后 ÷（1 - 总平均节电率）；M 后 = 安装节电器后当月的电费

安装节电器后当月的电费为：所有已经安装节电器的回路中所有电度表当月实抄的用电总和。

二、付款方式

节电器安装、调试完毕，总平均节电率达到 25% 以上（如乙方电压稳定〈220 V 以上〉无线路混装现象，节电率可达 25 % 以上）验收合格达到甲方承诺的性能技术指标后，安装、调试完毕之日起，乙方在每月 10 日前支付给甲方上月的设备月租费，其月租费用的计算方法，即以双方认可的节电率，按本合同第一条第三款确定的设备月租费（____元），乙方每月按期支付给甲方。此费用双方约定不受任何因素的影响（如乙方限电影响），按时支付。乙方财务每月 10 日前将应付款汇入甲方指定账号，甲方在每月 3 日前给乙方开具普通发票便于乙方入账。

三、设备归属

在租赁节电器合约期内，设备所有权属甲方所有，合约期结束，设备所有权归乙方所有。

四、甲方承诺

1. 甲方产品符合国家产品质量要求及技术标准。产品使用寿命 10 年，对节电器实行合同期内免费维修。合同期后的维修，双方另签订保修合同，保修费用以不超过整套节电器节约电费的 5% 为准（＿＿＿元），超过部分由甲方负责。

2. 设备发生故障时，甲方保证在得到通知后 48 小时内到现场处理。

3. 签订合同后，甲方在 60 个工作日内完成节电器的安装、调试工作。

4. 负责能之星节电器有关使用方法的咨询、指导。

五、乙方承诺

1. 按合同之规定按时付款给甲方，不得无故拖延，但由于甲方发票送达不及时造成的除外。

2. 提供甲方安装与数据测试的便利。提供真实与准确的节能对比数据。

3. 在合同期内，乙方有责任维护甲方的节电器不被人为破坏、受损或盗窃，否则该修理或损失费由乙方承担。

4. 在节电设备租赁期内，乙方应当妥善保管节电设备，如非质量瑕疵原因致使节电设备损坏，由乙方承担维修费用。

六、违约责任

1. 乙方未按合同约定支付设备月租费，逾期每天应支付所欠款项 1% 的违约金，逾期超过一个月尚未支付，甲方有权解除合同，并拆走节电设备，节电设备在乙方使用过程中受到损坏的，由乙方承担赔偿责任。乙方在解除合同前已经支付的设备月租费不予退还。

2. 因甲方提供的产品出现固有质量瑕疵，节电设备出现质量问题，乙方应当在故障发生24 小时内书面通知甲方，必须甲方及时处理。

3. 任意单方面违背上述协议条款，按有关法律追究违约责任，并赔偿对方的一切经济损失。

4. 乙方在未经过许可的情况下，任意增加节电器的负载而造成节电器的损坏以及其他损失，全部由乙方承担。

七、售后服务

1. 建立客户档案：根据 ISO-9001 的规范及保持良好之商誉，甲方将为乙方建立客户档案以随时跟踪设备的使用情况，保持节电设备运行的良好状态，并可应乙方的要求随时做出抽样检测报告。

2. 对安装于乙方的产品提供相关功能及软件升级服务。

3. 甲方自产品投入运行之日起，对产品提供 2 年免费保修服务。

八、不可抗力

如遇有无法控制的事件或情况（如火灾、风灾、水灾、地震、爆炸、战争、叛乱、暴动或瘟疫等），遭受事件的一方不能履行协议规定的义务，应在 15 日内以书面形式通知另一方，并由当地政府部门或者公证机关出示证明，双方可视具体情况决定继续履行合同，迟延履行合同或者解除合同，因此致使的损失各自承担。

九、合同附件

本合同第一条中测试的节电率数据作为合同附件，由双方经手人员签字盖章，作为日后双方结算的依据。

十、争议解决方式

凡因本合同引起的或与本合同有关的任何争议，双方协商解决，协商不成，可向合同签订地法院提起诉讼。

此合同书一式二份，甲、乙双方各执一份，经双方签字盖章后生效。未尽事宜，双方在友好协商后签署补充协议，所产生的补充协议与本协议具有同等法律效力。

甲方：单位名称（盖章）

乙方：单位名称（盖章）

日期：××××年××月××日

习　题

1. 什么是合同能源管理，EPC 与 EMC 的区别是什么？

2. 合同能源管理过程中，从项目签署到实施，具体需要经历哪些过程？

3. 以某化工（如造纸）企业为例，请制定技能改造的合同能源管理合同，并简单阐述节能改造方案。

第 8 章

➡ 碳 交 易

学习目标

（1）了解我国碳交易背景及发展趋势；

（2）掌握碳交易的基本概念与市场机制；

（3）熟悉电力行业参与碳交易的过程；

（4）掌握新能源（光伏）企业参与碳交易的过程。

本章简介

本章通过能源问题引入碳交易，详细阐述碳交易的背景与发展趋势、碳交易的基本概念与市场机制，并讲解了电力行业与新能源企业参与碳交易的完整过程。

8.1 我国碳交易背景及发展现状

8.1.1 我国碳交易背景

1. 全球气候问题

能源是国民经济的血脉也是人类文明的第一推动力。从木柴时代到石油时代直至电气时代，人类文明一直向前发展的同时，人类的行为和思想观念也在不断的改变。追本溯源，能源的利用方式对人类文明的演进无疑起到重要的推动作用，但是人类利用能源改造世界的同时世界也在改变人类的生存方式，警钟敲响了人类对于改造世界行为的反思。目前全世界人们已清楚地意识到改造世界获取生存的同时也要保护这个世界，随着全球人口和经济规模的不断增长，能源使用带来的环境问题及其诱因不断为人们所认识，"绿色发展，低碳先行"的发展模式越来越获得更多人的认可。

全球气候变暖、酸雨等环境问题是对人类生存和发展的严峻挑战，当下大力发展绿色经济，将节能减排、推行低碳经济作为各国国家发展的重要任务，培育以低能耗、低污染为基础的低碳排放为特征的新的经济增长点成为各国发展重要手段。各国着力发展"低碳技术"，并对产业、能源、技术、贸易等政策进行重大调整，抢占先机和产业制高点。低碳经济的争夺战，已在全球悄然打响。这对中国，是压力、也是挑战，同时，更是发展的新机遇。

2. 我国碳交易的背景

我国是《联合国气候变化框架公约》和《京都议定书》的缔约方，中国政府已郑重向全世界宣布：到 2020 年，单位国内生产总值（GDP）二氧化碳排放量比 2005 年下降 40% ~ 45%；同时还要实现非化石能源占一次能源消费的比重达到 15% 左右，森林面积和蓄积量分别比 2005 年增加 4 000 万公顷和 13 亿立方米。这也是我国当下大力支持新能源发展的一个重要原因，十三五时期我国把"创新、协调、绿色、开放、共享"五大理念贯穿经济发展中，统筹发展全格局。五大理念把绿色发展作为我国在可持续发展框架下应对气候变化的重要手段，是全面建成小康的重要评价指标。在实现绿色发展中，党和国家始终在主导节能减排目标，党的十七大报告明确提出："建设文明生态环境，基本形成节约资源和保护环境的产业结构，增长方式，消费模式，主要污染物的有效排放得到控制，生存环境质量明显改善"。中国是发展中的大国也是装备制造中的强国，经济发展过分依赖化石能源的消耗，导致碳排放总量不断增加，环境污染日益严重等问题，已经严重影响经济增长的质量和发展可持续性。

当前我国大力发展新能源等可再生能源，发展低碳经济除了应对国际气候变化等外来压力外还需应对内在发展要求，主要体现在以下几个方面：

① 我国人均资源拥有量不高。再加上后天的粗放利用，客观上要求我们发展低碳经济。

② 碳排放总量突出。碳排放总量实际上是以下 4 个因素的乘积：人口数量、人均 GDP、单位 GDP 的能耗量（能源强度）、单位能耗产生的碳排放（碳强度）。我国人口众多，经济增长快速，能源消耗巨大，碳排放总量不可避免地逐年增大，其中还包含着出口产品的大量"内涵能源"。

③ 锁定效益的影响。锁定效应指的是事物发展过程中，人们对初始路径和规则的选择具有依赖性，一旦作出选择，就很难改弦易辙，以至在演进过程中进入一种类似于"锁定"的状态工业革命以来，各国经济社会发展形成了对化石能源技术的严重依赖，其程度也随各国的能源消费政策而异。发达国家在后工业化时期，一些重化工等高碳产业和技术不断通过国际投资贸易渠道向发展中国家转移。我国倘若继续沿用传统技术，发展高碳产业，未来需要承诺温室气体定量减排或限排义务时，就可能被这些高碳产业设施所"锁定"。因此，我国在现代化建设的过程中，需要认清形势，及早筹划，把握好碳预算，避免高碳产业和消费的锁定，努力使整个社会的生产消费系统摆脱对化石能源的过度依赖。

④ 生产边际成本不断增加。碳减排客观上存在着边际成本与减排难度随减排量增加而增加的趋势。1980—1999 年的 19 年间，我国能源强度年均降低了 5.22%；而 1980—2006 年的 26 年间，能源强度年均降低率为 3.9%。两者之差，隐含着边际成本日趋提高的事实。另外，单纯节能减排也有一定的范围所限。因此，必须从全球低碳经济发展大趋势着眼，通过转变经济增长方式和调整产业结构，把宝贵的资金及早有序地投入到未来有竞争力的低碳经济方面。

⑤ 碳排放空间不大。发达国家历史上人均千余吨的二氧化碳排放量，大大挤压了发展中国家当今的排放空间。我们完全有理由根据"共同但有区别的责任"原则，要求发达国家履行公约规定的义务，率先减排。2006 年，我国的人均用电量为 2 060 度，低于世界平均水平，只有联合组织国家的 1/4 左右，不到美国的 1/6。但一次性能源用量占世界的 16% 以上，二氧化碳排放总量超过了世界的 20%，同世界人均排放量相等。这表明，我国在工业化和城市化

进程中，碳排放强度偏高，而能源用量还将继续增长，但碳排放空间不会很大，因此应该积极发展低碳经济。

3. 我国碳交易的重要性

在适应国际气候变化绿色发展的背景下，随着"京都议订书"的签订，碳排放权作为一种减排机制出现。低碳经济已渗透到实际生活的方方面面，中国当代建设碳市场交易是非常有必要的，建立碳交易市场的重要性主要体现在以下几个方面。

（1）建立碳排放交易市场是改变粗放型增长模式的需要

改革开放以来，我国经济取得了飞速的发展，在世界经济体中发挥越来越大的作用，2010 年以后我国经济指数超过日本成为第二大经济体。然而我国经济的增长是建立在三高(高污染，高排放，高消耗）基础之上的粗放型的经济增长模式，这种经济的增长模式严重制约阻碍了我国经济和环境的可持续发展。要改变我国粗放型的经济增长模式，改变高排放高能耗的问题，就必须降低我们的能源消耗，进一步优化我国进出口结构，降低粗放型产品出口；调整能源结构，逐步降低对高污染高排放的能源的依赖。由于碳排放交易体系往往都会选择能源、电力、煤炭、有色金属等高排放行业作为减排企业，所以，碳市场的建立会促进这些企业节能生产，更新技术，赋予企业激励机制，对我国转变经济增长方式发挥重要作用。

（2）建立碳排放交易市场（碳交易）是国际压力的需要，是参与国际碳竞争、争取定价权的需要

随着全球低碳经济的发展，越来越多的国家参与到国际碳市场和碳竞争中来，无论基于配额还是基于项目的碳交易都呈现迅猛的增长，尤其是欧美，一直居于全球碳排放交易市场的主导地位。二氧化碳排放配额、衍生出来的碳期权、碳期货的衍生品，以及碳减排项目，是全球主要碳交易平台中的交易标的，欧盟碳排放交易体系（European Union Emissions Trading Scheme，EU—ETS）是全球碳交易市场的领导者和最大的碳交易市场。

在国际碳交易市场上，发达国家通常通过清洁发展机制（Clean Development Mechanism，CDM）购买温室气体排放额度，而发展中国家的碳排放权交易处在全球碳产业链的最低端，其创造的核证减排量被发达国家廉价购买后，通过金融机构的包装，开发成高价的金融产品和衍生品。面对巨额的利润，众多发达国家纷纷到发展中国家炒碳。我国也是碳交易的大国，是全球 CDM 项目最大的卖家，然而，包括我国在内的发展中国家在国际市场上没有碳的定价权和主动权，我国每年一直以低廉的价格出口碳；由于没有主动权，发达国家甚至以各种理由压低我国碳价格，使我国长期处于不利的地位。

随着国际碳竞争的日趋激烈，碳交易市场日渐激烈，碳交易市场日渐成为一个巨大的商机和利益，严重影响一个国家的竞争力。因此，中国必须建立起一个完善的碳排放交易体系和交易市场，参与未来国家间的碳竞争，争取定价权。

总之，我国建立碳排放市场的必要性是由内部因素和外部因素共同决定的。对内来说，我国建立碳交易市场对产业结构升级，转变粗放型的经济增长方式，提高能源利用效率，实现经济和社会的可持续发展，需要建立自己的碳市场；对外来说，我国要参与国际气候谈判，参与未来碳竞争，应对国际各方压力，更加需要建立起自己的碳交易市场体系。2007—2011

年中国碳排放总量情况如表 8.1。

表8.1　我国2007—2011年碳排放总量情况

年　　份	2007	2008	2009	2010	2011
世界碳排放总量/kt	31 411 522.0	32 207 261.0	32 049 580.0	33 615 389.0	42 424 434.0
中国碳排放总量/kt	6 791 804.7	7 035 443.9	7 692 210.9	8 286 892.0	9 243 272.0
中国碳排放占比%	21.62	21.84	24	24.65	30.2

当下我国发展处在工业化快速发展时期，我国的碳排放量在过去20年里急剧上升。在2006年超越美国成为世界上最大的温室气体排放国。2007—2010年我国的碳排放量占世界碳排放量的比重由 21.62% 升至 24.65%（见表 8.1），即全球每年近 1/4 的温室气体来自中国，我国必须控制温室气体排放，积极转变经济发展方式，走绿色低碳发展之路。我国政府在2009年哥本哈根气候大会上做出承诺：到2015年，中国的碳强度和能源消耗强度在2010年的水平上分别下降17%、16%；2020年，碳强度要比2005年降低40%～45%。为此国务院制定《节能减排"十二五"规划》，到2015年，在能源强度上全国万元国内生产总值能耗下降到 0.869 吨标准煤（按 2005 年价格计算），比 2010 年的 1.034 吨标准煤下降 16%（比 2005年的 1.276 吨标准煤下降 32%），实现节约能源 6.7 亿吨标准煤，主要产品（工作量）单位能耗指标达到先进节能标准的比例大幅提高，部分行业和大中型企业节能指标达到世界先进水平。"十二五"期间通过政府和企业的不断努力，节能减排取得骄人的成绩。"十三五"期间我国节能减排已进入新的征程，"十三五"期间我国要完成到2020年单位GDP碳排放要比2005年下降40%~45%的国际承诺低碳目标，并且要为完成中美气候变化联合声明中提出的我国在2030年左右要达到碳排放的峰值的中长期低碳发展目标奠定基础，同时要在大气污染防治等环境指标方面取得明显成效。中国中央政府已经采取行政措施，通过向地方政府层层下达单位 GDP 碳排放强度指标的方法实施控制。这种方式在减轻温室气体的排放强度上取得了很大进展，但远不足以应对形势需要。当前亟须扩大和完善有效的市场化方式来增强市场上相关减排主体的内在动力，增强减排主体的积极性。

8.1.2　我国碳交易的现状

总体而言，我国碳交易还在处于探索研究阶段。2011年10月底，国家发改委批准在北京、天津、上海、重庆、湖北、广东、深圳7省市开展碳排放权交易试点工作。目前，7个试点省市的碳排放权交易市场已全部启动。配额总量合计约每年 12 亿吨二氧化碳，覆盖 20 多个行业及 2 000 余江企业，事业单位。截至 2014 年 11 月底，各地区合计交易量约为 1 444 万吨二氧化碳，交易额 5.39 亿人民币，地方配额价格 24~80 元。

2014年12月，国家发改委颁布了《碳排放权交易管理暂行办法》，具体解释和规定了配额管理、排放交易、核查与配额清缴、监督管理、法律责任等几个部分。同时，《国家应对气候变化规划(2014—2020 年)》要求，到 2020 年，单位国内生产总值二氧化碳排放比 2005 年下降 40%~45%。

1. 中国碳交易市场配额的总体规模不断扩大

"十二五"规划中，中国提出要"逐步建立碳排放权交易市场"，在初始阶段，中国选定了北京、深圳、上海、天津、重庆、湖北、广东 7 个省市作为碳交易市场机制建设的试点地区。7 个试点省市采用了类似 EU - ETS 的制度设计，即总量控制下的排放权交易，同时也接受了来自国内自愿减排项目产生的抵消碳信用。

截至 2013 年底，中国的碳交易市场配额总体规模为 10.82 亿吨，重点集中在电力、水泥、钢铁以及石化等重化工业，形成了近十个行业的温室气体排放核算体系，从而满足企业核算温室气体报告制度建立的基本需求。2013 年，七大碳交易试点的碳交易配额通常占其地区内 CO_2 排放总量的38% ~ 60%。不同试点所纳入的行业差距及纳入门槛的差距也十分突出，湖北、广东和天津试点由于区内工业企业多，因此纳入门槛比较高；而北京和深圳的服务业因占经济比重大也被纳入到碳排放交易中，未来还将逐步扩大到交通排放领域。

2. 中国碳交易二级市场的运行状况

2013 年 6 月 18 日正式启动中国第一家碳排放交易所——深圳市排放权交易所，截至 2014 年 6 月 19 日重庆碳排放交易正式开市，中国已形成北京、上海、广东、天津、湖北、深圳和重庆 7 个省市交易所。目前，中国碳交易二级市场整体交易并不活跃，入市门槛较低，价格波动幅度较大，各地区价格差异较大。在一年多的时间里，二级市场成交量达到 1 047.8 万吨，总成交额 42 011 万元，中国碳排放交易市场初见规模，增长潜力巨大。深圳率先建立碳排放权交易市场，标志着国内碳交易配额交易型市场启航。

中国碳交易市场潜力巨大，但国内企业缺乏必要的专业知识，和国际价格市场价格相比，相关碳交易产品存在严重的价值低估现象。目前，中国已成为世界上最大的碳排放量供应国之一，出口份额已占全球40%，但是我国一直缺乏相应的专业交易平台，由于用时没有明确的碳排放量的定价权，将在一定程度上制约我国碳交易市场的长期发展。在十三五"绿色"发展理念的引领下。我国碳交易必将由政府政策引导走向市场主导；从区域市场走向全国市场。截止 2016 年目前我国碳市场建设的速度加快，2017 年我国将在试点的基础上总结经验建立全国碳交易市场。

8.2　碳交易基本概念与市场机制

8.2.1　碳交易的基本概念

碳交易，可以理解为"碳＋交易"，其中碳是商品，交易是经济学中所说的流通手段。碳交易中碳是主体，把二氧化碳排放权作为一种商品，从而形成了二氧化碳排放权的交易，简称碳交易。碳交易基本原理是，合同的一方通过支付另一方获得温室气体减排额，买方可以将购得的减排额用于减缓温室效应从而实现其减排的目标。在 6 种（一氧化二氮、二氧化碳、六氧化硫、氟氯烃、全氟烃、甲烷）被要求排减的温室气体中，二氧化碳（CO_2）为最大宗，所以这种交易以每吨二氧化碳当量（tCO_2e）为计算单位，所以通称为"碳交易"。其交易市场称为碳市场（Carbon Market）。碳交易过程中所涉及的概念如下：

1. 排污权

碳交易实质是一种排污权的交易,排污权交易是碳排放权交易的基础和理论源泉,排污权交易是指在一定区域内,在污染物排放总量不超过允许排放量的前提下,内部各污染物的排放源之间通过买卖的方式,来互相调剂排污量的余缺,从而达到控制排污量总量,减少环境污染和环境保护的目的。

2. 碳交易交易基础

按照《京都议定书》的规定和约束,参与排放的国家的二氧化碳排放量由于有了总量控制,二氧化碳排放权就变成了一种稀缺资源,这样,就拥有了商品的属性和交易的基础。由于每个国家在技术等方面存在差异,因此碳减排方面的成本的也存在差异。边际成本的不同就使碳排放权有了价值,从而促成碳交易市场,来应对一系列气候问题。按照《京都协定书》中的交易规则,在规定的减排期限内,若不能完成减排目标,可以在碳市场上来购买排放额度;如果能完成减排目标且有富余,可以在碳市场上出售其剩余的排放额度。

对二氧化碳排放的总量控制使二氧化碳排放有了商品的属性;边际减排成本的不同使二氧化碳排放权有了价值,从而构成二氧化碳排放权交易和市场形成的基础。

3. 碳盘查与碳期货

碳排查以政府、企业等为单位计算其在社会和生产环节中直接或间接排放的温室气体,称为碳排查(碳排放量)。碳期货,是指把碳作为商品流通,投资者可以对碳期货进行投资或投机。

4. 碳交易主体

碳交易市场的主要参与者包括政府职能:出台政策,规范其发展;控排企业:需求的来源;减排企业:卖出多余配额生产二氧化碳交换率(Carbon Dioxide Exchange Rate,CER);中间商:倒卖配额 CER;第三方核证机构:盘查控排企业,核证 CER;咨询公司:开发 CER。

8.2.2 碳交易的市场机制

中国碳交易市场机制总体来说分为总量控制机制、配额分配管理机制、价格形成机制、监督机制和调控机制五个部分。

1. 总量控制机制

碳交易的前提是排放权,排放权是一种稀缺资源,为保证交易市场的运行安全,我们需要通过设置一个未来一段时期内的排放总限额,限额必须考虑结合中国社会的环境容量、政策、经济、能耗等因素。该排放总额是根据历史排放量或是企业的经济运行状况,经济效益等指标来确定,当然,总量的确定不是一成不变的,随着交易的进行,需要随着经济的发展随时做出科学的调整,为确保其限制作用。总量控制机制是实现碳交易的基础,若没有这个排放限额,排放权稀缺性就不存在,意味着企业没有排放限额,因此排放限额极为重要。

2. 配额分配管理机制

配额分配方式有三种：公开拍卖、标价出售、免费分配。前两种分配方式作为有偿分配，企业会对这种付费排放产生抵触，使得温室气体减排遇到很大阻力；相对而言，免费分配更加容易且具有更大的操作性，在发达国家市场上也得到企业的认同。在进行碳交易初始阶段，也采用免费排放许可证，主要原因是在碳交易市场形成初期，大多数企业处在观望阶段，对交易市场不了解、不信任，难以让企业参与进碳交易市场中来。免费分配，相当于给企业一定的资本投入，排放不完可以作为商品在市场流通进行买卖。在拍卖中企业获得的排放权数量完全取决于其在它们拍卖过程中愿意支付的价格，这样完全可以鼓励企业进行产线升级，技术改造和升级，提高企业开发新的减排技术的能力。

在进行碳排放权分配，需遵循以下原则：

① 不同行业，分配不同：比如碳排放量高的企业如钢铁企业、电力企业、建材企业、冶金企业，应多分配碳排放权，而服务行业相应的减少分配配额。

② 不同地区，配额不同：对于我国西部经济发展落后地区增加排放配额，使其集中精力发展经济。

3. 价格形成机制

碳交易市场价格形成机制主要有两种方式：撮合交易机制和询价交易机制。

① 撮合交易机制采用集中竞价方法，分为两个过程：集合竞价过程和连续竞价过程。集合竞价过程，每个交易日开市，交易者根据几天成交量情况，提交自己的买卖订单，交易市场把所有的订单全部整合至撮合主机，进行撮合分配，把成交量最大的价位规定为集合竞价价位，如果有两个以上这样的价位，说明满足下列条件的价位，出价与选取价位相同的委托方必须全部成交；高于选取价位的所有买方有效委托和低于选取价位的所有卖方有效委托全部成交。如果满足以上条件的价位仍有多个，选取距离上日收市价最近的价位，然后进行撮合处理，最大化满足交易者的意愿。

连续竞价过程，当集合竞价结束后，就进入连续竞价，直至当天交易结束。在集合竞价过程中并没有成交的订单全部自动转入连续竞价过程。对每一笔进入连续竞价的委托，市场进行撮合，遵循价格优先，时间优先的原则。如买价高于即时价格则是最低卖价成交；若买卖价低于即时价格则是最高买价成交。

② 询价交易机制，这是一种相对灵活的交易机制，是由参与者之间自行共同商定进行交易，这种方式非常符合碳交易市场，符合项目市场的需要，因为，项目过程较为复杂，对于项目实施方式，资金技术支持，实际减排量等问题都需要进行细致商讨，不能简单地由系统完成。

4. 监督机制

监督机制的行使和完善对碳交易市场的顺利运行，确保参与主体的根本利益起到至关重要的作用，主要表现为政府监督，企业监督和社会监督。政府监督指的是设置国家环境管理部门和地方环境管理部门，来完成碳排放权交易的监督。具体包括：①在企业进入碳交易市

第 8 章 碳交易

场之前，对其进行调查监测，确认企业的注册信息真实有效，包括企业资金流转状况及拥有的碳排放权；②建立低碳认证标准体系，对《京都协议书》中所规定的六种减排气体，做好认证，测量其具体排放量的工作，来对减排效果进行核定审查；③对达成交易的双方企业提供的信息进行审查，保证其减排数量，价格及技术达到标准，确保协议的有效性；④企业与社会监督。

5. 调控机制

① 总体调控。实施碳排放权交易的最根本也是最终目的就是降低碳排放量，从而改变环境问题，在总量控制与交易机制下，政府对于排放限额总量的调控不能一成不变，应该随时变化，因为社会在发展，减排技术、节能技术在不断地提升，环境适应力也在不断变化。在碳交易初期，政府可以根据历史排放量来设定排放量限额，随着交易的进行，从市场状况入手，发现不足和缺陷，逐步修改排放总量。

② 实行限额交易。碳排放量的监测是一个复杂的过程，考虑到实际碳排放与预测碳排放直接滞后问题，为了保证进行碳交易企业拥有真正多余的碳排放权，我们规定企业只有在达到一定碳排放权数量后，才可以进入碳交易市场，这就称为限额交易。实施限额交易的目的是确保碳交易市场正常运行；防止某些企业利用市场漏洞进行投机，做到公平公正；不会因为虚假信息的出现影响交易结果，造成交易市场的混乱，同时避免过多碳排放所造成的污染。

③ 规定碳排放的有效期限，碳排放权必须具备一定的有效期限。从有效期的角度，我们可以把碳排放权分为短期和长期两种。根据市场的交易规则，长期碳排放权可以用于短期的减排量支付上，而短期不能抵消在它期限之后的碳排放量。短期碳排放权的优势在于市场变化较为迅速，政府更容易进行调控，但是它的市场波动较大，在管理上带来难度的同时，也降低了参与者对市场稳定运行的信心；长期碳排放权稳定性较好，利于企业处理一些紧急情况。但是，由于市场波动性太慢，政府调控政策不能及时展开，极易出现政策在发展，对策仍不变的现象，企业可以自行选择适合企业自身发展的最有利类型。

④ 奖惩结合机制。指政府对减排效果明显或交易中有违规操作的企业，分别给予奖励和惩罚。如对于超额完成减排任务的企业，企业可以从税收和进出口方面给予一定优惠政策；对于减排难度大的企业给予一定的补贴，帮助其通过改进自身技术水平完成减排任务。实现这一机制的目的是，激励企业自觉提高减排技术，构建环保社会，转变市场结构，从根本上提高企业的减排技能，争取国际地位。

我国碳市场经过多年低碳、节能的可持续发展之路，发展碳市场交易机制已逐步走向完善，但还存在较多的不足，当前，我们把节能减排摆在十分重要的高度，努力探索通过市场化构建起一个完善的碳交易市场机制，走出一条低碳节能可持续发展之路！

8.3　电力行业参与碳交易

从世界范围来看，电力行业是碳排放和碳减排的重要领域，也是碳交易市场的主体之一。欧盟碳排放交易体系（EU—ETS）、美国区域温室气体减排行动（RGGI）和加利福尼亚州碳交易体系、新西兰和澳大利亚等碳市场中电力行业均是重要部分。目前国内碳市场的建设正稳步推进，碳市场的建立给电力行业带来什么样的历史性变革（机遇与挑战）？电网及电力行业在碳交易中的重要作用是什么？电力行业如何开展碳交易，应该做哪些准备？电网企业如何参与碳市场并且需要关注问题？这些问题引起了大家的广泛关注。

1. 碳市场的建立给电力行业发展带来哪些机遇与挑战

（1）碳交易机制的建立，将帮助电力行业落实国家碳减排政策

2011 年 12 月，国务院印发了《"十二五"控制温室气体排放工作方案》，明确指出到 2015 年全国单位国内生产总值二氧化碳排放比 2010 年下降 17% 的目标。2012 年 8 月 21 日，国务院印发了《节能减排"十二五"规划》，提出"十二五"期间全国万元国内生产总值能耗下降 16% 的目标。而早在 2009 年年底，我国政府已明确承诺 2020 年我国单位国内生产总值二氧化碳排放将比 2005 年下降 40% 到 45%。因此，我国的减排压力巨大。作为排放大户的电力行业，将承担大部分的减排任务。我国正在开展的碳排放权交易试点工作与即将建立的全国性碳交易市场将为电力行业完成减排任务提供平台。

（2）碳交易机制的建立，将促进电力行业实现发展方式转变。

碳市场的建立，将推动火力发电的清洁化和高效化，并提高水电、风电等清洁电源装机比例，实现电力行业向低碳化发展方式转变。截至 2011 年年底，我国风电并网容量已达到 4 623 万 kW，光伏发电装机容量达到 295 万 kW。另一方面，碳市场的建立将进一步促使我国通过跨省区电力输送实现资源大范围优化配置，尤其是西北风电和西南水电等清洁能源将在更广阔的范围内进行消纳，这也将降低东部负荷中心的碳排放强度。

（3）是碳交易机制的建立，将促使电力行业加快清洁电力技术的研发

我国建立碳交易机制的主要目的是实现绿色和可持续发展。电力行业承担的减排任务将促使行业加快清洁发电、输电、配电、用电技术的研发工作。目前，我国在洁净煤技术、新能源发电技术、智能电网技术、特高压输电技术、电动汽车技术等低碳电力技术方面取得了较大进展，下一步我们将继续加快清洁电力技术的研发工作。随着电力行业清洁技术的广泛应用，自身减排能力的加强将使电力企业在未来碳交易市场中占据更为有利的位置。

2. 碳市场的建立给电力行业发展带来挑战

（1）电力行业面临保增长和碳减排的双重压力

一方面，我国电力行业需要加快发展以满足快速增长的电力需求。2002—2011 年，我国国内生产总值年均增长率为 10.7%，全社会用电量年均增长率为 11.1%。未来一段时期内，我国电力需求仍将快速增长。另一方面，来自国家的减排压力有增无减。2015 年全国单位国内生产总值二氧化碳排放要比 2010 年下降 17%。在确保增长的同时减少污染物排放将是未来电力行业面临的巨大挑战。

（2）减排压力可能导致电力行业运行成本增加

巨大的减排压力将促使我国电力行业采用低碳技术以减少排放，但同时也会造成电力行业运营成本的增加。电力企业为完成减排指标，或者采取清洁能源发电技术、碳捕集技术、降低网损等手段降低排放，或者通过碳交易实现减排目标。从长远看，碳交易试点有助于电

力企业降低减排成本，但短期内可能使电力企业（特别是火电企业）的成本增加。

（3）从长远来看，可持续发展高于一切，电力行业参与碳交易的机遇大于挑战

就现阶段而言，电力行业要提前为参与碳市场做好应对准备。首先，电力企业做好碳排放数据统计和核查等基础性工作，要摸清家底，深入了解自身的碳排放情况。其次，要着手研究企业碳减排潜力及减排成本，明确实施减排的重点或优先领域。再次，电力企业要加大低碳技术研发力度，积极实施碳减排。最后，碳市场作为一个新兴的市场，对电力企业经营管理产生一定影响，企业要提升碳交易方面协同管理能力，包括战略、管理、投资、建设和财务等多方面的协同配合。

3. 电网在推进电力行业碳减排及碳交易中具有重要作用

电网企业并不是直接的碳排放源，但作为连接发电厂和用户的重要枢纽，它们在促进上下游乃至整个电力行业碳减排中发挥着重要的作用。电网企业在通过降低输配电损耗等方式积极实现自身碳减排的同时，通过更加灵活地接入可再生能源和分布式能源、加强需求侧管理和综合能效服务、促进发电权交易、推动电动汽车发展等，可推动电力行业及全社会节能减排。

在碳市场环境下，碳价将对电网企业购电成本和购电策略产生影响，碳交易的开展也可能影响到电力交易的开展、发电计划的制定、电网调度运行等方面，需要电网企业在经营管理方面进行适应和调整。

4. 电力行业如何开展碳交易，应该做哪些准备

电力行业需要采取切实行动和措施，提前做好准备，主要从以下几个方面开展：

（1）做好碳排放数据统计和核查等基础性工作

国家发改委正在研究制定重点行业、企业温室气体排放报告格式和核算方法指南。下一步，电力、钢铁、水泥等六个行业将被强制要求提供碳排放数据。从电力企业自身来看，也要提前为应对强制减排做好准备，首先需要摸清家底，深入了解自身的碳排放情况。

（2）研究企业碳减排潜力及减排成本

在企业碳排放统计和核查的基础上，梳理出潜在的减排途径，并对不同碳减排途径的减排潜力、成本效益等进行详细评估和测算，明确企业实施减排的重点或优先领域。

（3）强化低碳技术研发和储备

企业要想在未来碳市场中占有竞争优势，关键要依靠技术进步。对于发电企业，要进一步提高风电、光伏发电等低碳技术的研发和应用水平，研究二氧化碳捕集与封存技术（CCS）等。对于电网企业而言，要进一步加大对大规模可再生能源发电并网、储能技术、电动汽车充电技术、智能电网和特高压输电等低碳技术及设备的研发投入。

（4）提升企业碳交易方面协同管理能力

碳市场作为一个新兴的市场，对电力企业经营管理可能产生较大影响。电力企业在制定发展战略时要考虑碳排放约束，要研究碳市场环境下的发展策略和投资规划，考虑碳价的影响及碳资产管理等问题，这就涉及企业内部不同部门间的协同配合，提升综合管理能力。对于电网企业，碳交易还可能对电力交易的开展、发电计划的制定、电网调度运行等方面产生

影响，需要在企业经营管理方面进行适应和调整。电力行业是我国温室气体排放大户，其节能减排对完成我国温室气体减排目标起着举足轻重的作用。碳交易试点实践证明，碳交易为电力行业提供了一条市场化减排途径，构建合理的碳交易机制要素是推动电力行业实现减排的关键。

电力行业参与碳交易面临的问题仍然还有很多，如排放总量和纳入主体该如何确定，很难核查并保证数据的可信度；哪些排放主体应该纳入很难界定，包括决定纳入门槛、标准以及责任；如何公平分配配额，使得其既能满足减排目标，又能调动企业参与碳交易的积极性；建设和完善相关的法律、政策和保障系统来鼓励参与碳市场交易。

尽管电力行业减排已经取得了显著成效，但是受电力行业生产、输配和销售机制体制的限制，电力行业减排面临的挑战越来越严峻，减排成本越来越高。2015 年 3 月，中共中央、国务院发布《关于进一步深化电力体制改革的若干意见》（以下简称：新电改），要求电力行业实施"三个开放、一个独立、一个深化、三个加强"，重构发电、输配电和售电市场及其秩序，建立有效竞争的电力交易市场机制。随后，国家发改委国家能源局又发布了《关于改善电力运行调节促进清洁能源多发满发的指导意见》，推动落实新电改。实施新电改将改变我国电力行业在竞争环节的发售电价格形成机制，通过市场竞争形成上网电价和销售电价；将改变发电企业指令性、计划式的生产模式，改善电力生产运行调节机制；将加快发展可再生能源，促进电力行业减排。

2016 年，我国启动全国碳市场，电力行业必然要纳入碳交易机制。新电改无疑为电力行业减排注入了新动力，那么，对全国碳交易机制要素设计和建设的影响与要求如下：

（1）降低电力行业参与碳市的成本

在碳交易试点工作中发现，相当数量的电力行业重点排放单位参加碳交易的积极性不高，主要原因是受电力价格形成机制和电力生产运行调节机制限制，电力企业的减排成本不能按照市场规律进行传递，不能根据机组能效和排放水平优化调节电力生产，电力行业重点排放单位通过参与碳交易实现减排目标的成本较高。新电改政策出台后，电力行业重点排放单位部分减排成本可以通过市场化的电价传递给电力消费端，并可以根据市场需求调整优化电力生产从而进一步降低减排成本。

（2）全国碳市场应慎重考虑是否覆盖电力间接排放

根据《碳排放权交易管理暂行办法（试行）》规定，全国碳市场不仅覆盖"化石能源燃烧活动产生的温室气体排放"，还覆盖"因使用外购的电力所导致的温室气体排放"。据此判断，全国碳市场不仅覆盖电力生产端的温室气体排放（电力直接排放）还将覆盖电力消费端的温室气体排放（电力间接排放），即重复覆盖了电力行业产生的温室气体排放。实施新电改之前，由于发售电价格没有市场化、电力运行采用"计划体制"管理，此时碳市场同时覆盖电力直接排放和间接排放，有利于通过控制电力消费端排放"倒逼"电力生产端减排。但是，长远看来，由于碳市场重复覆盖了排放量，不利于碳市场形成合理的碳价，碳价也不能真实反映减排成本及其供需情况。特别是实施新电改之后，电力减排成本可通过市场电价和优化电力生产部分传递给电力消费端。因此，构建全国碳市场应慎重考虑是否覆盖电力间接排放，相应地，也应慎重考虑碳市场是否纳入仅产生电力间接排放的重点排放单位。

（3）全国碳市场配额分配应考虑新电改"政策减排"贡献

全国碳市场的配额分配涉及选取基准年排放量和基准线排放量以及控排系数等关键参数，其数据基础是新电改前重点排放单位的温室气体排放数据。在新电改政策支持下，电力行业重点排放单位将通过调整电源结构、发展可再生能源、优化调整电力运行等措施进一步实现减排。因此，全国碳市场在为配额分配过程中选取基准年、基准线排放量和控排系数时，应考虑实施新电改政策对未来几年电力行业减排的贡献，合理设计相关参数，确定合理的配额分配松紧尺度，防止出现个别行业特别是电力行业重点排放单位排放配额宽松的情况发生。

（4）新电改有助于全国碳市场形成市场化的碳价

现阶段我国温室气体排放与能源消费密切相关，温室气体减排的源头是实现化石能源消费总量控制和调整以煤为主的能源消费结构，能源生产和消费价格是决定碳价的重要因素。新电改将构建有效竞争的电力市场交易体系，形成市场决定电价的机制，使电力生产和消费价格趋于合理，从而有利于形成合理的市场化碳价。另外，新电改还鼓励按照市场配置资源规律、市场价格、市场竞争规律发展可再生能源、调整以煤为主的能源消费结构，即实现低碳能源发展与碳减排的协同管理，将电力交易市场与碳交易市场连接起来，因此，电力交易市场化也有利于碳交易市场化。

（5）新电改可能加剧核证自愿减排量（Chinese Certified Emission Reduction，CCER）项目及其价值的分化

目前，备案的CCER项目中约70%左右是新能源和可再生能源项目。新电改将催生一批可再生能源发电项目，它们是可再生能源CCER项目的策源地，并将产生大量的CCER。因此，新电改可能进一步加剧CCER项目不平衡、项目投融资机会不均以及CCER价值不同质等分化现象。CCER是全国碳市场交易的重要标的物，也是碳交易抵消机制的主要品种。CCER项目和价值发生分化，必然会引起配额价格波动，削弱其调节能源结构和产业结构的功效，减弱碳市场的减排成效。为保证全国碳市场运行效率，主管部门应根据市场供需情况，适当提高可再生能源CCER项目审定和减排量核证标准，控制该类项目数量及其核证减排量。

建设全国碳市场的环境和条件是不断变化的，新情况和新问题将会不断涌现。在进行全国碳市场机制要素研究和顶层设计时，必须多方位深入总结试点经验、必须坚持问题导向、必须坚持创新思维深入研究影响和制约全国碳市场科学发展的突出问题，深入研究重点排放单位反映强烈的热点和难点问题，并依据市场规则，才能建立切实可行、行之有效的全国碳市场。

总之电力企业参与碳交易绝对是双赢的，碳市场的建立给电力行业发展带来前所未有的历史性机遇。包括帮助电力行业落实国家碳减排政策，促进电力行业实现发展方式的转变，租金电力行业加快清洁电力技术研发。如洁净煤技术，新能源发电技术，智能电网技术，特高压输电技术，电动汽车技术等低碳电力技术的研究与应用。

8.4　光伏企业参与碳交易

光伏电站属于清洁能源，在电站经营期间不会排放污染物如碳类物质，对应的碳减排量参与碳交易。一个电站实际碳减排量是它的实际上网电量对应的兆瓦时乘以项目所在地区电网

的排放因子。如，华东电网的排放因子是 0.778 65，它的单位是每兆瓦时对应的的碳减排量的吨数。因此，光伏上网发一亿度电，在华东电网相当于 7.78 万吨碳减排量。假设 CCER 价格是 20 元人民币与网上刊登的配额价格 50 元完全两回事，一个处于西北电网的 70 兆瓦的光伏电站，假设在不限电的情况下，上网发电量是一亿度电，大概产生 8.3 万吨的碳减排量，那么投资方可以获得 160 万元的碳减排收益。地面式光伏电站对于的方法学是可再生能源发电并网项目的整合基线方法学（CM-001-V01）（第一版），此种方法学适用于装机容量 15 MW 以上光伏电站。CM-001-V01 基本上就是 CDM 方法学 ACM0002 的中文版。目前申报减排项目的光伏项目的光伏电站，大多使用这种方法，光伏企业做 CCER 碳减排项目，必须依据此方法。

光伏电站参与碳交易是历史性机遇和金融性创新，国家鼓励光伏资产参与碳交易，此举是对国家光伏政策的具体落实，也是一次跨领域的金融创新，对括宽行业发展空间，促进能源结构调整具有积极意义。

光伏产业是我国具有优势的战略新兴产业，拥有巨大的资源量和发展潜力，但产业发展也面临较多困难。行业融资始终是发展光伏产业的难题之一，据银监部门的数据显示，2014年国内大型光伏企业的融资成本超过 9%，中小企业的融资成本更高，相比欧美国家 2%~3% 的融资成本，给光伏行业背上了沉重的包袱。一个光伏电站来说，如果按 1 kW·h 一万元的投资，1 年发一千万度电，银行利息 10% 来简单计算，就相对于必须每度电卖一块钱才能付够银行利息。

国家出台了一系列的光伏金融措施，碳金融创新是新兴碳市场为光伏行业解决融资问题的很好途径。根据国家能源局发布的《关于进一步落实分布式光伏发电有关政策的通知（国能新能〔2014〕406 号）》，国家鼓励分布式光伏发电项目参与国内自愿碳减排交易，获取额外收益。要用碳金融方法解决我国光伏、风电等战略新兴产业的成本和发展瓶颈问题，即用"碳金融"方法，给清洁能源和新能源产业以补贴，降低其阶段性成本，伴随着技术进步，成本继续摊薄，碳金融的扶持政策，可以由重减轻。

光伏企业参与碳交易与碳资产管理可以参考如下思路：

一是投资参股碳减排先锋企业，深度布局全产业链；二是与环境交易所、商业银行、证券公司达成战略合作意向，就碳资产开发及管理、绿色金融创新、低碳金融平台等领域展开深度合作；三是开发所持有的光伏电站碳资产，并实现效益；四是建立自身碳金融团队，为财务类电站投资者提供一揽子服务。

光伏产业参与碳交易不仅仅是融资模式创新，更是产业发展契机。光伏行业与碳市场的结合可以有效降低企业能源成本，并且提升企业在碳市场的综合能力。

习　题

1. 什么是碳交易，我国目前碳交易的基本状况如何？

2. 开展碳交易对我国环境问题带来哪些影响？

3. 传统电力行业如何开展碳交易？

新能源产业政策

新能源具有可再生优势，开发和利用新能源已成为各国的战略，成为各国新的经济增长点，中国在"十三五"把绿色发展理念贯穿其中，实现共享绿色生活，经济绿色发展。虽然新能源的前景较好，但是成本较高，难以实现市场化运行，关键技术没有解决，必须要国家参与、鼓励其发展，促进其进步，任何一个新兴产业都需要国家出台相关的政策支持引导其发展。在这方面我国也出台了相关政策。

附录A 《关于推荐分布式光伏发电示范区的通知》

2016 年 4 月 30 日国家能源局《关于推荐分布式光伏发电示范区的通知》。

各省（区、市）发展改革委（能源局）：

为加快落实国务院稳增长、促改革、调结构、惠民生有关政策、进一步加大分布式的创新工作力度，决定在已有分布式光伏发电应用示范区建设工作基础上培育一批分布式光伏发电示范区。

请各地根据本地分布式光伏发电规划和布局，结合已有国家示范区及本省培育的重点示范区，优选若干具有一定规模的园区纳入今明两年培育重点，编制重点培育示范区开发方案。示范区原则上规划容量应大于 10 万千瓦。今年底前可建成 2 万千瓦。我局已批复的 18 个示范区可根据建设情况纳入示范区建设计划，请各省（区、市）能源主管部门于 7 月 3 日前上投分布式光伏发电示范区的名单和任务目标。

附录B 《关于印发能源发展战略行动计划》

2014 年 6 月 7 日国务院办公厅关于印发能源发展战略行动计划（2014—2020 年）的通知。

能源发展战略行动计划（2014—2020 年）

能源是现代化的基础和动力。能源供应和安全事关我国现代化建设全局。新世纪以来，我国能源发展成就显著，供应能力稳步增长，能源结构不断优化，节能减排取得成效，科技进步迈出新步伐，国际合作取得新突破，建成世界最大的能源供应体系，有效保障了经济社会持续发展。

当前，世界政治、经济格局深刻调整，能源供求关系深刻变化。我国能源资源约束日益加剧，生态环境问题突出，调整结构、提高能效和保障能源安全的压力进一步加大，能源发展面临一系列新问题新挑战。同时，我国可再生能源、非常规油气和深海油气资源开发潜力很大，能源科技创新取得新突破，能源国际合作不断深化，能源发展面临着难得的机遇。

从现在到 2020 年，是我国全面建成小康社会的关键时期，是能源发展转型的重要战略机遇期。为贯彻落实党的十八大精神，推动能源生产和消费革命，打造中国能源升级版，必须加强全局谋划，明确今后一段时期我国能源发展的总体方略和行动纲领，推动能源创新发展、安全发展、科学发展，特制定本行动计划。

一、总体战略

（一）指导思想

高举中国特色社会主义伟大旗帜，以邓小平理论、"三个代表"重要思想、科学发展观为指导，深入贯彻党的十八大和十八届二中、三中全会精神，全面落实党中央、国务院的各项决策部署，以开源、节流、减排为重点，确保能源安全供应，转变能源发展方式，调整优化能源结构，创新能源体制机制，着力提高能源效率，严格控制能源消费过快增长，着力发展清洁能源，推进能源绿色发展，着力推动科技进步，切实提高能源产业核心竞争力，打造中国能源升级版，为实现中华民族伟大复兴的中国梦提供安全可靠的能源保障。

（二）战略方针与目标

坚持"节约、清洁、安全"的战略方针，加快构建清洁、高效、安全、可持续的现代能源体系。重点实施四大战略：

1. 节约优先战略。把节约优先贯穿于经济社会及能源发展的全过程，集约高效开发能源，科学合理使用能源，大力提高能源效率，加快调整和优化经济结构，推进重点领域和关键环节节能，合理控制能源消费总量，以较少的能源消费支撑经济社会较快发展。

到 2020 年，一次能源消费总量控制在 48 亿吨标准煤左右，煤炭消费总量控制在 42 亿吨左右。

2. 立足国内战略。坚持立足国内，将国内供应作为保障能源安全的主渠道，牢牢掌握能源安全主动权。发挥国内资源、技术、装备和人才优势，加强国内能源资源勘探开发，完善能源替代和储备应急体系，着力增强能源供应能力。加强国际合作，提高优质能源保障水平，加快推进油气战略进口通道建设，在开放格局中维护能源安全。

到 2020 年，基本形成比较完善的能源安全保障体系。国内一次能源生产总量达到 42 亿吨标准煤，能源自给能力保持在 85% 左右，石油储采比提高到 14~15，能源储备应急体系基本建成。

3. 绿色低碳战略。着力优化能源结构，把发展清洁低碳能源作为调整能源结构的主攻方向。坚持发展非化石能源与化石能源高效清洁利用并举，逐步降低煤炭消费比重，提高天然气消费比重，大幅增加风电、太阳能、地热能等可再生能源和核电消费比重，形成与我国国情相适应、科学合理的能源消费结构，大幅减少能源消费排放，促进生态文明建设。

到 2020 年，非化石能源占一次能源消费比重达到 15%，天然气比重达到 10% 以上，煤炭消费比重控制在 62% 以内。

4. 创新驱动战略。深化能源体制改革，加快重点领域和关键环节改革步伐，完善能源科学发展体制机制，充分发挥市场在能源资源配置中的决定性作用。树立科技决定能源未来、科技创造未来能源的理念，坚持追赶与跨越并重，加强能源科技创新体系建设，依托重大工程推进科技自主创新，建设能源科技强国，能源科技总体接近世界先进水平。

到 2020 年，基本形成统一开放竞争有序的现代能源市场体系。

二、主要任务

（一）增强能源自主保障能力

立足国内，加强能源供应能力建设，不断提高自主控制能源对外依存度的能力。

1. 推进煤炭清洁高效开发利用

按照安全、绿色、集约、高效的原则，加快发展煤炭清洁开发利用技术，不断提高煤炭清洁高效开发利用水平。

清洁高效发展煤电。转变煤炭使用方式，着力提高煤炭集中高效发电比例。提高煤电机组准入标准，新建燃煤发电机组供电煤耗低于每千瓦时 300 克标准煤，污染物排放接近燃气机组排放水平。

推进煤电大基地大通道建设。依据区域水资源分布特点和生态环境承载能力，严格煤矿环保和安全准入标准，推广充填、保水等绿色开采技术，重点建设晋北、晋中、晋东、神东、陕北、黄陇、宁东、鲁西、两淮、云贵、冀中、河南、内蒙古东部、新疆等 14 个亿吨级大型煤炭基地。到 2020 年，基地产量占全国的 95%。采用最先进节能节水环保发电技术，重点建设锡林郭勒、鄂尔多斯、晋北、晋中、晋东、陕北、哈密、准东、宁东等 9 个千万千瓦级大型煤电基地。发展远距离大容量输电技术，扩大西电东送规模，实施北电南送工程。加强煤炭铁路运输通道建设，重点建设内蒙古西部至华中地区的铁路煤运通道，完善西煤东运通道。到 2020 年，全国煤炭铁路运输能力达到 30 亿吨。

提高煤炭清洁利用水平。制定和实施煤炭清洁高效利用规划，积极推进煤炭分级分质梯级利用，加大煤炭洗选比重，鼓励煤矸石等低热值煤和劣质煤就地清洁转化利用。建立健全煤炭质量管理体系，加强对煤炭开发、加工转化和使用过程的监督管理。加强进口煤炭质量监管。大幅减少煤炭分散直接燃烧，鼓励农村地区使用洁净煤和型煤。

2. 稳步提高国内石油产量

坚持陆上和海上并重，巩固老油田，开发新油田，突破海上油田，大力支持低品位资源开发，建设大庆、辽河、新疆、塔里木、胜利、长庆、渤海、南海、延长等 9 个千万吨级大油田。

稳定东部老油田产量。以松辽盆地、渤海湾盆地为重点，深化精细勘探开发，积极发展先进采油技术，努力增储挖潜，提高原油采收率，保持产量基本稳定。

实现西部增储上产。以塔里木盆地、鄂尔多斯盆地、准噶尔盆地、柴达木盆地为重点，加大油气资源勘探开发力度，推广应用先进技术，努力探明更多优质储量，提高石油产量。加大羌塘盆地等新区油气地质调查研究和勘探开发技术攻关力度，拓展新的储量和产量增长区域。

加快海洋石油开发。按照以近养远、远近结合，自主开发与对外合作并举的方针，加强渤海、东海和南海等海域近海油气勘探开发，加强南海深水油气勘探开发形势跟踪分析，积极推进深海对外招标和合作，尽快突破深海采油技术和装备自主制造能力，大力提升海洋油气产量。

大力支持低品位资源开发。开展低品位资源开发示范工程建设，鼓励难动用储量和濒临枯竭油田的开发及市场化转让，支持采用技术服务、工程总承包等方式开发低品位资源。

3. 大力发展天然气

按照陆地与海域并举、常规与非常规并重的原则，加快常规天然气增储上产，尽快突破非常规天然气发展瓶颈，促进天然气储量产量快速增长。

加快常规天然气勘探开发。以四川盆地、鄂尔多斯盆地、塔里木盆地和南海为重点，加强西部低品位、东部深层、海域深水三大领域科技攻关，加大勘探开发力度，力争获得大突破、大发现，努力建设 8 个年产量百亿立方米级以上的大型天然气生产基地。到 2020 年，累计新增常规天然气探明地质储量 5.5 万亿立方米，年产常规天然气 1 850 亿立方米。

重点突破页岩气和煤层气开发。加强页岩气地质调查研究，加快"工厂化""成套化"技术研发和应用，探索形成先进适用的页岩气勘探开发技术模式和商业模式，培育自主创新和装备制造能力。着力提高四川长宁－威远、重庆涪陵、云南昭通、陕西延安等国家级示范区储量和产量规模，同时争取在湘鄂、云贵和苏皖等地区实现突破。到 2020 年，页岩气产量力争超过 300 亿立方米。以沁水盆地、鄂尔多斯盆地东缘为重点，加大支持力度，加快煤层气勘探开采步伐。到 2020 年，煤层气产量力争达到 300 亿立方米。

积极推进天然气水合物资源勘查与评价。加大天然气水合物勘探开发技术攻关力度，培育具有自主知识产权的核心技术，积极推进试采工程。

4. 积极发展能源替代

坚持煤基替代、生物质替代和交通替代并举的方针，科学发展石油替代。到 2020 年，形成石油替代能力 4 000 万吨以上。

稳妥实施煤制油、煤制气示范工程。按照清洁高效、量水而行、科学布局、突出示范、自主创新的原则，以新疆、内蒙古、陕西、山西等地为重点，稳妥推进煤制油、煤制气技术研发和产业化升级示范工程，掌握核心技术，严格控制能耗、水耗和污染物排放，形成适度规模的煤基燃料替代能力。

积极发展交通燃油替代。加强先进生物质能技术攻关和示范，重点发展新一代非粮燃料乙醇和生物柴油，超前部署微藻制油技术研发和示范。加快发展纯电动汽车、混合动力汽车和船舶、天然气汽车和船舶，扩大交通燃油替代规模。

5. 加强储备应急能力建设

完善能源储备制度，建立国家储备与企业储备相结合、战略储备与生产运行储备并举的储备体系，建立健全国家能源应急保障体系，提高能源安全保障能力。

扩大石油储备规模。建成国家石油储备二期工程，启动三期工程，鼓励民间资本参与储备建设，建立企业义务储备，鼓励发展商业储备。

提高天然气储备能力。加快天然气储气库建设，鼓励发展企业商业储备，支持天然气生产企业参与调峰，提高储气规模和应急调峰能力。

建立煤炭稀缺品种资源储备。鼓励优质、稀缺煤炭资源进口，支持企业在缺煤地区和煤炭集散地建设中转储运设施，完善煤炭应急储备体系。

完善能源应急体系。加强能源安全信息化保障和决策支持能力建设，逐步建立重点能源品种和能源通道应急指挥和综合管理系统，提升预测预警和防范应对水平。

（二）推进能源消费革命

调整优化经济结构，转变能源消费理念，强化工业、交通、建筑节能和需求侧管理，重视生活节能，严格控制能源消费总量过快增长，切实扭转粗放用能方式，不断提高能源使用效率。

1. 严格控制能源消费过快增长

按照差别化原则，结合区域和行业用能特点，严格控制能源消费过快增长，切实转变能源开发和利用方式。

推行"一挂双控"措施。将能源消费与经济增长挂钩，对高耗能产业和产能过剩行业实行能源消费总量控制强约束，其他产业按先进能效标准实行强约束，现有产能能效要限期达标，新增产能必须符合国内先进能效标准。

推行区域差别化能源政策。在能源资源丰富的西部地区，根据水资源和生态环境承载能力，在节水节能环保、技术先进的前提下，合理加大能源开发力度，增强跨区调出能力。合理控制中部地区能源开发强度。大力优化东部地区能源结构，鼓励发展有竞争力的新能源和可再生能源。

控制煤炭消费总量。制定国家煤炭消费总量中长期控制目标，实施煤炭消费减量替代，降低煤炭消费比重。

2. 着力实施能效提升计划

坚持节能优先，以工业、建筑和交通领域为重点，创新发展方式，形成节能型生产和消费模式。

实施煤电升级改造行动计划。实施老旧煤电机组节能减排升级改造工程，现役60万千瓦（风冷机组除外）及以上机组力争5年内供电煤耗降至每千瓦时300克标准煤左右。

实施工业节能行动计划。严格限制高耗能产业和过剩产业扩张，加快淘汰落后产能，实施十大重点节能工程，深入开展万家企业节能低碳行动。实施电机、内燃机、锅炉等重点用能设备能效提升计划，推进工业企业余热余压利用。深入推进工业领域需求侧管理，积极发展高效锅炉和高效电机，推进终端用能产品能效提升和重点用能行业能效水平对标达标。认真开展新建项目环境影响评价和节能评估审查。

实施绿色建筑行动计划。加强建筑用能规划，实施建筑能效提升工程，尽快推行75%的居住建筑节能设计标准，加快绿色建筑建设和既有建筑改造，推行公共建筑能耗限额和绿色建筑评级与标识制度，大力推广节能电器和绿色照明，积极推进新能源城市建设。大力发展低碳生态城市和绿色生态城区，到 2020 年，城镇绿色建筑占新建建筑的比例达到 50%。加快推进供热计量改革，新建建筑和经供热计量改造的既有建筑实行供热计量收费。

实行绿色交通行动计划。完善综合交通运输体系规划，加快推进综合交通运输体系建设。积极推进清洁能源汽车和船舶产业化步伐，提高车用燃油经济性标准和环保标准。加快发展轨道交通和水运等资源节约型、环境友好型运输方式，推进主要城市群内城际铁路建设。大力发展城市公共交通，加强城市步行和自行车交通系统建设，提高公共出行和非机动出行比例。

3. 推动城乡用能方式变革

按照城乡发展一体化和新型城镇化的总体要求，坚持集中与分散供能相结合，因地制宜建设城乡供能设施，推进城乡用能方式转变，提高城乡用能水平和效率。

实施新城镇、新能源、新生活行动计划。科学编制城镇规划，优化城镇空间布局，推动信息化、低碳化与城镇化的深度融合，建设低碳智能城镇。制定城镇综合能源规划，大力发展分布式能源，科学发展热电联产，鼓励有条件的地区发展热电冷联供，发展风能、太阳能、生物质能、地热能供暖。

加快农村用能方式变革。抓紧研究制定长效政策措施，推进绿色能源县、乡、村建设，大力发展农村小水电，加强水电新农村电气化县和小水电代燃料生态保护工程建设，因地制宜发展农村可再生能源，推动非商品能源的清洁高效利用，加强农村节能工作。

开展全民节能行动。实施全民节能行动计划，加强宣传教育，普及节能知识，推广节能新技术、新产品，大力提倡绿色生活方式，引导居民科学合理用能，使节约用能成为全社会的自觉行动。

（三）优化能源结构

积极发展天然气、核电、可再生能源等清洁能源，降低煤炭消费比重，推动能源结构持续优化。

1. 降低煤炭消费比重

加快清洁能源供应，控制重点地区、重点领域煤炭消费总量，推进减量替代，压减煤炭消费，到 2020 年，全国煤炭消费比重降至 62% 以内。

削减京津冀鲁、长三角和珠三角等区域煤炭消费总量。加大高耗能产业落后产能淘汰力度，扩大外来电、天然气及非化石能源供应规模，耗煤项目实现煤炭减量替代。到 2020 年，京津冀鲁四省市煤炭消费比 2012 年净削减 1 亿吨，长三角和珠三角地区煤炭消费总量负增长。

控制重点用煤领域煤炭消费。以经济发达地区和大中城市为重点，有序推进重点用煤领域"煤改气"工程，加强余热、余压利用，加快淘汰分散燃煤小锅炉，到 2017 年，基本完成重点地区燃煤锅炉、工业窑炉等天然气替代改造任务。结合城中村、城乡结合部、棚户区改造，扩大城市无煤区范围，逐步由城市建成区扩展到近郊，大幅减少城市煤炭分散使用。

2. 提高天然气消费比重

坚持增加供应与提高能效相结合，加强供气设施建设，扩大天然气进口，有序拓展天然

附录 新能源产业政策

气城镇燃气应用。到 2020 年，天然气在一次能源消费中的比重提高到 10% 以上。

实施气化城市民生工程。新增天然气应优先保障居民生活和替代分散燃煤，组织实施城镇居民用能清洁化计划，到 2020 年，城镇居民基本用上天然气。

稳步发展天然气交通运输。结合国家天然气发展规划布局，制定天然气交通发展中长期规划，加快天然气加气站设施建设，以城市出租车、公交车为重点，积极有序发展液化天然气汽车和压缩天然气汽车，稳妥发展天然气家庭轿车、城际客车、重型卡车和轮船。

适度发展天然气发电。在京津冀鲁、长三角、珠三角等大气污染重点防控区，有序发展天然气调峰电站，结合热负荷需求适度发展燃气—蒸汽联合循环热电联产。

加快天然气管网和储气设施建设。按照西气东输、北气南下、海气登陆的供气格局，加快天然气管道及储气设施建设，形成进口通道、主要生产区和消费区相连接的全国天然气主干管网。到 2020 年，天然气主干管道里程达到 12 万千米以上。

扩大天然气进口规模。加大液化天然气和管道天然气进口力度。

3. 安全发展核电

在采用国际最高安全标准、确保安全的前提下，适时在东部沿海地区启动新的核电项目建设，研究论证内陆核电建设。坚持引进消化吸收再创新，重点推进 AP1000、CAP1400、高温气冷堆、快堆及后处理技术攻关。加快国内自主技术工程验证，重点建设大型先进压水堆、高温气冷堆重大专项示范工程。积极推进核电基础理论研究、核安全技术研究开发设计和工程建设，完善核燃料循环体系。积极推进核电"走出去"。加强核电科普和核安全知识宣传。到 2020 年，核电装机容量达到 5 800 万千瓦，在建容量达到 3 000 万千瓦以上。

4. 大力发展可再生能源

按照输出与就地消纳利用并重、集中式与分布式发展并举的原则，加快发展可再生能源。到 2020 年，非化石能源占一次能源消费比重达到 15%。

积极开发水电。在做好生态环境保护和移民安置的前提下，以西南地区金沙江、雅砻江、大渡河、澜沧江等河流为重点，积极有序推进大型水电基地建设。因地制宜发展中小型电站，开展抽水蓄能电站规划和建设，加强水资源综合利用。到 2020 年，力争常规水电装机达到 3.5 亿千瓦左右。

大力发展风电。重点规划建设酒泉、内蒙古西部、内蒙古东部、冀北、吉林、黑龙江、山东、哈密、江苏等 9 个大型现代风电基地以及配套送出工程。以南方和中东部地区为重点，大力发展分散式风电，稳步发展海上风电。到 2020 年，风电装机达到 2 亿千瓦，风电与煤电上网电价相当。

加快发展太阳能发电。有序推进光伏基地建设，同步做好就地消纳利用和集中送出通道建设。加快建设分布式光伏发电应用示范区，稳步实施太阳能热发电示范工程。加强太阳能发电并网服务。鼓励大型公共建筑及公用设施、工业园区等建设屋顶分布式光伏发电。到 2020 年，光伏装机达到 1 亿千瓦左右，光伏发电与电网销售电价相当。

积极发展地热能、生物质能和海洋能。坚持统筹兼顾、因地制宜、多元发展的方针，有序开展地热能、海洋能资源普查，制定生物质能和地热能开发利用规划，积极推动地热能、生物质和海洋能清洁高效利用，推广生物质能和地热供热，开展地热发电和海洋能发电示范工程。到2020年，地热能利用规模达到5 000万吨标准煤。

提高可再生能源利用水平。加强电源与电网统筹规划，科学安排调峰、调频、储能配套能力，切实解决弃风、弃水、弃光问题。

（四）拓展能源国际合作

统筹利用国内国际两种资源、两个市场，坚持投资与贸易并举、陆海通道并举，加快制定利用海外能源资源中长期规划，着力拓展进口通道，着力建设丝绸之路经济带、21世纪海上丝绸之路、孟中印缅经济走廊和中巴经济走廊，积极支持能源技术、装备和工程队伍"走出去"。

加强俄罗斯中亚、中东、非洲、美洲和亚太五大重点能源合作区域建设，深化国际能源双边多边合作，建立区域性能源交易市场。积极参与全球能源治理。加强统筹协调，支持企业"走出去"。

（五）推进能源科技创新

按照创新机制、夯实基础、超前部署、重点跨越的原则，加强科技自主创新，鼓励引进消化吸收再创新，打造能源科技创新升级版，建设能源科技强国。

1. 明确能源科技创新战略方向和重点

抓住能源绿色、低碳、智能发展的战略方向，围绕保障安全、优化结构和节能减排等长期目标，确立非常规油气及深海油气勘探开发、煤炭清洁高效利用、分布式能源、智能电网、新一代核电、先进可再生能源、节能节水、储能、基础材料等9个重点创新领域，明确页岩气、煤层气、页岩油、深海油气、煤炭深加工、高参数节能环保燃煤发电、整体煤气化联合循环发电、燃气轮机、现代电网、先进核电、光伏、太阳能热发电、风电、生物燃料、地热能利用、海洋能发电、天然气水合物、大容量储能、氢能与燃料电池、能源基础材料等20个重点创新方向，相应开展页岩气、煤层气、深水油气开发等重大示范工程。

2. 抓好科技重大专项

加快实施大型油气田及煤层气开发国家科技重大专项。加强大型先进压水堆及高温气冷堆核电站国家科技重大专项。加强技术攻关，力争页岩气、深海油气、天然气水合物、新一代核电等核心技术取得重大突破。

3. 依托重大工程带动自主创新

依托海洋油气和非常规油气勘探开发、煤炭高效清洁利用、先进核电、可再生能源开发、智能电网等重大能源工程，加快科技成果转化，加快能源装备制造创新平台建设，支持先进能源技术装备"走出去"，形成有国际竞争力的能源装备工业体系。

4. 加快能源科技创新体系建设

制定国家能源科技创新及能源装备发展战略。建立以企业为主体、市场为导向、政产学研用相结合的创新体系。鼓励建立多元化的能源科技风险投资基金。加强能源人才队伍建设，鼓励引进高端人才，培育一批能源科技领军人才。

三、保障措施

（一）深化能源体制改革

坚持社会主义市场经济改革方向，使市场在资源配置中起决定性作用和更好发挥政府作用，深化能源体制改革，为建立现代能源体系、保障国家能源安全营造良好的制度环境。

完善现代能源市场体系。建立统一开放、竞争有序的现代能源市场体系。深入推进政企分开，分离自然垄断业务和竞争性业务，放开竞争性领域和环节。实行统一的市场准入制度，在制定负面清单基础上，鼓励和引导各类市场主体依法平等进入负面清单以外的领域，推动能源投资主体多元化。深化国有能源企业改革，完善激励和考核机制，提高企业竞争力。鼓励利用期货市场套期保值，推进原油期货市场建设。

推进能源价格改革。推进石油、天然气、电力等领域价格改革，有序放开竞争性环节价格，天然气井口价格及销售价格、上网电价和销售电价由市场形成，输配电价和油气管输价格由政府定价。

深化重点领域和关键环节改革。重点推进电网、油气管网建设运营体制改革，明确电网和油气管网功能定位，逐步建立公平接入、供需导向、可靠灵活的电力和油气输送网络。加快电力体制改革步伐，推动供求双方直接交易，构建竞争性电力交易市场。

健全能源法律法规。加快推动能源法制定和电力法、煤炭法修订工作。积极推进海洋石油天然气管道保护、核电管理、能源储备等行政法规制定或修订工作。

进一步转变政府职能，健全能源监管体系。加强能源发展战略、规划、政策、标准等制定和实施，加快简政放权，继续取消和下放行政审批事项。强化能源监管，健全监管组织体系和法规体系，创新监管方式，提高监管效能，维护公平公正的市场秩序，为能源产业健康发展创造良好环境。

（二）健全和完善能源政策

完善能源税费政策。加快资源税费改革，积极推进清费立税，逐步扩大资源税从价计征范围。研究调整能源消费税征税环节和税率，将部分高耗能、高污染产品纳入征收范围。完善节能减排税收政策，建立和完善生态补偿机制，加快推进环境保护税立法工作，探索建立绿色税收体系。

完善能源投资和产业政策。在充分发挥市场作用的基础上，扩大地质勘探基金规模，重点支持和引导非常规油气及深海油气资源开发和国际合作，完善政府对基础性、战略性、前沿性科学研究和共性技术研究及重大装备的支持机制。完善调峰调频备用补偿政策，实施可再生能源电力配额制和全额保障性收购政策及配套措施。鼓励银行业金融机构按照风险可控、商业可持续的原则，加大对节能提效、能源资源综合利用和清洁能源项目的支持。研究制定推动绿色信贷发展的激励政策。

完善能源消费政策。实行差别化能源价格政策。加强能源需求侧管理，推行合同能源管理，培育节能服务机构和能源服务公司，实施能源审计制度。健全固定资产投资项目节能评估审查制度，落实能效"领跑者"制度。

（三）做好组织实施

加强组织领导。充分发挥国家能源委员会的领导作用，加强对能源重大战略问题的研究和审议，指导推动本行动计划的实施。能源局要切实履行国家能源委员会办公室职责，组织协调各部门制定实施细则。

细化任务落实。国务院有关部门、各省（区、市）和重点能源企业要将贯彻落实本行动计划列入本部门、本地区、本企业的重要议事日程，做好各类规划计划与本行动计划的衔接。国家能源委员会办公室要制定实施方案，分解落实目标任务，明确进度安排和协调机制，精心组织实施。

加强督促检查。国家能源委员会办公室要密切跟踪工作进展，掌握目标任务完成情况，督促各项措施落到实处、见到实效。在实施过程中，要定期组织开展评估检查和考核评价，重大情况及时报告国务院。

附录C　其他新能源产业政策文件汇总

2012—2015年国家出台支持新能源发展有关政策文件汇总表

序　号	文　件　名　称	出　台　机　构	
1	《关于公布创建新能源示范城市》	国家能源局	
2	《关于实施光伏扶贫工程工作方案》	国家能源局	国家扶贫办
3	《关于开展新建电源项目投资开发秩序专项监管工作的通知》涉及光伏发电，风力发电，生物质能发电以及火电	国家能源局	
4	《光伏发电运营监管暂行办法》	国家能源局	
5	《光伏电站项目管理暂行办法》	国家能源局	
6	《新建电源接入电网监管暂行办法》	国家能源局	
7	《关于加强光伏发电项目信息统计及报送工作的通知》	国家能源局	
8	《关于促进光伏产业健康发展的若干意见》	国务院	
9	《分布式发电管理暂行办法》	国务院	
10	《关于分布式光伏发电实行按照电量补贴政策等有关通知》	财政部	
11	《关于开展分布式光伏发电应用示范区建设的通知》	国家能源局	
12	《关于支持分布式发电金融服务的意见》	国家能源局	国家发改委
13	《关于发挥价格杠杆作用促进光伏产业健康发展的有关通知》	国家发改委	
14	《关于光伏发电增值税政策的通知》	国家财政部	
15	《关于调整可再生能源电价附加标准与环保电价有关事项的通知》	国家发改委	
16	《关于明确电力业务许可管理有关事项的通知》	国家能源局	
17	《关于加强光伏发电项目信息统计及报送工作的通知》	国家能源局	
18	《关于印发实施光伏扶贫工程工作方案的通知》	国家能源局	国家扶贫办
19	《关于完善陆上风电，光伏发电上网标杆电价政策的通知》	国家发改委	
20	《关于完善太阳能发电规模管理和实施竞争方式配置项目的指导意见》	国家能源局	
21	《关于促进智能电网发展的指导意见》	国家发改委	国家能源局

附
录
新
能
源
产
业
政
策

参 考 文 献

[1] 杨德仁. 太阳电池材料 [M]. 北京：化学工业出版社，2007.

[2] 邓丰，唐正林. 多晶硅生产技术 [M]. 北京：化学工业出版社，2011.

[3] 黄建华. 太阳能光伏理化基础 [M]. 北京：化学工业出版社，2011.

[4] 实用工业硅技术编写组. 实用工业硅技术 [M]. 北京：化学工业出版社，2005.

[5] 黄有志，王丽. 直拉单晶硅工艺技术 [M]. 北京：化学工业出版社，2009.

[6] 黄建华. 硅片加工工艺 [M]. 北京：化学工业出版社，2013.

[7] 尹建华. 半导体硅材料基础 [M]. 北京：化学工业出版社，2009.

[8] 袁振宏，吴创之，马隆龙. 生物质能利用原理与技术 [M]. 北京：化学工业出版社，2005.

[9] 李美华，俞国盛. 生物质燃料成型技术现状 [J]. 木材加工机械 2005, 5(2): 35-40.

[10] 袁振宏，吴创之，马隆龙. 生物质能利用原理与技术 [M]. 北京：化学工业出版社，2005.

[11] 王承熙，张源. 风力发电 [M]. 北京：中国电力出版社，2003.

[12] 叶杭冶. 风力发电机组的控制技术 [M]. 北京：机械工业出版社，2006.

[13] 李建林. 风力发电系统低电压运行技术 [M]. 北京：北京机械工业出版社，2008.

[14] 宫靖远. 风电场工程技术手册 [M]. 北京：机械工业出版社，2004.

[15] 杨静东. 风力发电工程施工与验收 [M]. 北京：中国水利水电出版社，2013.

[16] 邓英. 风力发电机组设计与技术 [M]. 北京：化学工业出版社，2011.

[17] 姚兴佳，宋俊. 风力发电机组原理与应用 [M]. 北京：机械工业出版社，2011.

[18] 邵联合. 风力发电机组运行维护与调试 [M]. 北京：化学工业出版社，2011.

[19] 卢为平，卢卫萍. 风力发电机组装配与调试 [M]. 北京：化学工业出版社，2011.

[20] 汤晓华，黄华圣. 风力发电技术 [M]. 北京：中国电力出版社，2014.

[21] 杨校生. 风力发电技术与风电场工程 [M]. 北京：化学工业出版社，2012.

[22] 王昌国，卢卫萍. 风力发电设备制造工艺 [M]. 北京：化学工业出版社，2013.

[23] 叶杭冶. 风力发电系统的设计、运行与维护 [M]. 北京：电子工业出版社，2014.

[24] 徐大平. 风力发电原理 [M]. 北京：机械工业出版社，2011.

[25] 吴双群，赵丹平. 风力发电原理 [M]. 北京：北京大学出版社，2011.

[26] 吴佳梁，王广良. 风力机可靠性工程 [M]. 北京：化学工业出版社，2010.

[27] 杨静东. 风力发电工程施工与验收 [M]. 北京：中国水利水电出版社，2013.

[28] 刘首元，余英，赵碧光，等. 我国秸秆发电产业化发展前景 [J]. 水利电力机械，2007.29(12): 207-210.

[29] 黄英超，李文哲，张波. 生物质能发电技术现状与展望 [J]. 东北农业大学学报，2007, 38(2): 270-274.

[30] 宋鸿伟，郭民臣. 生物质气化发电技术发展状况的综述 [J]. 现代电力，2003, 20(5): 10-16.

[31] CASSEDY EDWARDS. 可再生能源前景 [M]. 北京：清华大学出版社，2002.

[32] EMCA.2012 合同能源管理项目案例 [M]. 北京：中国技能协会节能服务委员会，2012.

[33] EMCA. 合同能源管理 [M]. 北京：人民法院出版社，2012.

[34] 孙红. 合同能源管理实务 [M]. 北京：中国经济出版社，2012.